普通高等教育高职高专土建类“十二五”规划教材

建筑设计 CAD

主　编　章斌全　魏秀瑛
副主编　李威兰　喻圻亮　张晓峰

JIANZHU SHEJI
CAD

中国水利水电出版社
www.waterpub.com.cn
·北京·

内 容 提 要

本教材以生动的绘图案例为先导，通过对具体项目的操作演练来讲解 AutoCAD 和天正建筑设计软件的相关知识与使用要领，既调动学习兴趣，又培养动手能力。

全书共两个部分 15 个单元，第一部分 AutoCAD 基础绘图：绘制旗帜与 CAD 入门，图层、色彩与线型，基本绘图与编辑命令，图块和外部参照，剖面图绘制与对象特性，多段线绘制与编辑，文字、表格与尺寸标注，图纸样板与图纸标准，布局与打印设置，三维建模；第二部分专业绘图软件——天正建筑设计软件：天正建筑软件初识，建筑平面图、立面图、剖面图、详图的绘制。

本书可作为高职高专建筑设计专业的教材，也可作为成人、函授、网络教育和自学考试的学习用书，还可供专业绘图人员参考使用。

图书在版编目（CIP）数据

建筑设计CAD / 章斌全，魏秀瑛主编. -- 北京 : 中国水利水电出版社，2012.1(2024.1重印)
普通高等教育高职高专土建类“十二五”规划教材
ISBN 978-7-5084-9125-7

Ⅰ. ①建… Ⅱ. ①章… ②魏… Ⅲ. ①建筑设计：计算机辅助设计－AutoCAD软件－高等职业教育－教材 Ⅳ. ①TU201.4

中国版本图书馆CIP数据核字(2011)第281412号

书　名	普通高等教育高职高专土建类“十二五”规划教材 建筑设计 CAD
作　者	主编　章斌全　魏秀瑛　副主编　李威兰　喻圻亮　张晓峰
出版发行	中国水利水电出版社 （北京市海淀区玉渊潭南路 1 号 D 座　100038） 网址：www.waterpub.com.cn E-mail：sales@mwr.gov.cn 电话：（010）68545888（营销中心）
经　售	北京科水图书销售有限公司 电话：（010）68545874、63202643 全国各地新华书店和相关出版物销售网点
排　版	北京时代澄宇科技有限公司
印　刷	清淞永业（天津）印刷有限公司
规　格	210mm×285mm　16 开本　14 印张　358 千字
版　次	2012 年 1 月第 1 版　2024 年 1 月第 4 次印刷
印　数	9001—11000 册
定　价	59.00 元

普通高等教育高职高专土建类
“十二五”规划教材

参编院校及单位

深圳职业技术学院	金华职业技术学院
四川建筑职业技术学院	义乌工商学院
河南建筑职业技术学院	黄淮学院
湖南城建职业技术学院	浙江工业大学浙西分校
内蒙古建筑职业技术学院	四川信息职业技术学院
江西建设职业技术学院	四川省商贸学校
徐州建筑职业技术学院	呼和浩特职业技术学院
浙江同济科技职业学院	内蒙古工业大学建筑学院
湖南交通工程职业技术学院	日照金宸设计院有限公司
日照职业技术学院	日照城建设计院有限公司
泰州职业技术学院	江苏泰州设计院有限公司

本 册 编 委 会

主　编　章斌全　魏秀瑛

副主编　李威兰　喻圻亮　张晓峰

参　编　龚晓兰　高亚妮　魏献忠

FOREWORD 序

高等职业教育在“十二五”的关键时期，面临新的机遇和挑战，其教学改革必须动态跟进，才能体现职业教育“以服务为宗旨、以就业为导向”的本质特征，其教材建设也要顺应时代变化，根据市场对职业教育的要求，进一步贯彻“任务导向、项目教学”的教改精神，强化实践技能训练、突出现代高职特色。

鉴于此，从培养应用型技术人才的期许出发，中国水利水电出版社于2010年启动了“普通高等教育高职高专土建类‘十二五’规划教材”的编写工作。本套教材面向土建类、建筑类各专业，特别针对建筑设计技术、城市规划等专业优质教材少、系列教材缺的现状，组织优秀教师团队合力打造。在编写上，力求结合新知识、新技术、新工艺、新材料、新规范、新案例，在内容上，力求精简理论、结合就业、突出实践。

本套教材的一个重要组织思想，就是希望突破长久以来习惯以“大一统”设计教材的思维模式。编写体例模式有以章节为主体的传统教材，也有基于工作过程的“模块—课题”类教材，还有以“项目—任务”模式的“任务驱动型”教材。不管形式如何，编写目标均是结合课程特点、针对就业实际、突出职业技能，从而符合高职学生学习规律的精品教材。主要特点有以下几方面：

（1）以培养能力为主。根据高职学生所应具备的相关能力培养体系，构建职业能力训练模块，突出实训、实验内容，加强学生的实践能力与操作技能。

（2）引入校企结合的实践经验。由设计院或企业的工程技术人员参与教材的编写，将实际工作中所需的技能与知识引入教材，使最新的知识与最新的应用充实到教学过程中。

（3）多渠道完善。充分利用多媒体介质，完善传统纸质介质中所欠缺的表达方式和内容，将课件的基本功能有效体现，提高教师的教学效果；将光盘的容量充分发挥，满足学生有效应用的愿望。

本套丛书的出版对于“十二五”期间高职高专的教材建设是一次有益的探索，也是一次积累、沉淀、迸发的过程，其丛书的框架构建、编写模式还可进一步探讨。书中不妥之处，恳请广大读者和业内专家、教师批评指正，提出宝贵建议。

编委会

2011年4月

PREFACE 前言

感谢您选择本书。

为了能更好地帮助您学习本书的知识，使您在最短的时间内熟练掌握利用 AutoCAD 和专业软件（如天正）绘制工程图纸，请首先阅读下面的内容，以期让我们的教与您的学和做融为一体。

本书可针对尚无任何 AutoCAD 使用经验的学生或在职人员，可循序渐进并迅速提高您的 CAD 绘图能力。也可供具备基础的 CAD 运用但期望进入建筑工程类设计领域绘图的各类人员进行天正建筑软件的学习。

学习提示:

- 学习 CAD 操作，请不要拘泥于具体命令的操作步骤，更不能死记硬背其操作步骤，请牢记“人机对话”这四个字，学习实践中按照这种人机对话的方式操作，其步骤将不再复杂。
- 注意阅读本书标题性的文字，以理解为何要这样做，并应该深入思考其他多种解决方案。注意本书的相关提示性、总结性标注，软件的部分操作细节在这里得以强调。
- 阅读本书时，建议不要先按页码顺序一行一行地向下阅读，而是先浏览一下本单元的各小节标题和相应提示性文字，然后再按页码顺序阅读，并相应操作软件绘图。
- 在学习中遇到问题，请学会通过多种渠道获得答案，即软件自身的帮助（按功能键 F1）、与同学和老师的交流、互联网上搜索答案等。这样一者可以事半功倍，提高学习效率；二者可以和同学、老师、朋友相互交流，共同提高；三者提高自己知识拓展的能力。
- 设计绘图是一项实践性很强的工作，请根据自己的兴趣并有目标有挑战地进行 CAD 绘图练习，增强记忆，尽快熟悉其操作方式。
- 本书主要使用的是 AutoCAD2010 和天正建筑 8.0。部分界面也使用了 AutoCAD 2004，是为了让您也熟悉一下其他版本，因为有些设计公司仍然把 AutoCAD 2004 作为主流，甚至规定为必须用的版本使用。如果您使用其他版本，完全不影响跟随本书来学习，因为 AutoCAD 软件非常尊重设计师的绘图习惯，且本书所涉及的基础功能在各个版本中均几乎完全相同。
- 学完本书能够提高应用 AutoCAD 软件进行多种建筑工程类设计的技巧，不仅包括建筑施工图中的总平面图。平面图、立面图、剖面图和大样图这些二维制图的方法，还可以掌握包括室外效果图、室内效果图和总平面效果图等建筑表现图这些三维制图的设计方法，给有志在这一领域发展的朋友提供有效的指引。

二维码说明:

- 二维码中附赠了本书主编教学的完整屏幕视频录像，可供读者预习或自学课程使用，也可帮助您更快地掌握 CAD 绘图操作。
- 二维码中附赠的“CAD 图纸加密软件（试用版）”，可免费使用。

本书由章斌全（深圳职业技术学院）、魏秀瑛（湖南交通工程职业技术学院）担任主编，李威兰、喻圻亮（深圳职业技术学院）、张晓峰（黄淮学院）担任副主编。各位作者具体编写章节是：第一部分第 1、3、6、9 章由章斌全编写，第 2 章由龚晓兰（深圳职业技术学院）编写，第 5、8 章由喻圻亮编写，第 4、7 章由高亚妮（深圳职业技术学院）编写，第 10 章由张晓峰、魏献忠（黄淮学院）编写。魏秀瑛和李威兰（湖南交通工程职业技术学院）编写了第二部分的全部内容。

编　者

2011 年 8 月

CONTENTS 目录

第一部分

AutoCAD基础绘图

第1单元 绘制旗帜与CAD入门

【教学目标】

1. 学会命令的执行方式：菜单、键盘、工具栏等；感受人机对话的操作习惯。
2. 学会屏幕显示的调整：缩放和平移。
3. 感受参数的基本输入方式：键盘键入、鼠标点取和捕捉等。
4. 学会几个简单的绘制和修改命令。

【项目内容】

1. 矩形绘制，用直线命令和键盘输入坐标。
2. 五角星绘制：圆、正多边形、直线、对象捕捉、修剪等。
3. 五角星复制：复制命令、缩放命令、旋转命令等。
4. 多段线绘制。
5. 文字样式与单行文本，文字的对齐方式设置。
6. 色彩填充：图案填充命令。

【教学重点】

1. 命令的执行方式。
2. 参数的基本输入方式，尤其坐标的输入和捕捉。
3. 命令的参数与选项。
4. 初学者经常以往人机对话的操作方式，提示其命令行的重要性。
5. 屏幕显示调整：缩放和平移。

【教学难点】

1. 多段线绘制；
2. 修剪命令的剪裁边和被剪裁对象的关系与操作习惯。

1.1 项目导入1：FISU旗帜绘制

这是我们学习AutoCAD绘图软件的第一课，即使你对AutoCAD还一无所知，即使你未曾用计算机软件绘制过任何一个图形，相信你，相信我，举起大学生青春的旗帜，只要按照我们的步骤一步一步地完成，你一定能成功。

提 示：

1. 等你学习到一定程度后，不需要一步一步地完全跟随本教程的操作，因为很多图形都可以采取多种方法绘制，而不同的方法也有不同的工作效率，另外 AutoCAD 也给用户提供了符合不同习惯的绘图模式。尤其不要死记硬背其操作顺序，因为每一步操作，AutoCAD 都有交互性提示。

2. 在你每一次操作中，都需要试图去理解该操作所表达的含义，并理解 AutoCAD 人机交互的方法。

3. 本教程在完成本次绘图任务后还额外提供了多种方法，建议一定要学习，并举一反三。

2011 年第 26 届国际大学生运动会在深圳圆满举行，香港大学、深圳大学、深圳职业技术学院等院校共两万多大学生志愿者也在赛场内外洒下了奉献精神的汗水。下面我们继续着青春的热情，绘制一面国际大学生体育联合会（FISU）的旗帜。

首先把 FISU 旗帜用坐标和尺寸的方式标注如图 1-1。

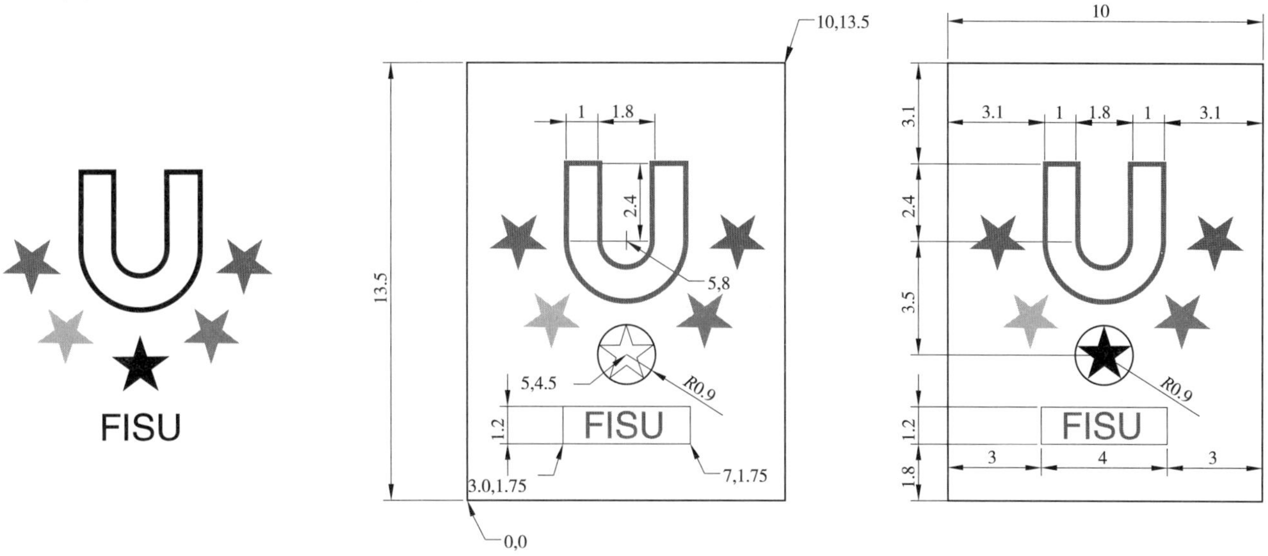

图 1-1

步骤 01 开启 AutoCAD，准备绘图（建议用 AutoCAD2004 版，此版本界面简单，方便初学者跟随学习）

若当前已进入空白图纸绘图状态（很可能是黑色绘图区域），可以直接进行步骤 2；若出现“选择样板”对话框，建议选择 acad.dwt 空白图纸模板。至于什么是模板，在后续的课程中学习。

步骤 02 绘制矩形边框（不一定需要先绘制此边框，先绘制步骤 3 也无任何区别）

从菜单栏点击【绘图】⇨【直线】，观察窗口下部命令行提示。

命令：_line 指定第一点：0，0 ↵

- 命令行提示输入一个点，可以用键盘输入坐标点，如 0，10 然后回车 ↵ 表示坐标输入完成。
- 输入坐标时请不要用汉字逗号。
- 当然您也可以用鼠标在屏幕中移动坐标并点取鼠标左键以确认该点。不过这里需要采用精确输入的一种方式——键盘输入。
- 陆续输入并回车确认 4 个坐标点。

● 最后键入 C，表示呼应【闭合（C)】选项。命令行中 [ ] 的是输入选项，( ) 中是相应键盘输入字母。

指定下一点或 [放弃（U）]：10，0 ↵

指定下一点或 [放弃（U）]：10，13.5 ↵

指定下一点或 [闭合（C）/ 放弃（U）]：0，13.5 ↵

指定下一点或 [闭合（C）/ 放弃（U）]：c ↵

上述命令操作完成后，也许您的屏幕中没有显示完整的矩形，也许什么都没看见。

这是因为绘图窗口显示的仅仅是可以作图范围的很小一部分，若我们不人为加以限制（“图形界限”命令，后续讲解，该命令对建筑行业绘图几乎没有意义），绘图范围几乎是从无限大到无限小的区域（1.7E–308 ～ 1.7E+308），也就是从宇宙空间到粒子空间都可以绘图。

下面我们执行显示范围调整命令来显示合适大小的矩形。

点击菜单【视图】⇨【缩放】⇨【范围】，刚绘制的矩形立刻充满绘图区域。

命令输入有常见 4 种方式：

● 点取菜单。

● 键盘输入命令，如 ZOOM，或其简化为 Z 并回车。键盘输入不需考虑大小写，也不需要把光标切换到命令行，另外大多数情况空格键与回车键等效。

● 工具栏中的图标其右下方有黑色小三角表示可以展开更多图标。用鼠标左键长按即展开。

也可以直接用键盘输入：Z ↵ E ↵

也可以点工具栏

步骤 03 绘制中间一个五角星

（1）【绘图】⇨【正多边形】

命令：_polygon 输入边的数目 <4>：5 ↵ 键盘输入 5 并回车

指定正多边形的中心点或 [边（E）]：5，4.5 ↵

这里可以用键盘输入坐标，也可打开对象捕捉：圆心

输入选项 [内接于圆（I）/ 外切于圆（C）] <I>：↵

● 可以直接按回车键表示接受默认选项。

● 尖括号内的是默认选项：内接于圆。

● 方括号内的是多个可选的选项。

● 圆括号内的字母是输入相关选项需要键入的字母。

指定圆的半径：0.9 ↵

键盘输入 0.9 并回车

（2）【工具】⇨【草图设置】，在打开的对话框界面中，点选“对象捕捉”（若该页面为非当前激活页），勾选其上的“端点”、“圆心”和“交点”，并勾选“启用对象捕捉”。这是我们后续操作需要用到的。

（3）【绘图】⇨【直线】，然后通过点取相关正五边形顶点，用直线连接成五角星。

提 示：

对象捕捉或目标捕捉是指当光标移到物体的目标点附近时，自动精确捕捉到该点。

操作方法有多种（详细讲解见相关章节）。

1. 长期对象捕捉

● 菜单【工具】⇨【草图设置】，选“对象捕捉”选项卡，勾选您需要的捕捉方式，但若

把所有方式都选择上反而可能会干扰您的操作速度。并勾选“启用对象捕捉”。

- 按功能键 F3 快捷打开上述操作已设置的对象捕捉。或点下部的“对象捕捉”工具条打开对象捕捉。

2. 临时目标捕捉

- 点工具栏临时选择相应对象捕捉。
- 按住【Shift】键并点取鼠标左键，然后释放【shift】键，可选择临时对象捕捉。

步骤 04 修剪五角星内部线段

【修改】⇨【复制】

命令：TRIM

当前设置：投影 =UCS，边 = 延伸

选择剪切边 ...

选择对象：指定对角点：找到 2 个

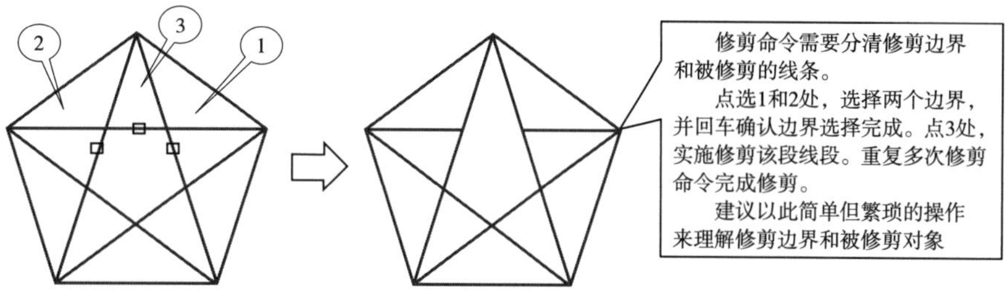

图 1-2

选择对象：↵

选择要修剪的对象，或按住 Shift 键选择要延伸的对象，或 [投影（P）/ 边（E）/ 放弃（U）]：

选择要修剪的对象，或按住 Shift 键选择要延伸的对象，或 [投影（P）/ 边（E）/ 放弃（U）]：↵

提 示：

在没有任何命令被执行的时候，按回车可重复执行上一个最近的命令。这里按回车可重复修剪，免去点菜单或工具栏选择命令的繁琐。

一般情况下（除了输入文字的过程中）：

- 键盘空格键等效于回车。
- 鼠标右键可能等效于回车（快捷键亦可另外设定）。

另外，你需要知道终止命令的方法：ESC 键。

步骤 05 为了后续绘图方便，绘制几根辅助线

参考前面 3.3 步已经打开了“中点”物体捕捉，下面可以快速而精确绘制线条。

（1）【绘制】⇨【直线】

命令：LINE 指定第一点：把光标移到图 1-3a 的点 1 处，自动捕捉矩形底边的中心点

指定下一点或 [放弃（U）]：把光标移到图 1-3a 的点 2 处，自动捕捉矩形顶边的中心点

指定下一点或 [放弃（U）]：↵ 回车完成点 1——点 2 的直线

（2）回车，重复执行绘制直线命令，按上面的方法捕捉 3、4 点，重复画一条顶边。

（3）【修改】⇨【偏移】

命令：_offset

指定偏移距离或 [通过（T）]<3.1000>：3.1 ↵ 偏移复制的间距

选择要偏移的对象或 < 退出 >：点一下顶部重复绘制的直线，选择

指定点以确定偏移所在一侧：用光标在下侧点一下，以确定偏移方向

选择要偏移的对象或 < 退出 >：↵ 回车完成偏移复制

（4）回车，重复执行“偏移”命令，绘制其他辅助线，间距请按照图 1-1 要求。

提 示：

- 选择物体的方式（更多选择物体的方式请看相关章节）：
  除个别操作外，一般情况下都可以一次选择多个物体。选择物体的方法有多种。
- 方形小光标放在物体上，点取坐标左键——点选。
  用鼠标左键在空白位置点一下，会拖出一个矩形。
  当向右拖动矩形时为实线框，只有完整包含在其中的物体才可被选中——框选。
  当向左拖动矩形时为虚线框，完整包含或部分包含在其中的物体都可被选中——相交选择。
- 回车表示确认并结束选择，否则会一直提示您选择物体。

步骤 06 复制多个五角星

（1）移动五角星至左侧第一个五角星位置

【修改】⇨【旋转】

命令：_rotate

选择对象：找到 1 个

选择物体的方法有多种，详细请阅读相关章节。

这里可以一个一个多次点取物体，也可以用矩形框一次框选多个物体，需要注意的是，若您已选择完毕，需要回车确认，否则 AutoCAD 会一直提示您选择物体。

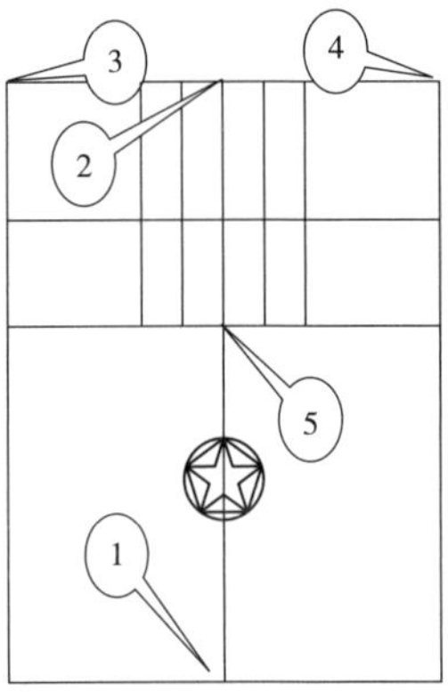

图 1-3（a）

选择对象：找到 1 个，总计 10 个

选择对象：↵ 回车确认，表示物体选择完毕

指定基点：在图 1-3a 中点 5 处点一下，捕捉交叉点，作为旋转的轴心

指定旋转角度或 [参照（R）]：-90 ↵ 键入旋转角度，逆时针为正，顺时针为负。需回车确认

（2）通过环形阵列，复制另 4 个五角星

【修改】⇨【阵列】

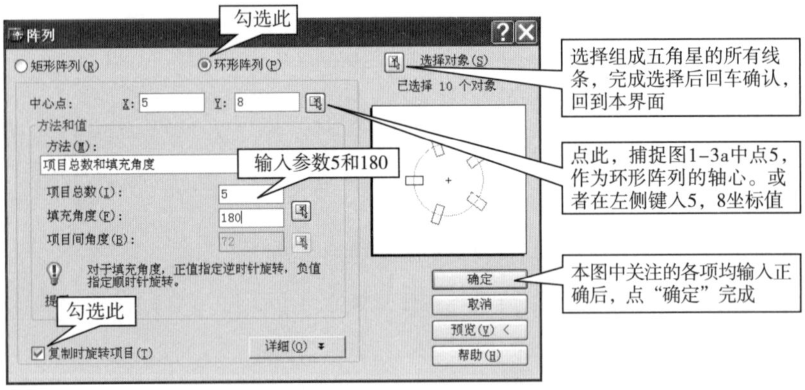

图 1-3（b）

步骤 07 绘制“U”

【绘制】⇨【多段线】

命令：_pline

指定起点：捕捉图 1-3c 中的 P1 点

指定起点宽度 <0.000>：0.25 ↵

键入宽度 0.25，并回车

指定端点宽度 <0.2500>：↵ 直接回车，表示线条起点与终点等宽

指定下一个点或 [圆弧（A）/ 半宽（H）/ 长度（L）/ 放弃（U）/ 宽度（W）]：捕捉 P2 点

指定下一点或 [圆弧（A）/ 闭合（C）/ 半宽（H）/ 长度（L）/ 放弃（U）/ 宽度（W）]：捕捉 P3 点

指定下一点：a ↵ 键入 A 并回车，表示采用选项 [圆弧 (A)]，进入绘制圆弧段状态

指定圆弧的端点：

捕捉 P4 点

指定圆弧的端点或 […/ 直线（L）/ …]：L ↵

键入 L 并回车，表示采用选项 [直线 (L)]，进入绘制直线段状态

指定下一点或 [···]：捕捉 P5 点

指定下一点或 [···]：捕捉 P6 点

指定下一点或 [···]：捕捉 P7 点

指定下一点或 [圆弧（A）/ 闭合（C）/ ···]：a ↵ 转圆弧段状态

指定圆弧的端点或 [···]：捕捉 P8 点

指定圆弧的端点或 [···/ 圆心（CE）/ 闭合（CL）/···]：CL ↵ 键入 CL 并回车，表示采用选项 [闭合（L）]，完成

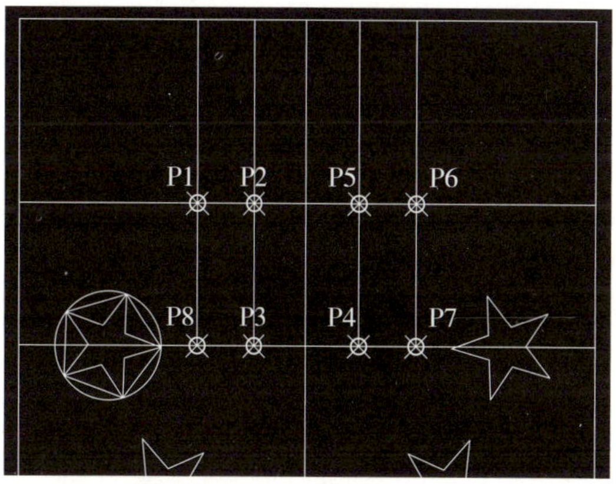

图 1-3（c）

步骤 09 绘制 FISU 文字

（1）先设定文字样式。

【格式】⇨【文字样式】

（2）用单行文字绘制 “FISU”。

【绘制】⇨【文字】⇨【单行文字】

命令：_dtext

指定文字的起点或 [对正（J）/ 样式（S）]：J ↵ 转到 “对正” 选项

输入选项 [对齐（A）/ 调整（F）/ 中心（C）/ ···]：F ↵

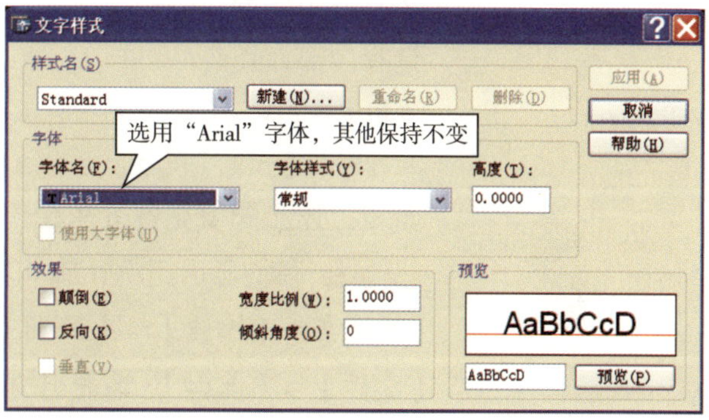

图 1-3（d）

采用 “FIT” 选项，表示文字宽度由其左下角和右下角两点控制

指定文字基线的第一个端点：3，1.8 ↵ 键入左下角坐标，如不需要精确绘图，可直接在屏幕点取

指定文字基线的第二个端点：7，1.8 ↵ 键入右下角坐标，如不需要精确绘图，可直接在屏幕点取

指定高度 <0.00>：1.15 ↵ 键入文字高度并回车

输入文字：FISU ↵ 键入文字并回车。这里必须按回车键，不能以空格键代替

输入文字：↵ 回车结束

步骤 10 删除多余线条

到此，我们 FISU 旗帜的轮廓已精确绘制完成。在填充色彩之前，我们先删除多余的线条。

【修改】⇨【删除】

命令：_erase

通过各种选择方法选中多余的圆和五边形等。可一次删除多个选中的物体，也可重复多次删除命令。

若选择了不该删除的物体，可键入 R 回车，再点取该物体去除对该物体的选择。然后可键入 A 回车继续选择需要被删除的物体。

选择对象：找到 1 个

选择对象：找到 1 个，总计 2 个

选择对象：找到 1 个，总计 3 个

选择对象：找到 1 个，总计 4 个

……

选择对象：↵ 回车结束选择，实施删除。

步骤 11 填充色彩

【修改】⇨【图案填充】

命令：_bhatch

在图案填充对话框中选择：

- 图案为“SOLID”实心样式。
- 色彩为黄色或其他颜色。

选择内部点：正在选择所有对象 ...

正在选择所有可见对象 ...

正在分析所选数据 ...

正在分析内部孤岛 ...

选择内部点：↵

在图案填充对话框中点【拾取点】按钮，然后在五角星中心点一下，并回车返回到对话框。

此时可点【预览】观察，也可点【确定】立刻完成填充。

重复上述步骤填充各五角星。

步骤 12 调整显示比例让旗帜充满屏幕、并存盘

【视图】⇨【缩放】⇨【范围】。

【文件】⇨【保存】。请命名文件，留意一下 AutoCAD 图形文件的后缀是什么。

恭喜你：

尽管你是第一次亲密接触 CAD，但已经取得良好的开端。相信我，相信你自己，你会在 48 学时学会 CAD。

思考：若不采用坐标点输入的方式，如何精确绘制 FISU 旗帜？

提示：绘制旗帜外框矩形可如下操作。

【绘制】⇨【矩形】

命令：_rectang

指定第一个角点或 [...]：光标在绘图区域任意位置点一下，因为我们可以不关心绝对坐标值

指定另一个角点或 [尺寸（D）]：@10，13.5 ↵　@ 表示相对坐标，相对于前面一点

1.2　项目导入 2：绘制发光五角星和立体五角星

1.2.1　绘制发光五角星

绘制步骤如下。

步骤 01 复制 FISU 旗帜中的一个五角星

打开刚才绘制的五星红旗。

执行复制命令，方法有三：

- 菜单【修改】⇨【复制】
- 点工具条  中的复制按钮
- 键入命令：Copy 或 CO ↵

命令：_copy

选择对象：指定对角点：找到 3 个

选择对象：↵

用鼠标左键在这个五角星的任意位置点一下。这里我们不需要考虑新五角星的精确位置，所以其移动基点也不重要

指定基点或位移，或者 [重复（M）]：

指定位移的第二点或 < 用第一点作位移 >：↵

用鼠标把新五角星拖动到屏幕合适的位置，点鼠标左键确认。若不打开对象捕捉和间距捕捉，这种用鼠标拖动的方法就是快捷但不精确的方法

提 示

显示工具条的方法

若某个工具条未显示，可在任何停放工具条的空白区域单击鼠标右键，也可点菜单【显示】⇨【工具栏】，然后选中您需要的工具条。

请尝试打开并关闭所有工具条，以熟悉工具条的内容。

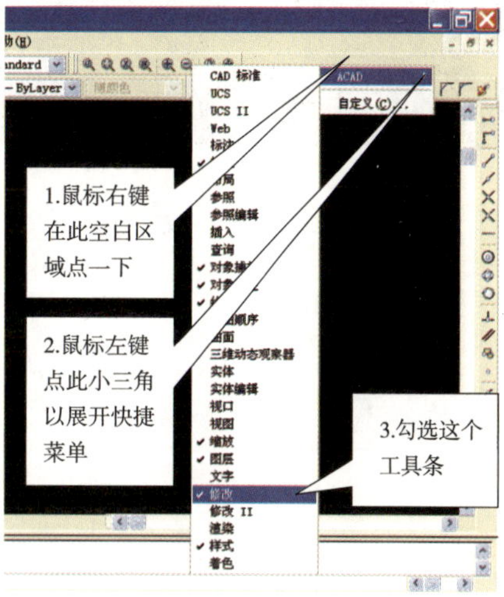

图 1-4

步骤 02 绘制一根五角星发出的光线

绘制直线的方法已经不需要再详细讲解了。这里提示如何让绘制直线的延长线精确穿过五角星中心。

命令：_line 指定第一点：

输入点的方式请看下页图片说明，即如何对象捕捉与对象追踪

指定下一点或 [放弃（U）]：

指定下一点或 [放弃（U）]：↵

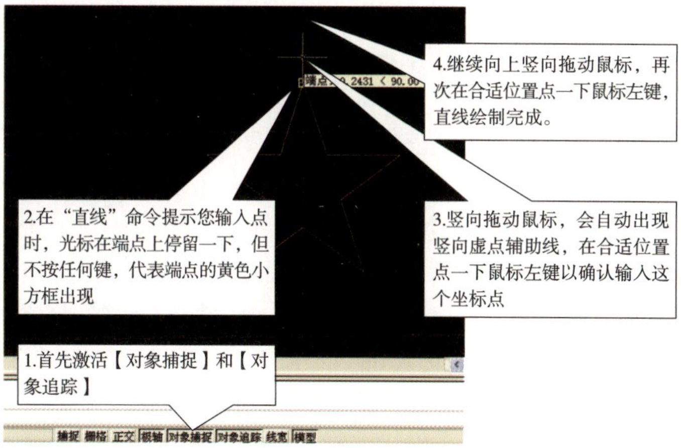

图 1-5

步骤 03 沿环形阵列光线

【修改】⇨【阵列】。

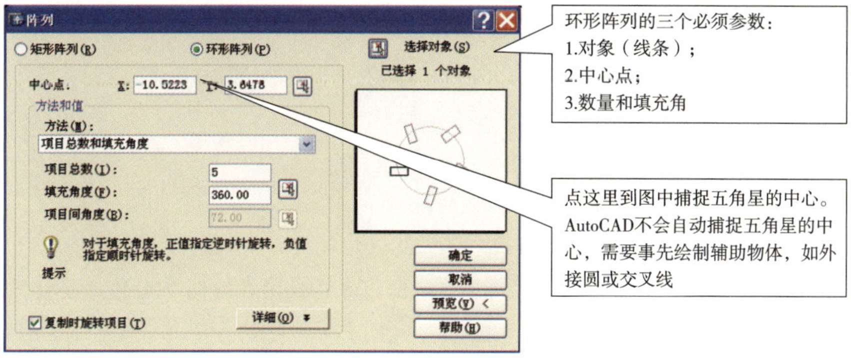

图 1-6

步骤 04 继续美化图形

可参照图 1-7，先用直线连接各对角线，然后分别用两种色彩填充。

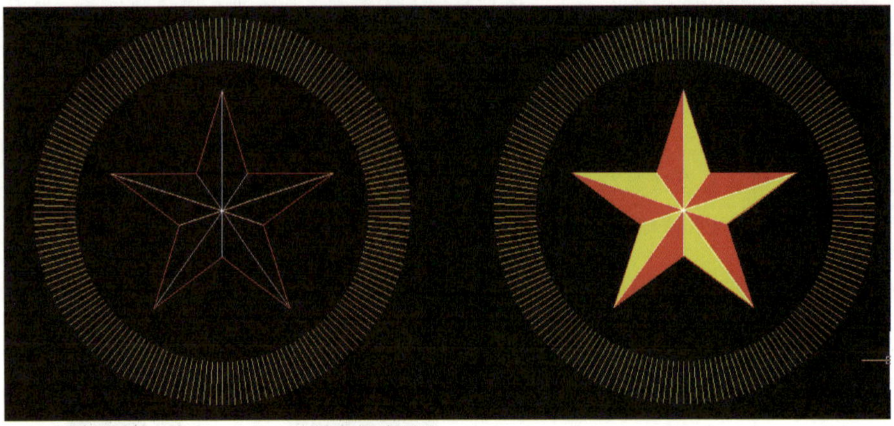

图 1-7

1.2.2 绘制立体五角星

绘制步骤如下：

步骤 01 先复制一个五角星到新文件中

【编辑】⇨【复制】

命令：_copyclip

选择对象：指定对角点：找到 5 个

选择对象：↵

【文件】⇨【新建】，选择任何一个样板文件，为了图面简单，建议选择 acad.dwt，确定后打开了一个空白的新文件。

【编辑】⇨【粘贴】，拖动鼠标到合适位置并点鼠标左键确认。

> **提 示**
>
> 请注意【修改】⇨【复制】（COPY）命令与【编辑】⇨【复制、粘贴】（Ctrl+C，Ctrl+V）命令的区别。
>
> COPY 是在 AutoCAD 同一个图形文件中复制物体，方便动态显示和对象捕捉。Ctrl+C，Ctrl+V 是通过剪贴板在 Window 各程序之间复制，比如可把 AutoCAD 的图形复制到 Word 中，可把 Excel 表格粘贴到 AutoCAD 中来，当然也可以在 AutoCAD 的不同文档之间复制。

步骤 02 通过中心绘制一个耸立的直线

【显示】⇨【缩放】⇨【范围】，把五角星充满屏幕显示。

【绘制】⇨【直线】

命令：_line 指定第一点：

捕捉外接圆的圆心或两根对角线的交点

指定下一点或 [放弃（U）]：@0，0，0.5

这里键盘输入的是相对坐标，即相对于刚才对象捕捉的点。

@ 是相对坐标的专用符号；

0，0，0.5 表示 X 和 Y 坐标不变，Z 坐标提高了 0.5 个单位。注意我们在绘制平面的五星红旗时输入的坐标省略了其值为 0 的 Z 坐标。

指定下一点或 [放弃（U）]：↵

直线绘制完毕，但我们并没有看见图面的明显变化，是因为该直线是垂直于当前的显示平面。

【视图】⇨【三维视图】⇨【西南等轴测图】。

或者【视图】⇨【三维动态观察器】拖动鼠标调整成鸟瞰方式。显然可以看见一个耸立的直线。这就是三维绘图，其实就这么简单。如果你下面继续用直线绘图命令并开启对象捕捉（端点），就可以连接成三维线框的五角星了。为了获得有表面和体积感的三维五角星，我们采用另一个命令，如下。

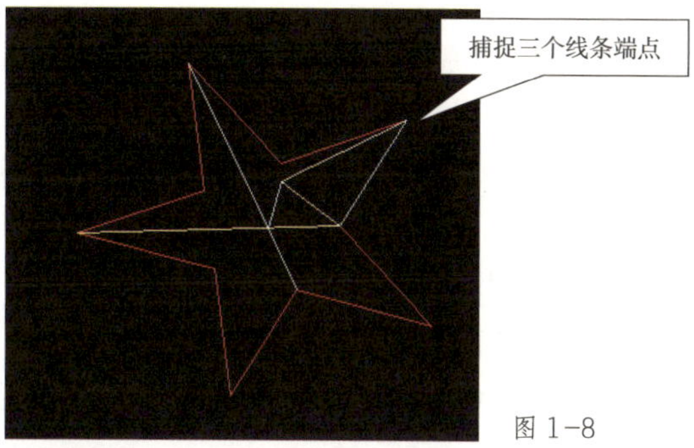

图 1-8

步骤 03 绘制各三角形表面

【绘制】⇨【曲面】⇨【三维面】

命令：_3dface 指定第一点或 [不可见（I）]：

指定第二点或 [不可见（I）]：

指定第三点或 [不可见（I）]< 退出 >：

指定第四点或 [不可见（I）]< 创建三侧面 >：↵

指定第三点或 [不可见（I）]< 退出 >：↵

步骤 04 通过镜像、阵列完成

【修改】⇨【镜像】

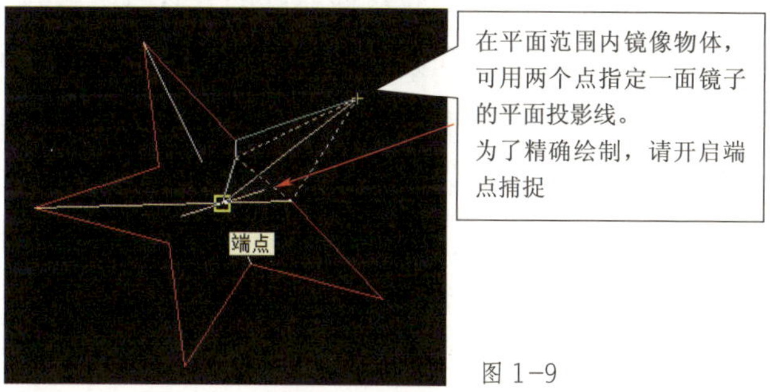

图 1-9

命令：_mirror

选择对象：找到 1 个

单选刚绘制完成的 3DFACE。

也可以不用鼠标左键点取，而是键入 L ↵，表示选择 LAST 物体

选择对象：↵

指定镜像线的第一点：指定镜像线的第二点：

是否删除源对象？ [是（Y）/ 否（N）]<N>：

再继续用环形阵列来复制更多的角：

【修改】⇨【阵列】，方法同上，不再重复。当然，您也可以重复用 3DFACE 命令绘制每一个角。

【视图】⇨【着色】⇨【带边框体着色】，观察立体五角星。

图 1-10

步骤 05 三维镜像

若我们通过三维动态观察器来调整观察角度，查看五角星底部，发现底部非封闭，不饱满。现在试图修改之。

【修改】⇨【三维操作】⇨【三维镜像】

命令：_mirror3d

选择对象：指定对角点：找到 14 个

选择对象：指定镜像平面（三点）的第一个点或

[对象（O）/ 最近的（L）/Z 轴（Z）/ 视图（V）/XY 平面（XY）/YZ 平面（YZ）/ZX

这里的镜像不再是在水平面内进行，即不再是一个竖向的镜子，而是一个水平面放置的镜子。有多个选项定义镜子平面，这里我们捕捉不在同一条直线上的三点最简单（捕捉任意三个五角星的尖角）

平面（ZX）/ 三点（3）]< 三点 >：
在镜像平面上指定第二点：
在镜像平面上指定第三点：
是否删除源对象？ [是（Y）/ 否（N）]< 否 >：↵

提 示

是不是三维也很简单！

1.3 知识点 1：AutoCAD 运用领域与发展简介

1.3.1 AutoCAD 发展历程

CAD 是 Computer Assistant Design 的简称，即计算机辅助设计，是工程设计界最通用的辅助绘图软件，比如用于机械设计、建筑设计、园林设计、路桥设计等。CAD 系统是除操作系统和办公自动化系统之外第三大最广泛运用的系统。

AutoCAD 是诸多 CAD 应用软件中的优秀代表，由美国 Autodesk 公司开发，是目前国内外最受欢迎能够的 CAD 软件包。AutoCAD 还具备非常开放的扩展性，有数千家独立开发商和数千种相关增值产品，占有世界微机 CAD 市场份额的 70% 以上。美国 Autodesk 公司在纳斯达克上市软件公司中排行前列。除 AutoCAD 之外，Autodesk 公司还提供了一系列行业领先的各类设计软件如：引领建筑业发展方向的 BIM（信息化建筑模型）代表 Revit、MEP、Structure 等，机械制造业 MDT（MechanicDeskTop）、Alias、Inventor、Moldflow 等，影视动画业的 Maya 和 3DMAXStudio 等等。

AutoCAD 的 V1.0 版于 1982 年 12 月发行，其后经过多次重大修改，至今已推出了十几个版本，AutoCAD2011 是 Autodesk 公司在 2010 年推出的最新版本。

AutoCAD 从最初简易的二维绘图发展到现在已成为集三维设计、真实感显示及通用数据库管理、Internet 通讯为一体的通用微机辅助绘图设计软件包。它与 3DSMAX 等渲染软件相结合，还可以作出具有真实感的三维透视和动画。AutoCAD 不仅在机械、建筑、电子、石油、化工、冶金等部门得到了大规模应用，还可用于地理、气象、航海、拓扑等特殊图形甚至乐谱、灯光、幻灯、广告等极其广泛的领域。

今天，全球有数百万名设计师、工程师在使用 AutoCAD 进行绘图，包括绘制详图，编制设计文档和进行基本的三维设计；AutoCAD 的文件格式 DWG 已经成为 CAD 绘图的事实上的国际工业标准格式。据不完全统计，截止到 2006 年，全球采用 DWG 格式的设计文档已超过 10 亿份。

CAD 发展编年史：

20 世纪 50 年代中期，美国空军的赛其（SAGE）防空体系采用了世界上第一个图形系统。

1960 年美国麻省理工学院的博士生 IvanSutherland 研制出世界上第一台利用光笔的交互式图形系统 Sketchpad。

20 世纪 60 年代是三维设计的雏形。20 世纪 60 年代出现的三维 CAD 系统只是简单的线框式系统，它只能表达基本的几何信息，不能有效地表达几何数据间的拓扑关系。20 世纪 60 年代末美国安装的 CAD 工作站已达 200 多台，可供几百人使用。

20世纪70年代，法国人提出了贝塞尔算法，使得用计算机处理曲线及曲面问题变得可行。世界第一个三维造型系统在二维绘图系统的基础上问世。美国CAD工作站安装数量超过12000台，使用人数超过2.5万。这一时期典型的CAD系统是运行在16位小型机上，最大内存512KB，磁盘容量从200到300MB不等，售价高达125，000美元。

20世纪80年代由于PC机的应用，CAD得以迅速发展，出现了专门从事CAD系统开发的公司，但由于软件价格昂贵，应用并不普遍。1982年，计算机被《时代》杂志评选为“年度人物”。同一年，欧特克的16位员工推出了售价1000美元的AutoCAD软件。设计业由此而改变！一张容量为360Kb的软盘，没有菜单功能，所有命令需要背——这就是问世之初的AutoCADv1.0。尽管功能有限，但是作为一款能够在个人电脑上运行的CAD软件，AutoCAD在设计界刮起了一阵旋风，它让数字化设计技术走近设计师，让计算机辅助设计从计算机专业人员的专利成为设计师们日常工作的重要手段。

1983年AutoCAD的德语版和法语版本问世。

1984年第一个欧特克授权培训中心（ATC，Autodesk Training Centre）成立。

1985年欧特克公司在美国加利福利亚圣拉菲尔市举办了第一次CADCamp。欧特克公司销售收入突破2700万美元。

1985年5月问世的AutoCADV2.1新增了3D功能。

1986年，AutoCAD成为美国高校的必修课之一。AutoCAD全球销量突破5万套。

1988年美国实际安装CAD系统发展到63000套。

1989年美国国家工程科学院将CAD/CAM技术评为当代（1964 ~ 1989年）十项最杰出的工程技术成就之一。

1990年年底时，AutoCAD全球销量达50万套。欧特克携旗下产品ArchCAD进军建筑设计领域。适用于Dos系统的欧特克3DStudio（v3版）发运，该产品可用于AutoCAD绘图以创作复杂的动画。AutoCAD第12版是首次应用于Windows平台的软件版本，它需要8MB内存和34硬盘空间以完成安装。用于Windows系统的AutoCAD第12版是有史以来CAD程序中最成功的一个版本。1994年底，AutoCAD全球销量达100万份，遥遥领先其他竞争对手。

1995年欧特克推出第一款面向机械制造行业的软件Mechanical Desktop.欧特克成长为世界第5大软件公司。1996年AutoCAD LT销售超过25万套。

1997年：三维变量化技术问世变量化技术既保持了参数化技术的原有优点，同时又克服了它的许多不足之处。它的成功应用为CAD技术的发展提供了更大的空间和机遇。

1999年这一年推出的AutoCAD2000已经能够支持三维建模和高质量的渲染功能，另外可支持多任务操作。AutoCAD销量突破200万套。

AutoCAD2004到目前为止仍然是工程界最受欢迎的版本。

AutoCAD2005提供了图纸集、表格等新功能，扩展了字段和增强的图案填充等。

AutoCAD2006提供了动态图块等新功能，扩展了多行文字和增强的图案填充等。

AutoCAD2007提供了多种界面、动态UCS等新功能，极大地增强了三维实体建模功能等。

AutoCAD2008提供了注释性、Ribbon面板、标注圆弧等新功能，增强和完善了数百项功能细节。

AutoCAD2009提供了快速属性、3D导航、动作录制等新功能。

AutoCAD2010 提供了几何与尺寸约束、3D 自由体、PDF 输出等新功能。另外，AutoCAD2010 还支持三维打印。

AutoCAD2011 提供了曲面塑性、点云、透明度等新功能等。

下面，我们再来看看 Autodesk 公司的发展壮大史，从而理解为何把 AutoCAD 作为最基础的 CAD 教学课程（资料来源于 Autodesk 公司英文网站 http：//usa.autodesk.com/adsk/servlet/pc/index?siteID=123112&id=14224616）。

1982 年	Autodesk 公司成立，同步发行第一版 AutoCAD	2005 年	收购 COMPASS Autodesk 公司年收入逾 10 亿美元 收购 Colorfront Ltd. 收购 c-plan 收购 Solid Dynamics 收购 Engineering Intent
1985 年	Autodesk 公司股票上市，发行 160 万股，发行价每股 11 美元		
1993 年	收购 Woodbourne		
1994 年	发行 1，000，000 份 AutoCAD	2006 年	收购 Alias 收购 Constructware
1997 年	收购 Softdesk		
1998 年	收购 Genius CAD Software	2007 年	收购 NavisWorks 收购 Opticore AB 收购 PlassoTech 收购 SkyMatter
1999 年	收购 Discreet Logic		
2001 年	收购 Buzzsaw.com 收购 Media 100 收购 Gentry Systems	2008 年	收购 Hanna Strategies 收购 Carmel Software 收购 Robobat 收购 Green Building Studio 收购 REALVIZ SA 收购 Kynogon SA 收购 Moldflow Corporation 收购 Softimage 收购 iLogic Technology 收购 BIMWorld 收购 Ecotect
2002 年	收购 Revit Technology 收购 CAiCE Software		
2003 年	收购 truEInnovations，Inc. 收购 Linius Technologies 收购 VIA Development		
2004 年	收购 MechSoft Technology 收购 Unreal Pictures	2009 年	收购 ALGOR 公司

1.3.2 国内流行的建立在 AutoCAD 平台上的专业设计软件

AutoCAD 是国际上主流的 CAD 软件，又具有极大的开放性，提供了丰富而功能强大的二次开发库，支持 AuotLISP（VisualLISP）、Visual Basic Application、ObjectARX（支持 C++、Delphi 等）、DotNet（支持 Visual Studio 全系列开发语言）。因此，国内外工程界有大量的基于 AutoCAD 平台开发的专业软件。国内常见的这类设计软件有：

（1）天正系列：天正建筑、日照、节能、结构、给排水、暖通空调、电气、市政、交通等设计类软件；

（2）清华斯维尔系列：清华斯维尔建筑、日照、节能、暖通空调、可视化算量等设计类软件；

（3）理正系列：理正建筑设计、快速结构设计、深基坑设计、工程勘察 CAD 等软件；

（4）天喻系列：天喻三维设计绘图系统、天喻三维水工设计系统等；

（5）飞时达系列：飞时达规划总图设计软件、道路工程设计软件、土方计算软件、日照分析软件；

（6）其他诸多园林设计、室内设计、服装设计、机械设计等建立在 AutoCAD 平台之上的专业软件。

此外，国内自主知识产权的 CAD 平台软件也有了长足发展，如中望 CAD、浩辰 CAD、纬衡 CAD、电子图板 CAXA 等。国内外还有很多著名的 CAD 系统，他们几乎和 AutoCAD 并驾齐驱，或者在每个专业领域独领风骚，如机械设计类的 SolidWork 和 UG、三维造型软件 Rhinoceros、建筑设计软件 ArchiCAD、中国建筑科学院的 PKPM 系列 CAD 等，还有与 AutoCAD 同出自于 Autodesk 公司的模型动画类软件 3DMAXStudio、Maya 等。

这里罗列了很多 CAD 软件，总之它们都是矢量类设计软件，具有相同或相似的基础。我们不可能也没有必要去学习每种软件，但只要我们掌握了方法和思路，将来在工作中就有了知识更新的能力。

1.4 知识点 2：程序界面

1.4.1 程序界面的宏观了解

AutoCAD 各版本的界面稍有区别，但都包含相同的主要构成：绘图区域、下拉菜单、工具条、状态栏、命令行等，还包含选项板和 2009 版新增加的 Ribbon 条状面板，同时还继续支持几乎被抛弃的 DOS 时代的屏幕菜单。

AutoCAD14—2006 只有一种界面模式（这也是广大设计师最熟悉的界面），从 2007 版开始，除具备经典界面之外，还提供了三维界面和平面界面等。下面分别介绍 AutoCAD2004 的界面（图 1-11）和 AutoCAD2010 界面。

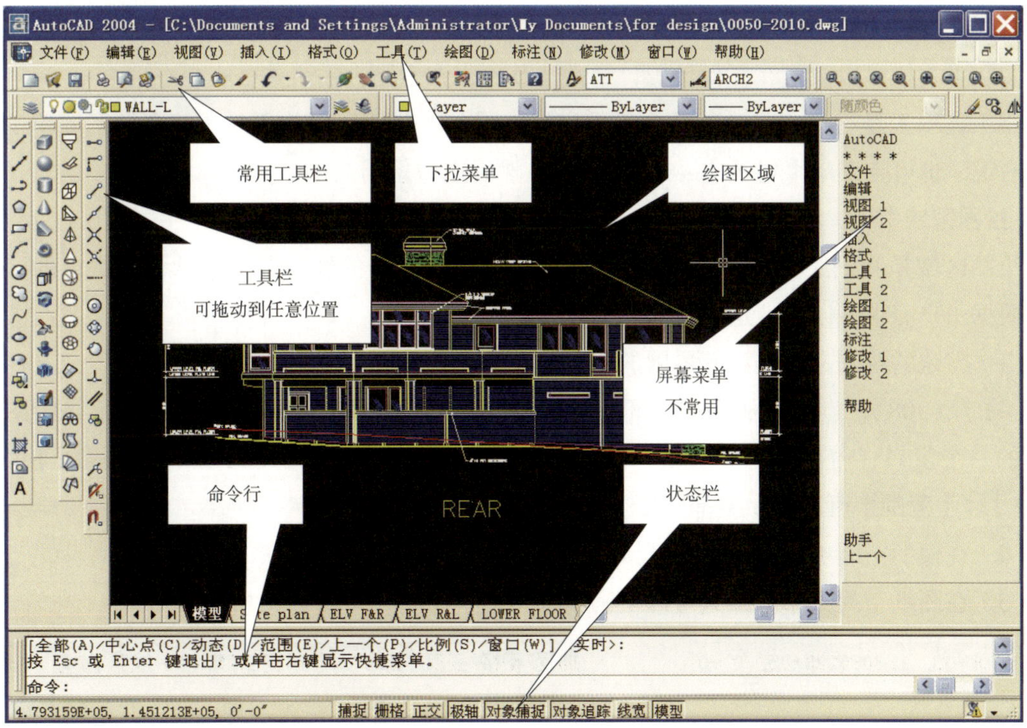

图 1-11

下面介绍各部分内容：

【下拉菜单】菜单是各种软件最常用的界面元素，分门别类地包含了很多最常用的绘图、编辑、显示、文件等相关命令。需要提醒的是：

（1）因为 AutoCAD 全部命令和参数有数千个，下拉菜单没有包含全部软件功能。

（2）诸多下拉菜单具备二级或三级菜单，使命令执行更细化和多样化。

可以通过 AutoCAD 绘图区域顶部的菜单栏访问菜单。选择菜单选项的方法有以下几种：

● 单击菜单名以显示选项列表。单击选项以选取它，或者按下箭头键向下移动列表然后按 ENTER 键。

● 按 ALT 键并在菜单名称中输入带有下划线的字母。例如，要打开新图形，请按 ALT 键并按 F 键以打开“文件”菜单。然后按 ENTER 键以选择亮显的选项“新建”。不过这种方式是很少被用户使用的方式。

AutoCAD 一直是提供极大开放性的软件，因此该下拉菜单同样可以被重新定义，诸多建立在 AutoCAD 平台上的第三方软件也常常重新定义之，如广州圆方室内设计系统软件。若需要重新显示原 AutoCAD 下拉菜单，可以用 menu 命令，也可以在“选项”对话框的“文件”选项卡中指定菜单。AutoCAD 默认的菜单文件是 acad.mnu。

【工具栏】

工具栏也是各种软件最常用的界面元素，工具栏几乎包含下拉菜单的全部命令。需要提醒的是：

（1）几个常用的工具栏，是显示绘图状态之用，请不要关闭。如样式、图层、对象特性工具栏。

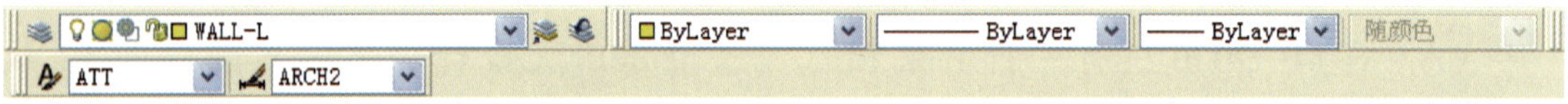

图 1-12

（2）根据绘图习惯和所绘内容的需要打开一些工具栏，可提高绘图速度。这些工具栏有：常用工具栏、绘图、修改、对象捕捉、显示等。

（3）工具栏可以放置在任何位置，常常让其停靠在上下左右各边。

（4）显示工具栏的方式：若某个工具栏未显示，可在任何停放工具条的空白区域单击鼠标右键，也可点菜单【显示】⇨【工具栏】，然后选中您需要的工具条。

【绘图区域】

绘图区域是我们绘图的空间，2004 及 2007 之后高版本的经典界面中默认是黑色的区域。根据用户需求可以在“选项”命令中修改色彩。

（1）默认的绘图范围是没有界限的，绘图范围几乎是从无限大到无限小的区域（1.7E-308 ~ 1.7E+308），也就是从宇宙空间到粒子空间都可以绘图。屏幕绘图区域仅仅是绘图空间的一个窗口，若图形绘制完后未在屏幕中显示，可以执行缩放命令，如【视图】⇨【缩放】⇨【范围】可以显示全部图形。

（2）在模型空间（默认的黑色区域）可以绘制平面和三维图形。

（3）在图纸空间（布局）只可以绘制二维图形，绘制三维图形无意义。

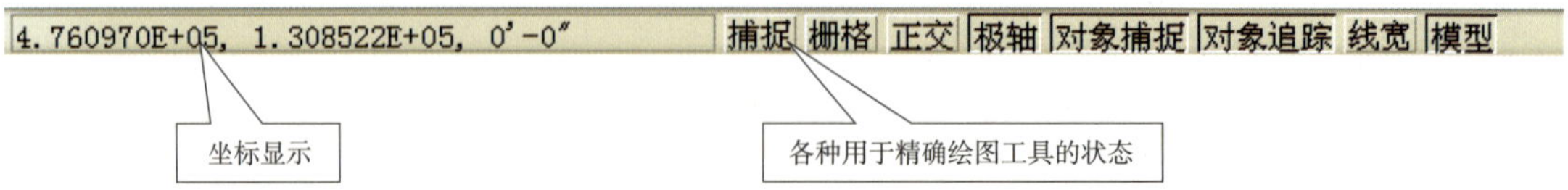

图 1-13

【状态栏】

动态显示当前光标处的坐标（可为笛卡尔坐标或极坐标），右侧是一系列非常常用的用于精确绘图的工具状态。

【命令行】

不同于 OFFICE 办公系统软件，诸多 CAD 都有命令行或称命令窗口，是人机交互的最常用方式。尽管很多命令都采用了对话框窗口方式来人机交互，但仍然有较多命令使用命令行进行提示和输入。

提 示

请勿关闭命令行，也不要把命令行压缩到只有一行，否则操作时很多提示将无法看到，也不知道下一步需要输入什么。初学者在执行各命令时需要随时观看命令行的提示，按照提示要求来进行操作，而不要死记硬背操作步骤。注意不要不看命令行提示，不要在提示你输入点的时候键入文字，不要在提示你输入整数的时候用鼠标去点物体。

【屏幕菜单】

这是 DOS 时代 AutoCAD 的产物，已不常被使用，少量第三方开发的专业软件仍然使用此栏以免与 AutoCAD 争夺有限的下拉菜单位置。打开屏幕菜单的方式是:【工具】⇨【选项】，点“显示”选项卡，勾选“显示屏幕菜单”。

【文本窗口】

按下功能键 F2 即开启文本窗口，它的内容就是命令行内容的全部。这方便在查询大量信息时观察，如 list 命令显示对象参数时，如图 1-14 所示。

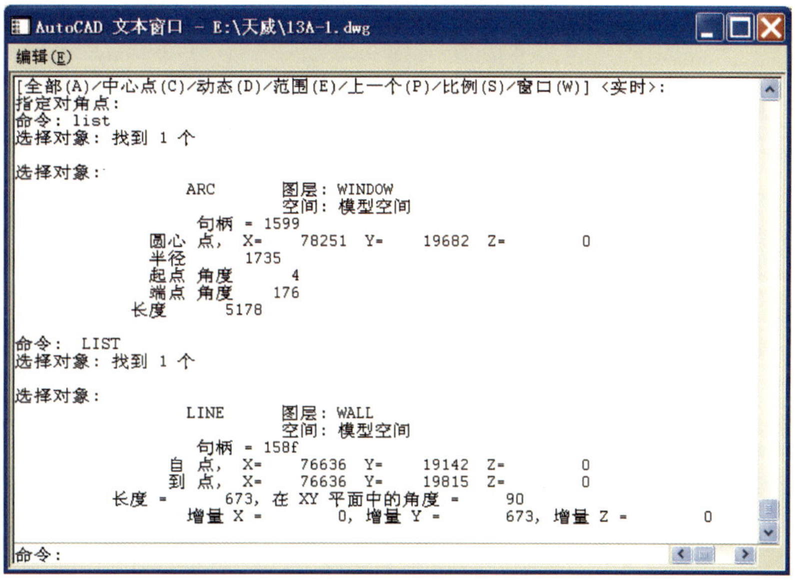

图 1-14

1.4.2 AutoCAD2010 界面

AutoCAD2010 界面如图 1-15 所示。AutoCAD2010 比 2004 版提供很多强大的功能，其界面也因此有更多适合复杂功能的设置。用户也可以把 AutoCAD2010 恢复到经典界面，键入下面两个命令，可立刻还原到经典界面：

（1）命令：menubar

输入 MENUBAR 的新值 <0> : 1 ↵

执行命名 MENUBAR

输入 1 并回车即可显示下拉菜单栏

（2）点菜单【工具】⇨【工作空间】⇨【AutoCAD 经典】

（3）命令：vscurrent

输入选项 [二维线框（2）/ 三维线框（3）/ 三维隐藏（H）/ 真实（R）/ 概念（C）/ 其他（O）]< 二维线框 > : 2 ↵

以上几个命令都不需要记忆其英文名，事实上在界面中都有相关的命令或按钮，这里仅仅是为了针对初学者讲解方便而已

现在，您已经恢复到经典界面了，请尝试切换各种界面模式、开关各选项板和工具栏、设置绘图区域背景色彩等，从而熟悉对界面的控制。

打开下拉菜单显示后，以下菜单栏与界面有关：

（1）【工具】⇨【工作空间】/【选项板】/【工具栏】/【命令行】。

（2）【视图】⇨【视觉样式】，其下一级菜单【二维线框】即为经典界面的色彩显示模式。

（3）【工具】⇨【选项】，其“显示”选项卡各参数设置与界面有关。

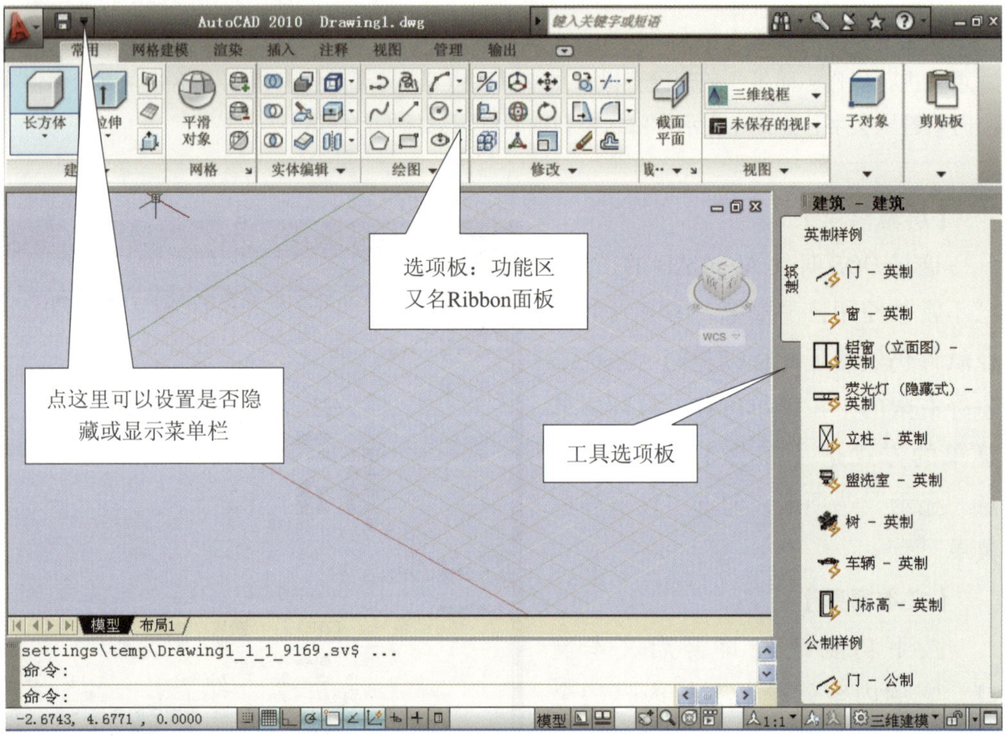

图 1-15

图 1-16 所示为恢复为经典界面的 AutoCAD2010。

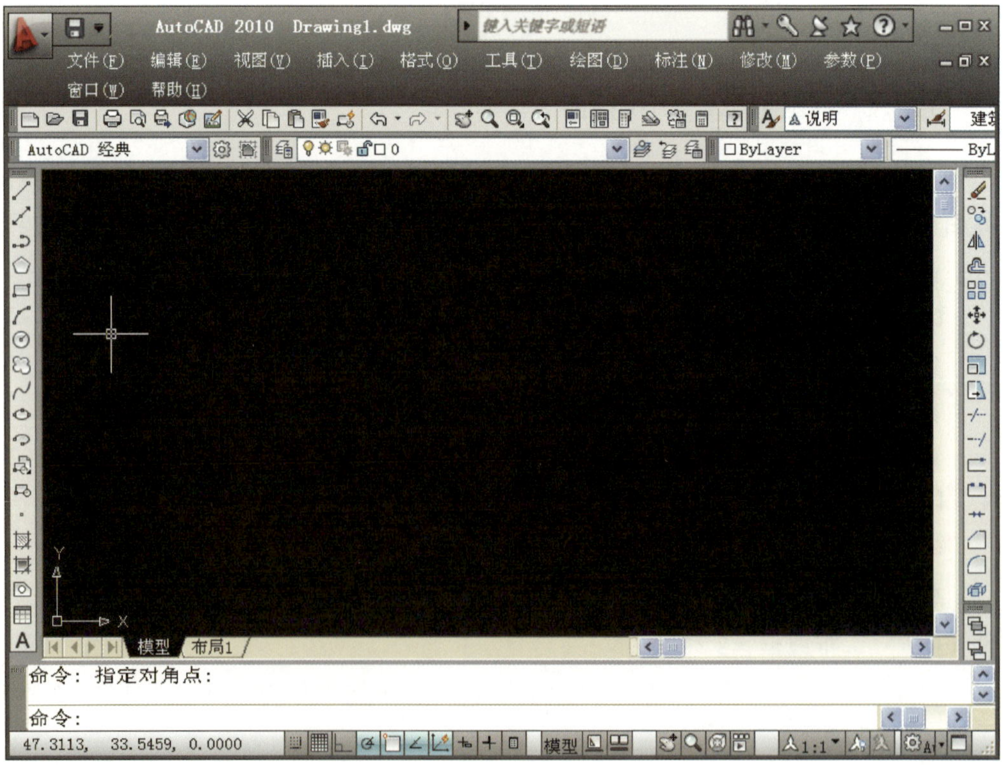

图 1-16

1.5 知识点 3：视图显示

前面已经说过在默认状态下 AutoCAD 的绘图极限范围几乎是从无限大到无限小，而屏幕中的绘图区域仅仅是一个观察窗户，通过一个窗户看世界也许根本什么都看不到，也许看不全面，也许看到的物体很小很小。为了显示我们所期望的观察方向和合适大小的所绘图形，我们可以通过视图菜单下的一系列命令来放大、平移和旋转观察方向。显然，这里的视图缩放并不是对所绘物体的真实尺寸进行调整，而仅仅是调整我们的观察镜头，最常用的一个命令 ZOOM，就是几乎所有数码相机镜头上都标注的那个文字 ZOOM——推拉镜头（放大或缩小）。

为了方便用户的各种视图显示的要求，相关命令有多种选项或多种操作方式。下面一一详细讲解，在详细讲解之前，让我们来看看相关的工具栏和菜单。

工具栏：常用工具栏、缩放、视图、视口、着色（视觉样式）、相机等。

菜单：【视图】➪【重画】、【重生成】、【缩放】、【平移】等。

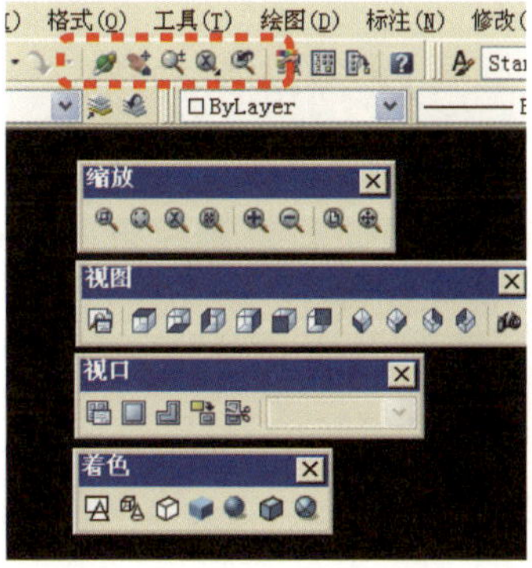

图 1-17

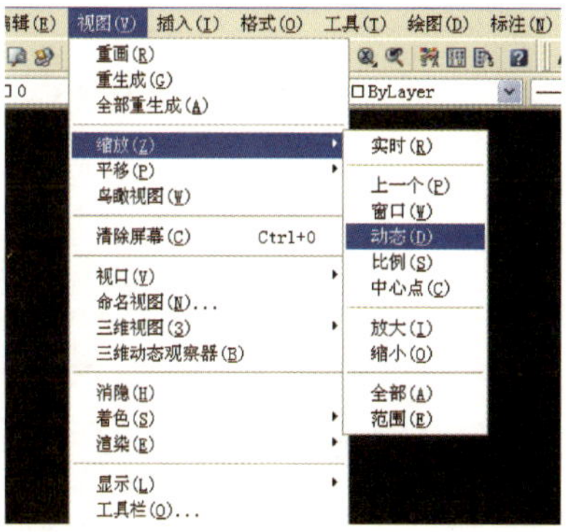

图 1-18

【缩放视图】ZOOM 命令（表 1-2）

可以通过放大和缩小修改视图的比例。像使用照相机进行缩放一样，ZOOM 不会改变图形中对象的绝对大小，只改变视图的比例。

表 1-2　　　　视图显示的快捷键和功能解释

缩放功能	按钮	命令缩写	功能解释
实时		Z ↵	使用“实时”选项，可以通过向上或向下移动定点设备进行动态缩放。单击右键，可以显示包含其他视图命令的快捷菜单
上一个		Z ↵ P ↵	“缩放到上一个”只能恢复视图的比例和位置，不能恢复编辑的上一个图形的内容
窗口		Z ↵（或 Z ↵ W↵）	通过指定要查看区域的两个对角，可以快速缩放某个矩形区域
动态		Z ↵ D ↵	通过单击鼠标左键和移动鼠标位置来切换缩放和平移视图，最后单击鼠标右键确认视图。该方法对特别复杂的图形显示较方便
比例		Z ↵ S ↵	nX 表示放大 n 倍，nXP 表示针对布局放大 n 倍（有关布局请在学习后续相关章节后再详细了解） 可以输入如 1/100XP 来设置布局中严格地按 1 ： 100 布图——这一点非常巧妙
中心点		Z ↵ C ↵	指定中心点以作为缩放的中心。该方式在手工操作中不常用
放大		Z ↵ 2X ↵	放大一倍
缩小		Z ↵ 0.5X ↵	缩小一倍
全部		Z ↵A ↵	“全部缩放”显示用户定义的图形界限和图形范围，无论哪一个视图较大（有关图形界限在 [格式] 菜单栏）
范围		Z ↵ E ↵	“范围缩放”使用尽可能大的、可包含图形中所有对象的放大比例显示视图。此视图包含已关闭图层上的对象，但不包含冻结图层上的对象
缩放对象		Z ↵ O ↵	当选择了对象时，执行该命令后，屏幕将充满显示该对象

提 示

范围缩放是初学者必须掌握的，请尝试。

【平移视图】PAN 命令

命令：pan/ 工具栏

出现手形光标时，移动定点设备的同时按住鼠标按钮可以拖动视图。如果使用滚轮鼠标，可以在按住滚轮按钮的同时移动鼠标。

更多的视图控制命令，将在后续章节随着课程进度陆续讲解。对于初学者，这里不再罗列全部内容。

1.6 知识点 4：选择物体的方法

在绘制五星红旗时需要进行复制线条、修剪线条、旋转五角星等操作，这些操作都需要在合适的时候提示你选择物体。

注 意

选择物体分单选和多选。绝大部分命令在提示你选择物体时均为多选，这时候在命令行会不断地提示选择物体，唯有用回车来结束选择（空格键和鼠标右键等同于回车）。个别命令如等分（Divide）、旋转曲面（Revsurf）等只允许单选，这是只能点中该物体，且不需要回车。

在执行任何命令提示你“选择对象”时，键入问号（？）并回车，将提示以下内容：

窗口（W）/ 上一个（L）/ 窗交（C）/ 框（BOX）/ 全部（ALL）/ 栏选（F）/ 圈围（WP）/ 圈交（CP）/ 编组（G）/ 类（CL）/ 添加（A）/ 删除（R）/ 多个（M）/ 上一个（P）/ 放弃（U）/ 自动（AU）/ 单个（SI）

以上就是选择物体的多种多样的方式，详解如表 1–3 所示，因正常绘图选择物体时我们不需要键入问号来提示，那么记住各选项的相关英文缩写将会提高绘图效率，为了助记，表 1–3 列出相应的完整英文单词。

表 1–3 选择物体的英文缩写和操作方法

选择选项	英文	概念与操作	是否常用
窗口（W）	Window	指定矩形的两个对角点，完全包含其中的物体将被选中； 当提示“选择对象”时，鼠标左键在图形空白区域点一下，向右拖动鼠标即可实现该模式而不需要键入 W	★
上一个（L）	Last	最近绘制的一个物体，尤其在对象重叠时很有用	★
窗交（C）	Crossing	指定矩形的两个对角点，完全包含其中或与该矩形框相交的物体将被选中。此时矩形框为虚线显示； 当提示“选择对象”时，鼠标左键在图形空白区域点一下，向左拖动鼠标即可实现该模式而不需要键入 C	★
框（BOX）	Box	等价于“窗口”（W）和“窗交”（C）	
全部（ALL）	All	选择未冻结图层上的所有对象	★
栏选（F）	Fence	选择与选择栏相交的所有对象。栏选方法与“圈交”方法相似，只是 AutoCAD 中选择栏的最后一个矢量不闭合	★
圈围（WP）	Polygon Window	同“窗口”方式相似，该多边形可以为任意形状	
圈交（CP）	Crossing Window	同“窗交”方式相似，该多边形可以为任意形状	

续表

选择选项	英文	概念与操作	是否常用
编组（G）	Group	选择指定编组中的所有对象	
删除（R）	Remove	如果多余选择了对象，可用此取消部分选择； 也可以不键入 R 选项，而是同时按下 SHIFT 键，重复选择已选的对象	★
添加（A）/	Add	是上一行"删除"的反向动作，即恢复到添加选择模式	★
多个（M）	Multi-	与下一行单选反义	
单个（SI）	Single	只允许选择一个物体	
放弃（U）	Undo	取消选择最近添加到选择集中的对象	
自动（AU）	Auto	切换到自动选择：指向一个对象即可选择该对象。指向对象内部或外部的空白区，将形成框选方法定义的选择框的第一个角点	
上一个（P）	Previous	使用上一个命令时创建的选择集	★

实例 1-1：栏选（Fence）的用途——快速选择

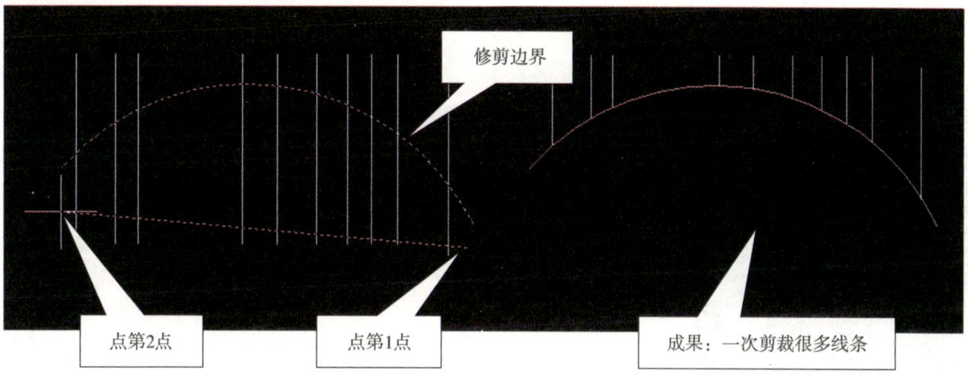

图 1-19

命令：TRIM ↵

当前设置：投影 =UCS，边 = 延伸

选择剪切边…

选择对象：指定对角点：找到 1 个

这里选择圆弧

选择对象：↵

选择要修剪的对象，或按住 Shift 键选择要延伸的对象，或 [投影（P）/ 边（E）/ 放弃（U）]：f ↵

这里在提示选择对象时，键入 F 并回车

进入栏选模式

第一栏选点：

指定直线的端点或 [放弃（U）]：

鼠标左键点第 1 点

指定直线的端点或 [放弃（U）]：

鼠标左键点第 2 点

选择要修剪的对象，或按住 Shift 键选择要延伸的对象，或 [投影（P）/ 边（E）/ 放弃（U）]：↵

回车结束

1.7 知识点 5：参数输入的方式

AutoCAD 绘图时我们需要通过人机交互输入参数，常见的参数有：

（1）坐标点。

（2）角度。

（3）长度、倍数、高度等一个实数。

（4）命令选项。

1.7.1 坐标点

可以是绝对坐标，也可以是相对坐标；可以是直角坐标系，也可以是极坐标系（坐标系有关内容详见 1.8 节）。

输入坐标的常见方式有：

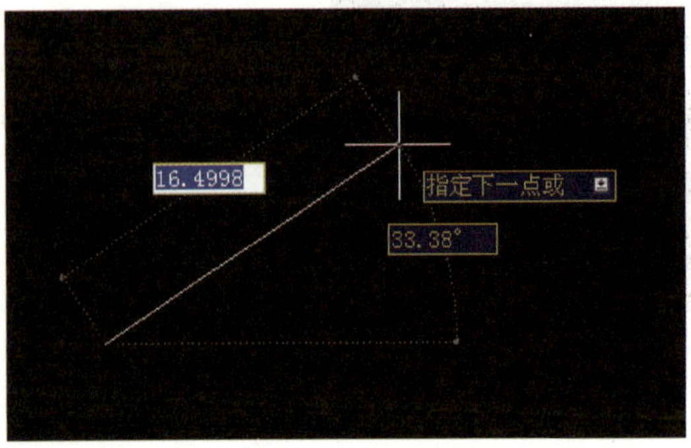

图 1-20

（1）鼠标左键在屏幕中点取。若未打开（间距）捕捉和对象捕捉，点取的坐标不能是精确坐标点；若打开（间距）捕捉或对象捕捉可精确获得坐标。

（2）键盘输入：如 10，20，30 表示输入的坐标是绝对坐标 X，Y，Z 分别为 10，20，30；如 10，20 表示输入的坐标是绝对坐标 X，Y 分别为 10，20，Z 轴值是当前的默认高度（由 ELEV 命令设定，未设定时为 0）。

（3）在 AutoCAD2005 以上版本，可动态输入极坐标，如图 1-20 所示，按【Tab】键切换距离和角度。

1.7.2 角度

默认的角度输入是 360° 制，逆时针为正，即东方为 0°，北方为 90° 等。若需要改变制式等可通过【格式】⇨【单位】来改变为弧度、改变方向、改变 0° 方位等。

输入坐标的常见方式有：

（1）键盘输入实数，如 30↵ 表示 30° 角。

（2）在屏幕中点取两点，这两点的连线（橡皮筋线）与 X 轴正方向的夹角就是输入的角度。该方法方便动态绘制或修改图形如图 1-21 所示。

（3）在 AutoCAD2005 以上版本，可动态输入极坐标，同坐标点输入。

（4）设置并打开极轴可方便常用角度的绘图如图 1-22 所示。

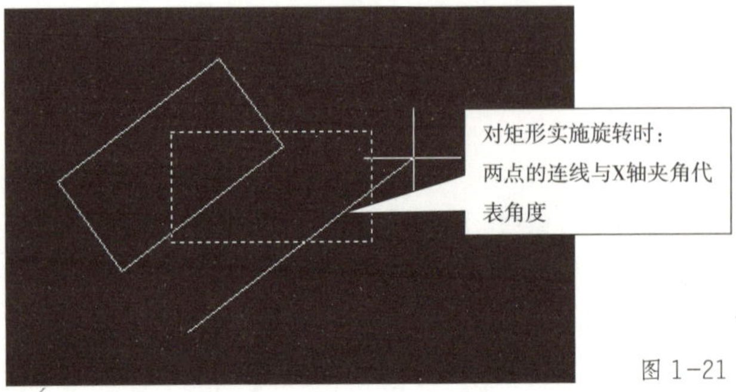

图 1-21

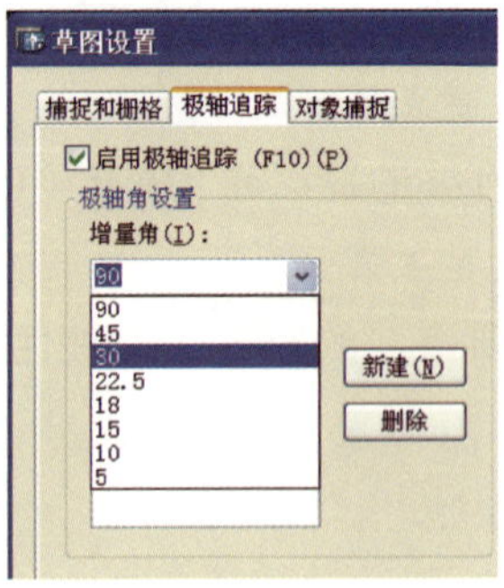

图 1-22

1.7.3 长度、倍数、高度等一个实数

（1）键盘输入实数。

（2）在任意需要输入距离、高度等单个实数的地方，鼠标左键在屏幕中点取两点，这两点的连线（橡皮筋线）的长度表示要输入的实数。

1.7.4 命令选项

（1）根据命令行提示，键盘输入英文字母。

（2）在命令执行的过程中，点鼠标右键选择。

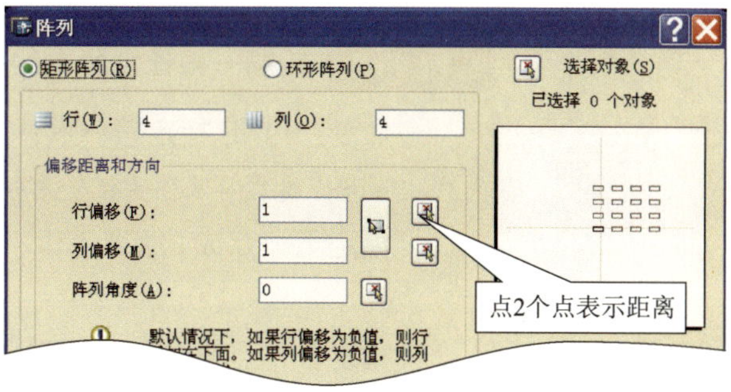

图 1-23

1.8 知识点 6：坐标系

在命令提示输入点时，可以使用定点设备指定点，也可以在命令行中输入坐标值。可以按照笛卡尔坐标（X，Y）或极坐标输入二维坐标。

1.8.1 笛卡尔坐标

笛卡尔坐标系有三个轴，即 X、Y 和 Z 轴。输入坐标值时，需要指示沿 X、Y 和 Z 轴相对于坐标系原点（0，0，0）点的距离（以单位表示）及其方向（正或负），如图 1–24 所示。

在二维中，在 XY 平面（也称为构造平面）上指定点。构造平面与平铺的网格纸相似。笛卡尔坐标的 X 值指定水平距离，Y 值指定垂直距离。原点（0，0）表示两轴相交的位置。

1.8.2 极坐标

极坐标使用距离和角度定位点，如图 1–25 所示。命令行输入极坐标的方法为：300<45 ↵ 表示距离 300，方位在 45° 方向，其中小于号代表角度。

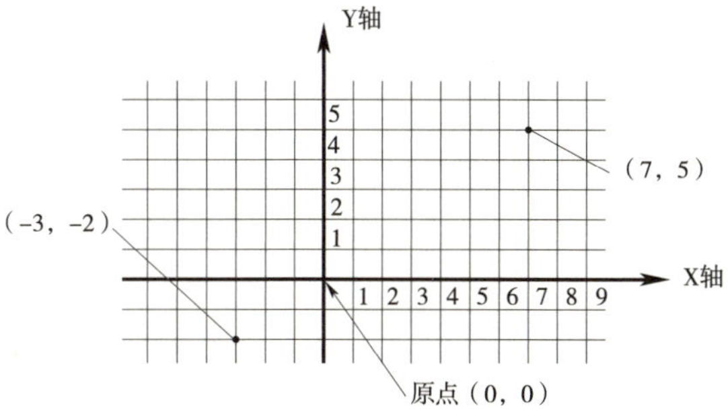

图 1-24

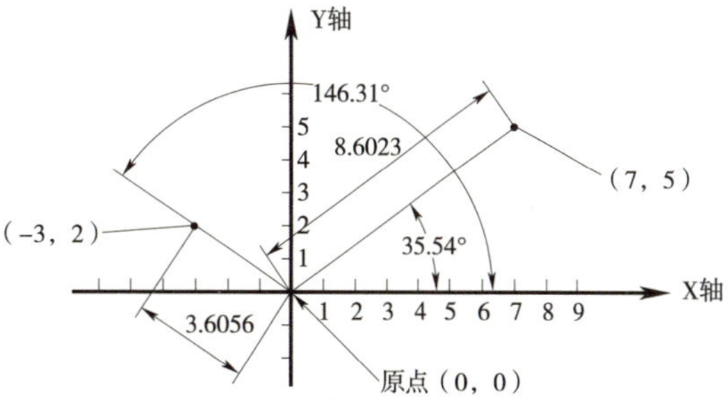

图 1-25

坐标（7，5）用极坐标表示：8.6023<35.54

坐标（-3，2）用极坐标表示：3.6056<146.31

1.8.3 相对笛卡尔坐标和相对极坐标

在很多情况下我们绘图时不需要定位其绝对坐标，而更重要的是关注图形元素之间的相对位置，这是使用相对坐标来绘图会更方便快捷。

使用笛卡尔坐标和极坐标，均可以基于上一指定点输入相对坐标，输入的方法如下：@2，3，4 ↵ 表示相对上一点的位置是 X 方向增加 2、Y 方向增加 3、Z 方向增加 4。

实例 1-2：绘制一根耸立的电线杆

命令：lLINE 指定第一点：

鼠标左键在屏幕任意位置点一下，不关心绝对坐标。

指定下一点或 [放弃（U）]：@0，0，10 ↵

键入 @0，0，10 并回车——相对坐标。

指定下一点或 [放弃（U）]：↵

实例 1-3：绘制五角星

命令：PLINE

指定起点：

鼠标左键在屏幕任意位置点一下，不关心绝对坐标。

当前线宽为 0.0000 ↵

指定下一个点或 [圆弧（A）/ 半宽（H）/ 长度（L）/ 放弃（U）/ 宽度（W）]：@1<180 ↵

相对极坐标。

指定下一点或 [圆弧（A）/ 闭合（C）/ 半宽（H）/ 长度（L）/ 放弃（U）/ 宽度（W）]：@1<108 ↵

指定下一点或 [圆弧（A）/ 闭合（C）/ 半宽（H）/ 长度（L）/ 放弃（U）/ 宽度（W）]：@1<252 ↵

指定下一点或 [圆弧（A）/ 闭合（C）/ 半宽（H）/ 长度（L）/ 放弃（U）/ 宽度（W）]：@1<180 ↵

指定下一点或 [圆弧（A）/ 闭合（C）/ 半宽（H）/ 长度（L）/ 放弃（U）/ 宽度（W）]：@1<-36

指定下一点或 [圆弧（A）/ 闭合（C）/ 半宽（H）/ 长度（L）/ 放弃（U）/ 宽度（W）]：@1<252 ↵

指定下一点或 [圆弧（A）/ 闭合（C）/ 半宽（H）/ 长度（L）/ 放弃（U）/ 宽度（W）]：@1<36 ↵

指定下一点或 [圆弧（A）/ 闭合（C）/ 半宽（H）/ 长度（L）/ 放弃（U）/ 宽度（W）]：@1<324 ↵

指定下一点或 [圆弧（A）/ 闭合（C）/ 半宽（H）/ 长度（L）/ 放弃（U）/ 宽度（W）]：@1<108 ↵

指定下一点或 [圆弧（A）/ 闭合（C）/ 半宽（H）/ 长度（L）/ 放弃（U）/ 宽度（W）]：c ↵

输入相对坐标的另一种方法是：通过移动光标指定方向，然后直接输入距离。此方法称为直接距离输入。

思考题

1. 执行绘图命令有哪些方法?

2. 有哪几种方法定位绘图坐标点?

3. 如何修剪、延伸线条?

4. 如何快速把一个边长为 0.886 的矩形等比例放大到该边长为 1.000 ?

5. 如何快速选择物体?

6. 理解了笛卡尔坐标和极坐标，请问柱面坐标和球面坐标在 AutoCAD 中如何表达?

绘图题

7. 用 AutoCAD 绘制一组或一个你喜爱任何物品。熟悉【绘图】、【修改】、【视图】菜单中的各项功能。

记忆题

8. 书写并背诵菜单栏【文件】、【绘图】、【修改】、【视图】等栏目类所有二级菜单命令的完整英文词。

以下是学生第一次课后作业，尽管 AutoCAD 不是专门用来绘制卡通的软件，但通过本次绘图能极大地激发学生学习的热情，并能很快熟悉基本绘图与编辑等命令。

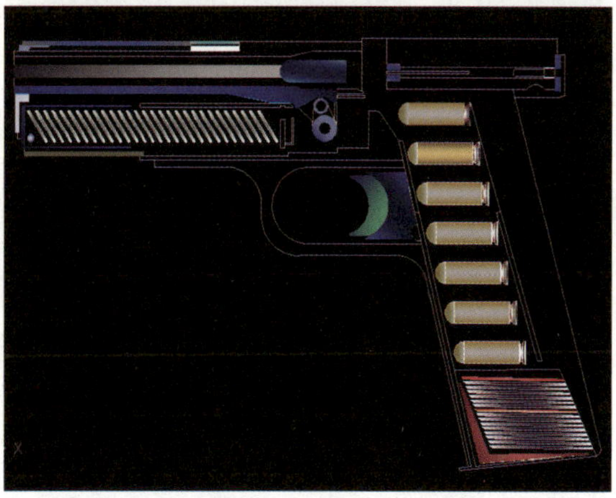

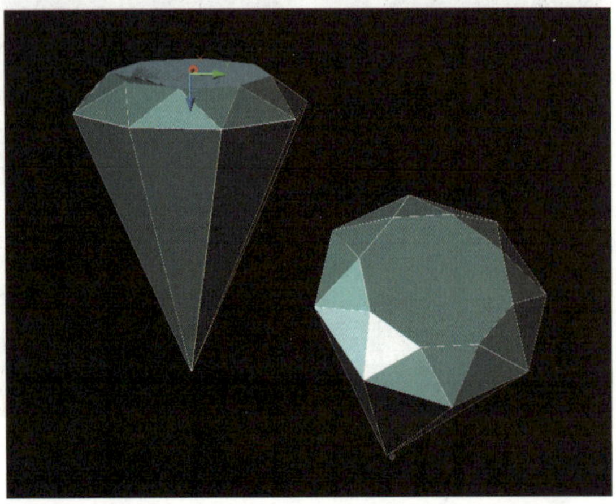

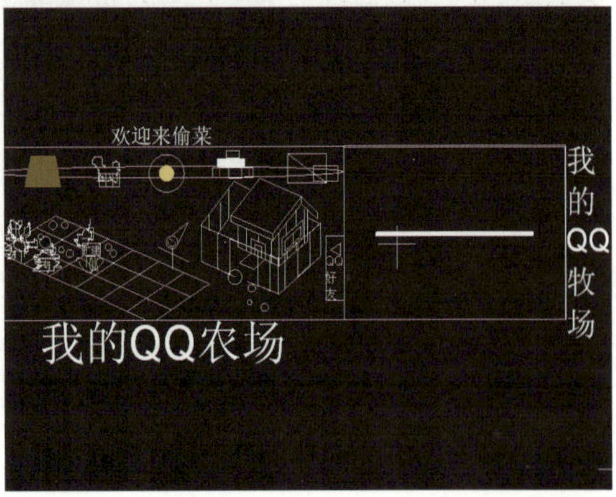
欢迎来偷菜
我的QQ牧场
我的QQ农场

第 2 单元 图层、色彩与线型

【教学目标】

1. 学会图层控制方式：图层、线型、颜色、线宽的设置等；学会图层调用与管理。
2. 查询命令的使用：查询距离、面积、周长等。
3. 多线初步，学会多线设置与编辑命令的调用。
4. 辅助命令的使用，学会捕捉与格栅，物体捕捉与追，正交与极轴，单位与图形界限。

【项目内容】

1. 线条训练，用图层、线型、颜色、线宽设置不同线型。
2. 教室平面图绘制：绘图界限、图层、多线、门窗等。
3. 三视图的绘制：捕捉与格栅、物体捕捉与追踪、正交与极轴等。

【教学重点】

1. 图层管理，图层、线型、颜色、线宽、线型比例设置与管理。
2. 多线的设置，注意比例、捕捉点的设置。
3. 捕捉与格栅、物体捕捉与追踪、正交与极轴等命令的灵活调用。

【教学难点】

1. 图层的理解，线型比例设置，线型的选用。
2. 多线的设置与编辑。

2.1 项目导入 1：线条图的绘制

在绘图过程中，除了要快速准确地把设计思路用图形表达出来之外，还要方便文件的修改与交流，这就要合理地组织。AutoCAD 的每个图形对象都有各自的对象特性，如所属图层、颜色、线型、线宽及几何特性等。

提 示

每一张土木工程图，都有轮廓线、剖面线、尺寸中心线、标注线等不同种类的图形对象。建筑图则更复杂，有墙线、柱网轴线、门窗阳台、设备与家具等。按照国家规范规定，这些不同种类的图形对象应采用实线、虚线、点划线等不同的线型，并且应采用不同的线宽。为了便于管理这些不同种类的图形对象，AutoCAD 创造了图层这一概念。

为了使读者能更好地理解比例因子的作用，我们首先讲述一下国标中对图纸幅面和绘图比例的规定。

2.1.1 图纸幅面尺寸

图纸幅面及格式方面的规定主要涉及图纸幅面尺寸规定、图框的格式、标题栏的方位及尺寸三项，以下分别给予描述：

绘制图样时，应优先采用表 2-1 中规定的幅面尺寸，必要时可沿长边加长。图纸的短边一般不应加长，长边可加长，但应符合表 2-2 的要求。

表 2-1　　图纸幅面及周边尺寸　　单位：mm

幅面代号 / 尺寸代号	A0	A1	A2	A3	A4
b × l	841 × 1189	594 × 841	420 × 594	297 × 420	210 × 297
c	10			5	
a	25				

表 2-2　　图纸长边加长尺寸　　单位：mm

幅面尺寸	长边尺寸	长边加长后尺寸
A0	1189	1486　1635　1783　1932　2080　2230　2378
A1	841	1051　1261　1471　1682　1892　2102
A2	594	743　891　1041　1189　1338　1486　1635　1783　1932　2080
A3	420	630　842　1051　1261　1471　1682　1892

注　有特殊要求的图纸，可采用 841mm × 891mm 与 1189mm × 1261mm 的幅面。

2.1.2 标题栏与会签栏

图纸的标题栏、会签栏及装订边的位置，应符合下列规定：

（1）横式使用的图纸，应按图 2-1 所示 A0 ~ A3 横式幅面形式布置。

（2）立式使用的图纸，应按图 2-2 所示 A0 ~ A3 立式幅面和图 2-3 所示 A4 立式幅面的形式布置。

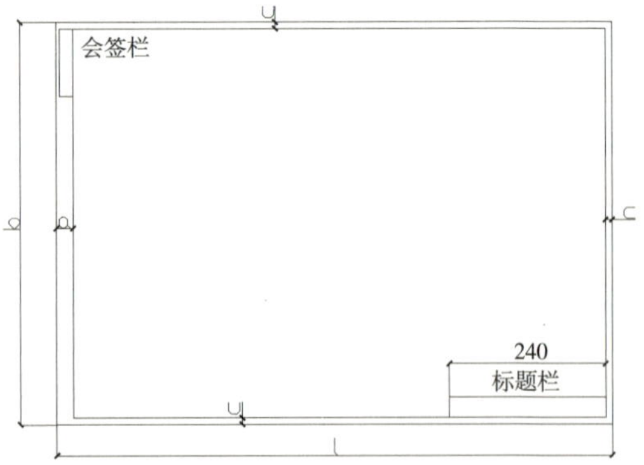

图 2-1

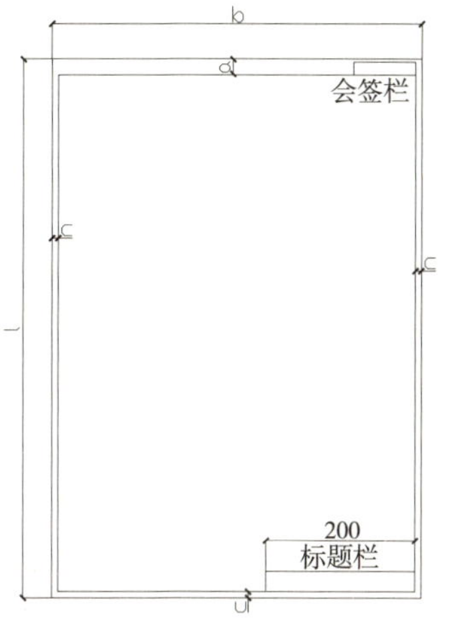

图 2-2

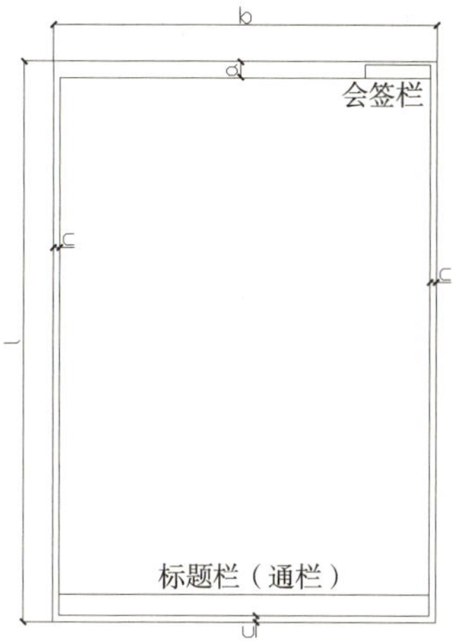

图 2-3

实例 2-1：线条练习

绘制图 2-4，步骤如下：

（1）按 1 ∶ 1 比例出图设置 A3 图幅（横装），留装订边，画出图纸边界线及图框线；设置绘图区域为 420mm × 297mm。

（2）设置绘图单位，按默认设置。

（3）按表 2-3 的规定设置图层及线型，并设定线型比例，不必设置线型宽度。

表 2-3　图层及线型

图层名称	颜色（颜色号）	线型
粗实线	白（7）	实线 CONTINUOUS
中实线	红（1）	实线 CONTINUOUS
细实线	绿（3）	实线 CONTINUOUS
中虚线	黄（2）	中虚线 DASHED
细点划线	青（4）	点划线 CENTER
折断线	紫色（6）	实线 CONTINUOUS
文字	30	实线 CONTINUOUS
图框	白（7）	实线 CONTINUOUS

（4）按图 2-4 所示尺寸及格式画出标题栏，填写标题栏内文字。

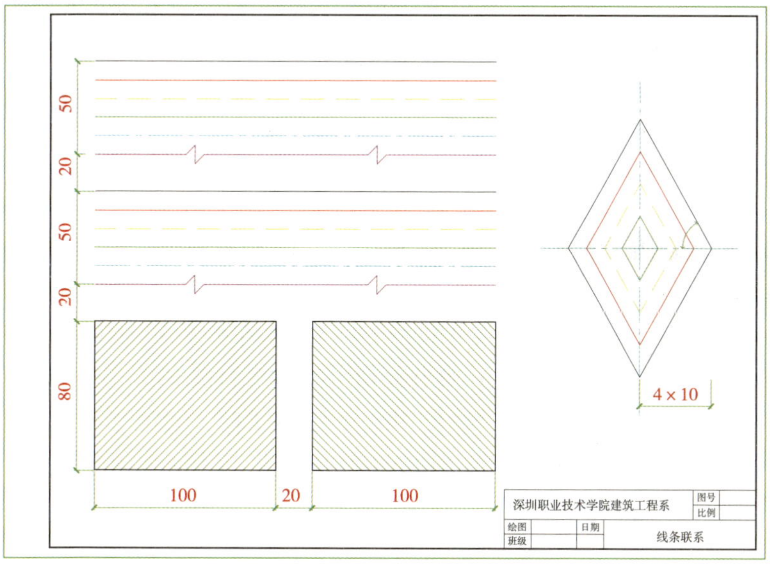

图 2-4

2.1.3 建筑制图中常用图线的一般规定（表 2–4）

表 2–4　　　　　　　　　　建筑制图中常用图线的一般规定

名称	线型	线宽（b）	用途
粗实线	——	0.7 0.5	1. 总图中新建建筑物的可见轮廓； 2. 建筑平、剖面图中被剖切的主要构造（包括构配件）的轮廓线； 3. 建筑立面图的外轮廓线和地面； 4. 建筑构造详图中被剖切的主要部分的轮廓线
中实线	——	0.35 0.25	1. 总图中新建构筑物、道路、围墙、区域分界线、尺寸起止符、文字等； 2. 建筑平、剖面图中被剖切的次要构造（包括构配件）的轮廓线； 3. 建筑构造详图及建筑构配件详图中的一般轮廓线
细实线	——	0.18	小于 0.5b 的图形线，尺寸线，尺寸界线，图例线，索引符号，标高符号等
中虚线	----	0.25	建筑构造及建筑构配件不可见轮廓线 拟扩建的建筑轮廓线
细虚线	----	0.18	图例线，小于 0.5b 不可见的轮廓线
细点画线	—-—	0.13	中心线，对称线，定位轴线
折断线	—\/\—	0.18	不需画全的断开界限

2.2 知识点 1：绘图界限与单位

2.2.1 绘图界限

绘图界限即是设置一个允许绘图的范围，超出此范围将不允许绘制图形。建筑工程绘图中，此功能一般不采用。

命令：Limits ↵，或从菜单栏点击【格式】⇨【图形界限】，观察窗口下部命令行提示。

重新设置模型空间界限

指定左下角点或 [开（ON）/ 关（OFF）]（0.0000，0.0000）：↵

直接按回车结束，表示采用圆括弧中的默认参数

指定右上角点或 [420.0000/297.0000]：420，297 ↵

命令：Z ↵

指定窗口角点，输入比例因子（nx 或 nxP），或 [全部（A）中心点（C）动态（D）范围（E）上一个（P）窗口（W）]（实时）：A ↵

设置图形界限，用缩放命令的“全部 A”选项可以将屏幕显示区域适合于图形界限区域

正在重新生成模型。

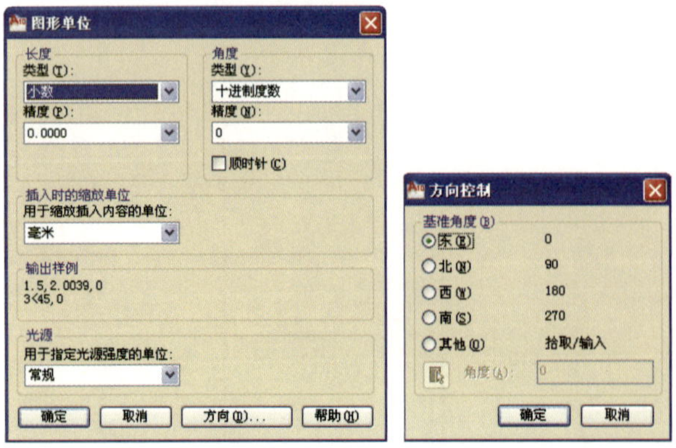

（a）　　　　　　　　　　（b）

图 2–5
（a）长度、角度对话框；（b）方向对话框

2.2.2 设置绘图单位

命令：Units ↵ 或从菜单栏点击【格式】⇨【单位】，观察窗口下部命令行提示。

弹出图形单位对话框，如图 2–5（a）所示，点击“方向”，弹出如图 2–5（b）所示的对话框。在该对话框中，对图形单位各项参数进行设定，最后单击“确定”按钮完成本次工程绘图单位的设置。

2.3　知识点 2：图层、线型与色彩

2.3.1　图层及线型特性设置

1. 命令调用

命令行：LAYER，简写（LA）。

下拉菜单：【格式】⇨【图层】。

工具栏按钮：

2. 命令及提示

执行命令后，弹出如图 2-6 所示的图层属性管理器对话框。弹出图层属性管理对话框，单击对话框中的 [新建（N）] 按钮，创建新图层，可将新图层名 Layer1、Layer2……改为所需设置的图层名。

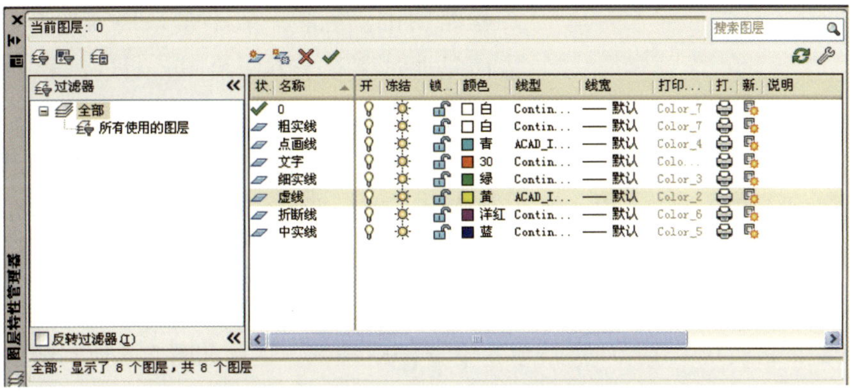

图 2-6

下面对主要参数进行说明：

：用于创建新图层，单击该按钮后，则在如图 2-6 所示的图层属性管理器对话框中新建一个图层。列表框中列出了显示所有使用过的图层、显示所有状态、名称、开关、冻结、锁定、颜色、线型、线宽等状态。

✖：用于删除图层。只有未包含任何线条文字等内容的空图层才可以被删除。

✔：用于将所选图层设为当前层，后续绘制的对象将在这个图层上。

：刷新，通过扫描图形中所有图源来刷新图层使用信息。

中间的大框中列出了所有指定的线形及其名称、开关状态、冻结状态、锁护状态、颜色、线型、线宽、打印类型、打印等属性。各属性的意义如下：

（1）名称：用于标识图层，可双击线形名将其激活，然后修改。

（2）开关状态：用于打开或关闭图层。单击相应图层的灯泡图标可转换开关状态。当图标显示为灯泡关时，图层被关闭，此时该图层上的任何对象不能被显示或打印。

（3）冻结状态：用于打开或关闭图层的冻结状态。单击相应图层的太阳图标可转换冻结状态。当图标显示为雪花时，图层冻结，此时该图层不能被使用，系统也暂停对该图层进行处理。

（4）锁护状态：用于打开或关闭图层。单击相应图层的锁图标可转换开关状态。当图标显示为关闭的锁时图层被关闭，此时该图层中有的对象不能被修改。

图层的开关、冻结、锁护状态的区别

位于关闭图层上的对象不能被显示和打印，但可以被程序修改，比如若执行 DELETE（删除）命令时键入 ALL 来选择，可以删除此图层上的全部物体。

位于锁定图层上的物体，可以显示和打印，但不能被修改。可防止被误操作修改，但能作为参考图形显示和捕捉端点或中点等。

位于冻结图层上的物体，既不能显示、又不能被任何程序和命令修改，且能提高 AutoCAD 显示刷新的速度。

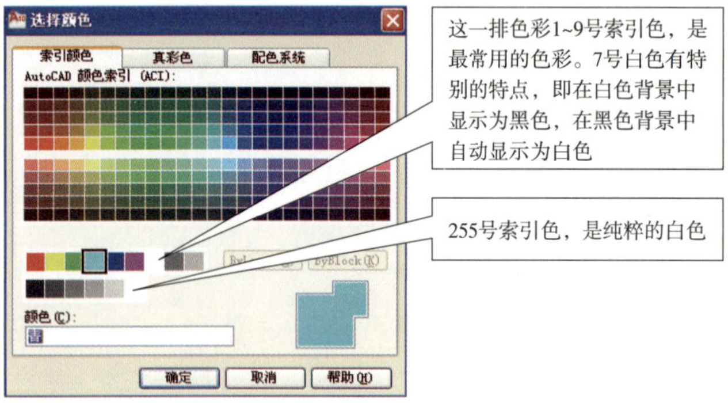

图 2-7

（5）颜色属性：用于区别图层。单击颜色图标或颜色名弹出（选择颜色）对话框，如图 2-7 所示。单击“索引颜色”、“真彩色”中任一种颜色，在单击 [OK] 按钮，即可选定该种颜色。索引颜色是工程绘图中最常用的色彩，尤其在建筑工程绘图中，色彩一般不是最终需要打印的彩色，而是通过色彩来方便绘图，通过色彩来定义打印时线条的粗细。

（6）线型（Line type）：用于指定线的类型，比如实线、虚线、点划线等。单击线形名称时，弹出选择线型对话框，如图 2-8 所示。从中选择所需的线形，如果没有合适的，则单击“加载”按钮，调出“加载或重载线型”对话框，如图 2-9 所示。从中选择所需线形，单击 [OK] 按钮，返回如图 2-8 所示的“选择线形”对话框，再次从中选择所需线形，单击 [OK] 按钮，返回如图 2-6 所示的“图层属性管理器”对话框。

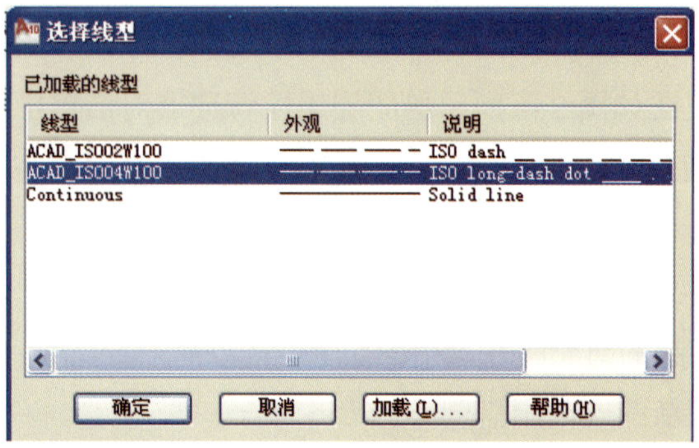

图 2-8

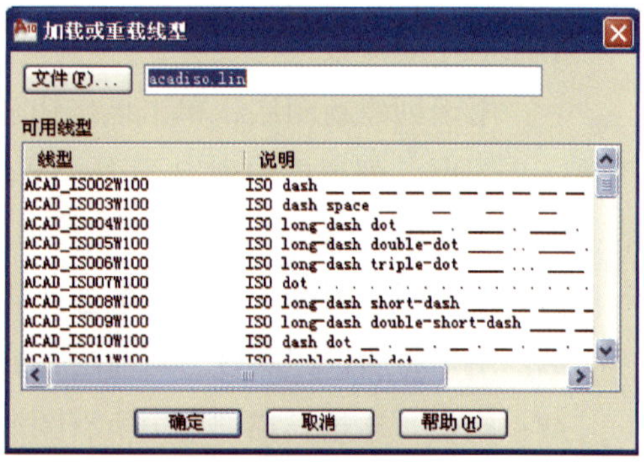

图 2-9

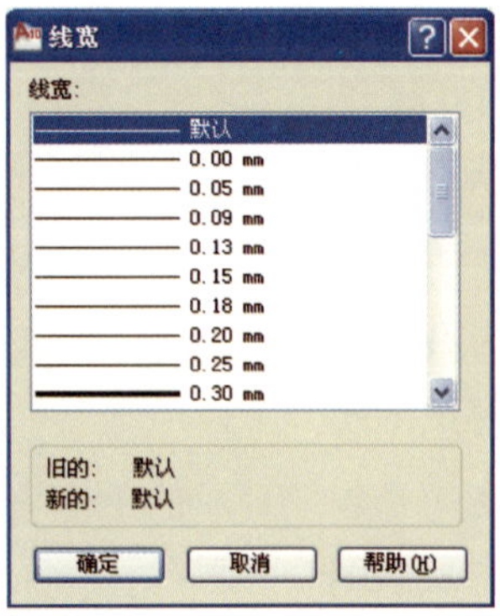

图 2-10

（7）线宽属性：用于指定线条的宽度。单击相应图层的线宽图标。可弹出“线宽”对话框，如图 2-10 所示。从中点选所需线宽，单击 [OK] 按钮或按回车键即可，选定该种线宽，并返回如图 2-8 所示的“图层属性管理器”对话框。

（8）打印样式：更改整个图形中打印样式。

（9）打印：确定整个图形中的图层是否均可打印。打开或关闭图层，单击相应图层的图标可转换打印属性，被冻结的图层不能打印出来。

（10）另外，可以使用如图 2-11 所示的“对象属性”工具条查看和修改选定对象的属性。

图 2-11

2.3.2 使用图层的一般原则

（1）为了使绘制的图形便于识别与修改，应使用图层来管理图形，各图层应具有特定颜色、线型、线宽等特性。

（2）图层命名应与图层中对象的实际意义有关。可用中文、英文或缩写字母表示，如轴线、墙、柱、门窗、楼梯等，各类对象应放置在不同的图层上。

（3）一般情况下，每一图层具有一种线宽、一种线型和一种颜色，画在其上面的图形对象通常都继承该层的这些特性，AutoCAD 将这种继承叫“随层”。例如：墙体所在的层线型是连续线，线宽是 0.6，颜色是绿色，打印样式为“普通”。那么画在墙层的墙线就继承了所在层的线宽、线型和颜色。但也可根据需要利用“对象特性”覆盖层的特性设置，重新设置特定的颜色、线型、线宽，如图 2–12 所示。

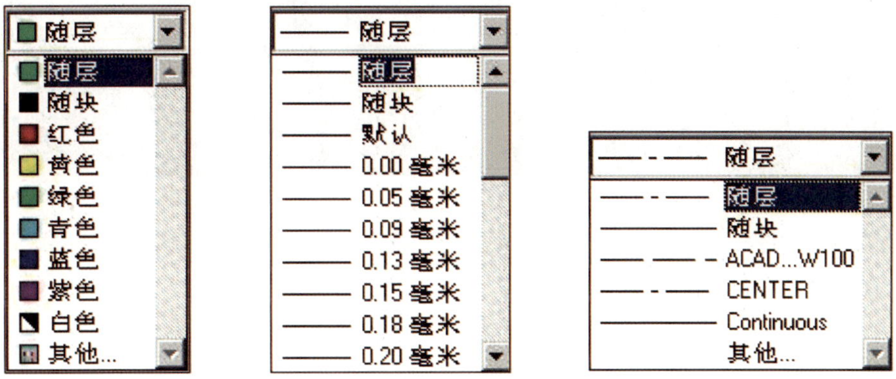

（a）　　（b）　　（c）

图 2-12

（a）颜色；（b）线宽；（c）线型

（4）颜色设置主要目的是便于观察及出图时设置输出线宽。颜色的设置尽量采用标准颜色，因为标准颜色对比度大，便于观察和选用，但常用的标准颜色只有 7 种，对于复杂的建筑图形是不够的，在选用其他颜色时也要遵循便于观察的原则。

2.3.3 线条图形绘制练习

（1）设置格栅和捕捉（间距捕捉）。

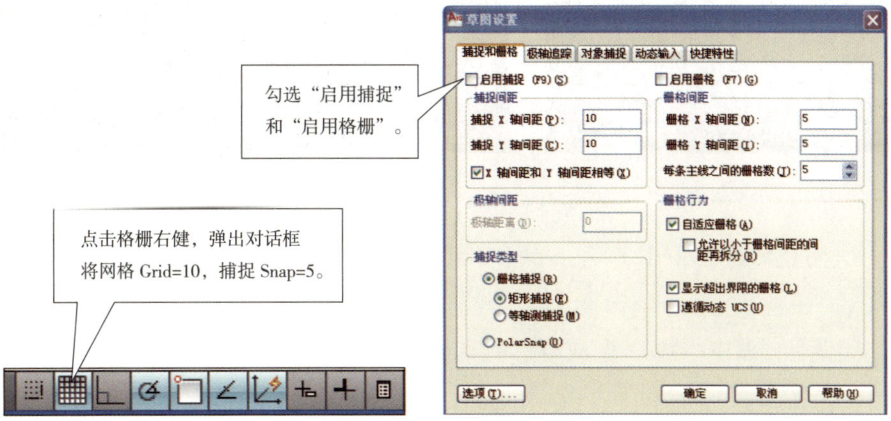

图 2-13

（2）命令行：L ↵

LINE 指点第一点：捕捉格栅上一点

因开启了格栅和间距捕捉，在绘图区域合适位置点鼠标左键即可

指点下一点或［放弃（U）］：220 ↵

分别在粗实线层、中实线层、细实线层、点划线层、虚线层、折断线层绘制长 220mm 的线条。如图 2-14 所示。

（3）绘制完一组，用复制（COPY）命令生成第二组，如图 2-15 所示。

图 2-14

图 2-15

（4）在粗实线图层绘制矩形 100mm × 80mm。

（5）在细实线图层填充该矩形，选择图案 ANS131。

（6）用镜像（MIRROR）生成另一组矩形填充，如图 2-16 所示。

（7）画菱形四分之一的中心线，如图 2-17 所示。

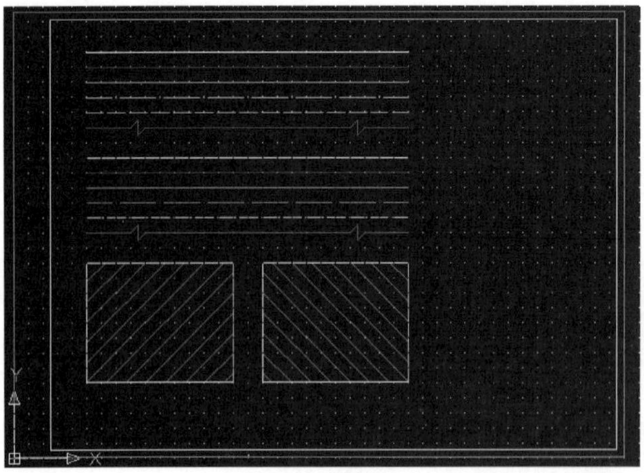

图 2-16

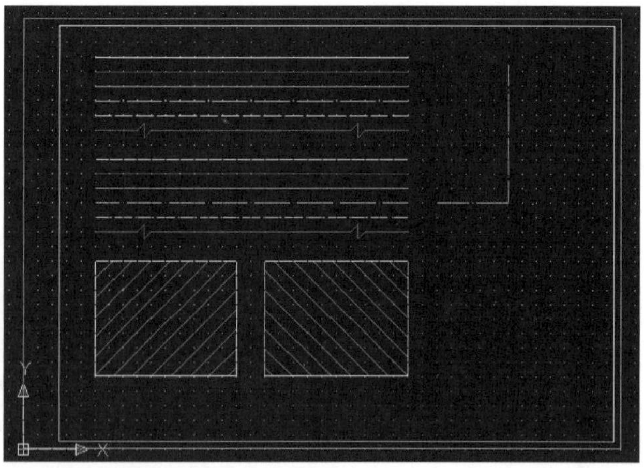

图 2-17

（8）用构造线（XLINE）绘制 60° 线，并进行修剪（TRIM），如图 2-18、图 2-19 所示。

（9）用镜像（MIRROR）生成菱形的其他部分，如图 2-20 所示。

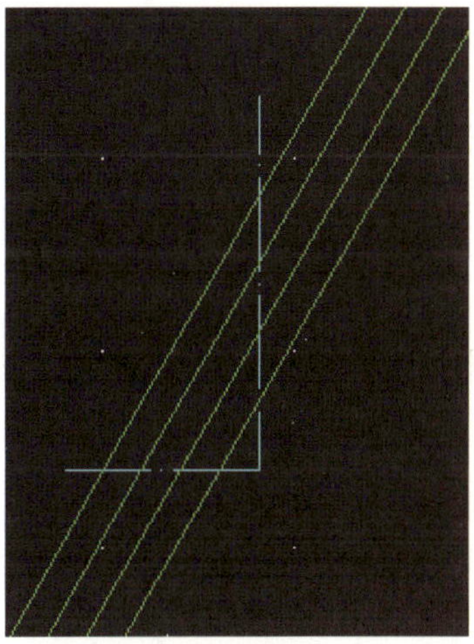

图 2-18

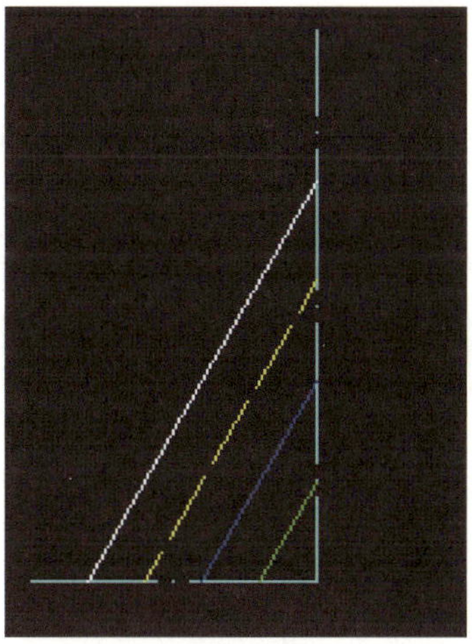

图 2-19

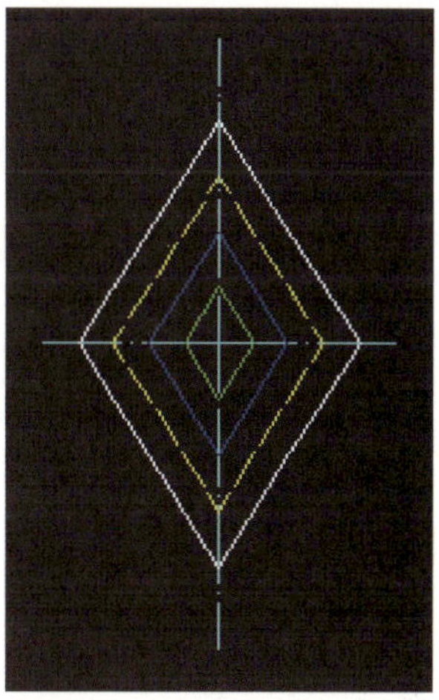

图 2-20

2.4 项目导入 2：教室平面图的绘制

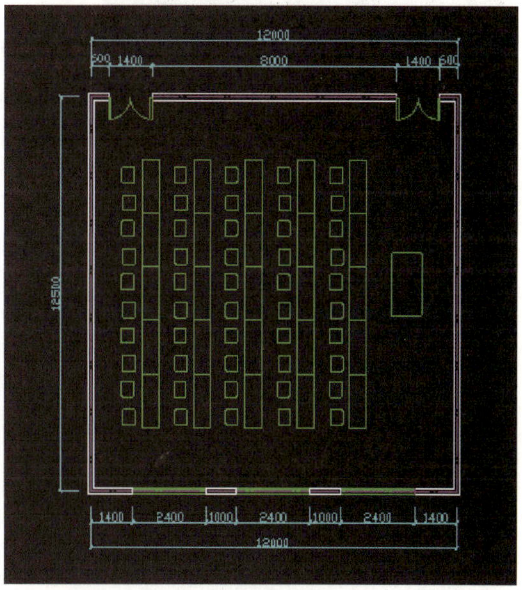

图 2-21

任务：绘制教室平面图（图 2–21）。

步骤 01 打开一张新图，采用 ACAD.DWT 模板，设置绘图界限

命令：limits ↵

重新设置模型空间界限：

指定左下角点或 [开（ON）/ 关（OFF）]<0.0000，0.0000>：↵

指定右上角点 <420.0000，297.0000>：42000，29700 ↵

将 3 号图放大 100 倍

命令：z ↵

指定窗口的角点，输入比例因子（nX 或 nXP），或者

[全部（A）/ 中心（C）/ 动态（D）/ 范围（E）/ 上一个（P）/ 比例（S）/ 窗口（W）/ 对象（O）]< 实时 >：A ↵

步骤 02 建立图层，如表 2–5 所示。

表 2–5 设 置 图 层

层 名	颜 色	线 型
墙中线 center	洋红色	点划线
墙线 wall	白色	连续线
门窗 window	绿色	连续线
标注 dim	青色	连续线
地板 floor	8	连续线
桌子 table	绿色	连续线

命令：LAYER ↵ 或【格式】⇨【图层】，弹出图层特性管理器（图 2–22），按表 2–5 设置相应的图层。

步骤 03 设定“墙中线”为当前图层，COLOR 为 BYLAYER，线型为 BYLAYER，用 LINE 绘制墙中线。学习相对坐标的使用。

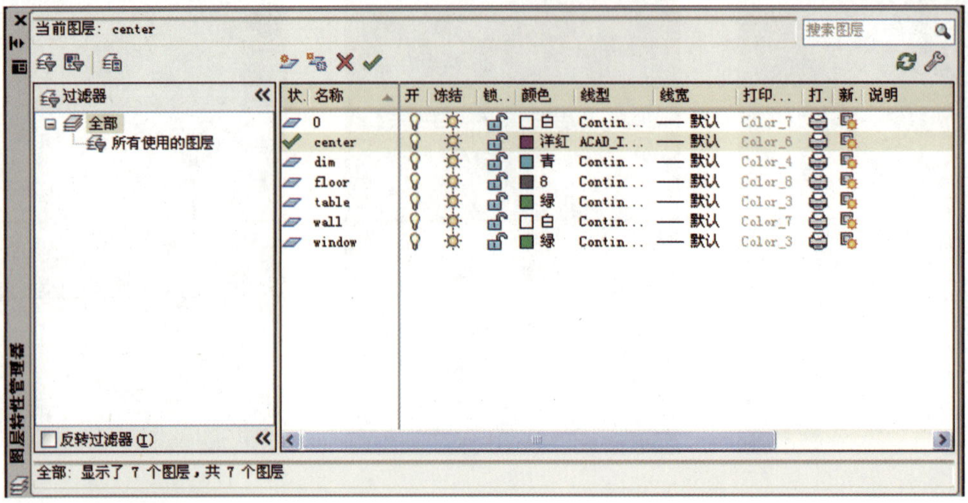

图 2-22

图 2-23

教室 12000×12500，门 1400×2100，窗 1800×2400

命令：L ↵

LINE 指定第一点：

指定下一点或 [放弃（U）]：@12000，0 ↵

指定下一点或 [放弃（U）]：@0，12500 ↵

指定下一点或 [闭合（C）/ 放弃（U）]：12000 ↵

指定下一点或 [闭合（C）/ 放弃（U）]：C ↵

命令：ltscale ↵

输入新线型比例因子 <1.0000>：50 ↵

正在重生成模型，如图 2-23 所示。

步骤 04 定义双线墙（多线）

点击【格式】⇨【多线样式】弹出对话框，如图 2-24 所示，点击“新建”弹出如图 2-25 所示的对话框。

点击继续，弹出对话框如图 2-26 所示。

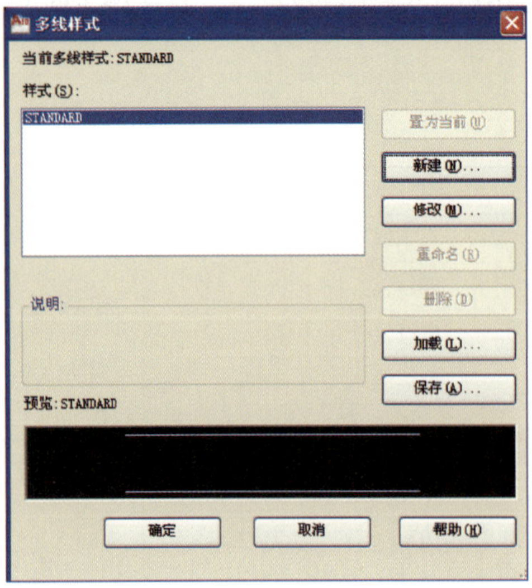

图 2-24

图 2-25

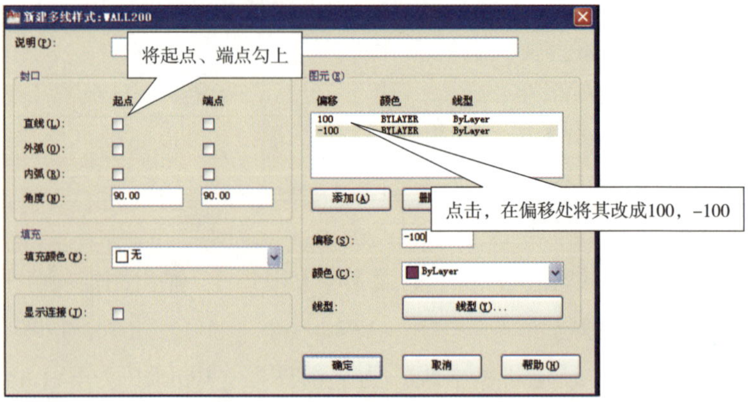

图 2-26

建筑设计CAD

在图 2-27 所示对话框中，将我们刚新建的“WALL200”多线样式设为当前。

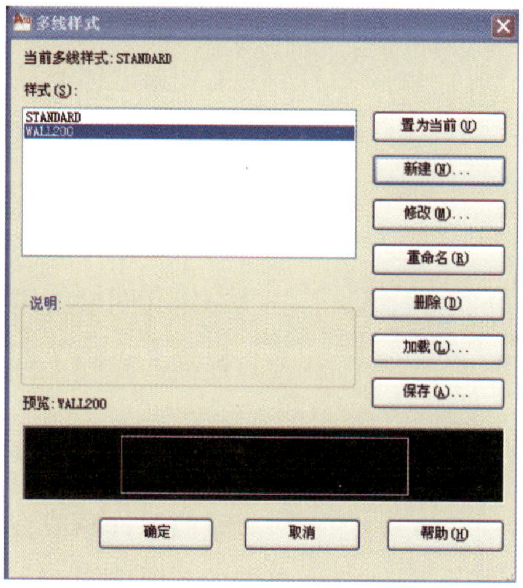

图 2-27

步骤 05 定义窗多线

点击【格式】⇨【多线样式】点击新建弹出图 2-28 所示的对话框。注意基础样式选“WALL200”，从这个基础上再派生新样式较为方便。

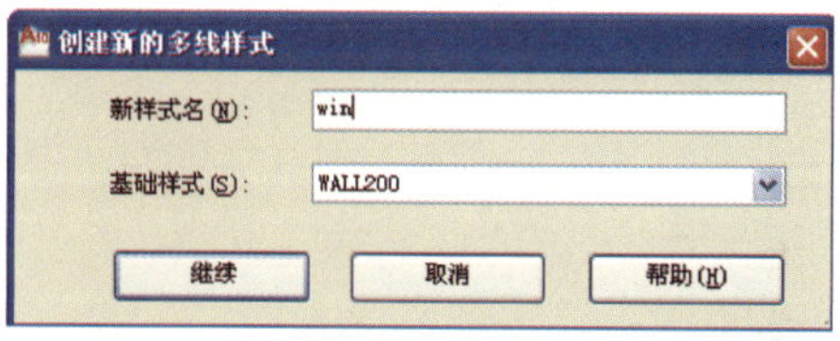

图 2-28

步骤 06 门窗定位

用偏移（OFFEST）绘制辅助线，定位门窗位置，如图 2-29 所示。

图 2-29

步骤 07 在墙图层绘制墙线（请注意先设置“WALL200”为当前多线样式）

命令：ML↵

MLINE

当前设置：对正 = 无，比例 =1.00，样式 =WALL200

指定起点或 [对正（J）/ 比例（S）/ 样式（ST）]：

绘制墙线时利用对象捕捉精确定位

指定下一点：

指定下一点或 [放弃（U）]：

指定下一点或 [闭合（C）/ 放弃（U）]：

指定下一点或 [闭合（C）/ 放弃（U）]：

步骤 08 用同样的方法在窗图层绘制窗（请注意先设置“WIN”为当前多线样式）。

命令：

MLINE

当前设置：对正 = 无，比例 =1.00，样式 =WIN

指定起点或 [对正（J）/ 比例（S）/ 样式（ST）]：

绘制窗户时利用对象捕捉精确定位

指定下一点：

指定下一点或 [放弃（U）]：

步骤 09 绘制门

采用直线、圆或圆弧命令精确绘制门，需要执行修剪（TRIM）、复制（COPY）命令完善绘图，这里不再详解。完成后如图 2-30 所示。

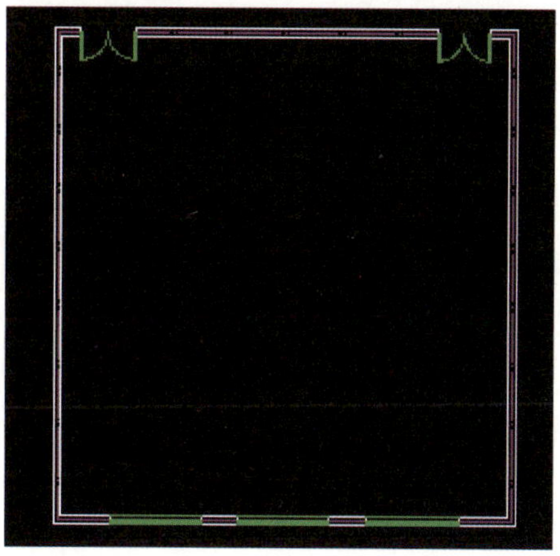

图 2-30

思考题

1. 如果墙厚为 360mm，且其定位轴线左右厚度为 120mm 和 240mm，如何定义多线？

2. 如果建筑的外墙厚度为 360mm，而内墙厚度为 240mm，如何定义多线？

3. 如果墙体交叉时，多线交点未能自动修剪，如何处理？

4. 请尝试多种精确定位门窗位置的方法。不绘制辅助线是否可以精确定位门窗？

5. 本案例中定义的 200mm 厚墙体和窗多线样式如何在将来的绘图中重复利用？

6. 本案例中定义的图层、色彩、线型如何在将来的绘图中重复利用？

7. 定义图层的线型时，对话框界面中虚线，该如何操作？

8. 定义正确了点划线，但绘制的线条未显示为点划线，如何处理？

绘图题

请测量你家或宿舍平面，然后精确绘制其平面图。熟悉【绘图】、【修改】、【视图】菜单中的各项功能。

第3单元 基本绘图与编辑命令

【教学目标】

1. 通过本单元的学习，掌握最常用的绘图和编辑命令的运用，包含线、圆、多段线、圆弧、放样线、图案与边界等，亦包含移动、复制、阵列、延伸、修剪等。

2. 掌握绘图命令常见问题和编辑命令常见问题的解决方法。

【项目内容】

绘制一栋建筑的立面图。

【教学重点】

不同绘图命令的执行方式，不同编辑命令的执行对象等。

【教学难点】

绘图命令常见问题，编辑命令常见问题。

3.1 项目导入：绘制建筑立面图

图 3-1

3.1.1 任务分解

本次任务是采用 AutoCAD 基本命令绘制建筑立面图，常规可能会使用以下绘图命令和编辑命令，如表 3-1 所示。

表 3-1　　　　　　　　　　　绘图命令和编辑命令

绘制内容	命令	备注
1. 辅助定位线条： 墙体外轮廓定位线、楼层定位线、门窗定位线等	INSERT（插入图块） MOVE（移动）、ROTATE（旋转） LINE（直线）或 XLINE（构造线） OSNAP 物体捕捉设置，即精确捕捉线条的端点、交点、中点、垂直点等	可以先插入楼层平面图，对齐参照绘制
2. 墙体和楼层等线条	LINE（直线）、PLINE（多段线） OSNAP 物体捕捉设置	绘制一个建筑构件可以有多种方法，请尝试左侧的各命令，并灵活运用
3. 门窗、阳台绘制	LINE（直线）、PLINE（多段线） RECTANG（矩形）	
4. 门窗阳台细节	COPY（复制） OFFSET（偏移复制） MOVE（移动） MIRROR（镜像） STRETCH（拉升） TRIM（修剪） EXTEND（延伸）	
5. 各楼层	ARRAY（阵列） COPY（复制） ERASE（删除） STRETCH（拉升）	先绘制其中一层立面，然后复制或阵列成多层，并进行修改
6. 屋顶	HATCH（图案填充）	
7. 建筑轮廓和地面线	PLINE（多段线）	一般采用设定宽度的多段线绘制
8. 立面树木	INSERT（插入图块）	关于图块在下一单元详细讲解

3.1.2 基本步骤

首先需要明确的是绘制建筑立面图没有固定的顺序，更没有唯一顺序。作为方案阶段的设计，可能常常先绘制立面（建筑造型）再绘制平面；而在施工图设计阶段，又常常是先绘制平面，然后对照平面来绘制立面，然后再反复对照修改平面图和立面图；另外一种目前还不太普及的方式是采用信息化建筑模型软件直接创建三维建筑模型，然后同步并自动生成平面图和立面图。这里我们讲解最常见的方法——对照平面绘制立面。

绘制步骤如下：

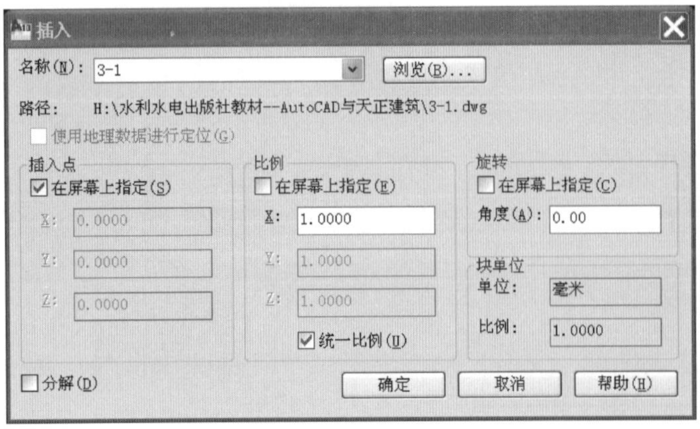

图 3-2

步骤 01 调入已绘制的平面图

创建一张新图，使用 acad.dwt 或 acadiso.dwt 模板，调用插入命令，【插入】⇨【块】如图 3-2 所示。

点【浏览】，选择光盘上的“3-1.dwg”文件，保留其他选项为默认值如图 3-2 所示，然后点【确定】，在屏幕上任意点取一点，完成插入图块。关于图块的功能，将在下一单元详细讲解。

若新窗口未显示刚插入的图形，表示刚插

入的图形未在当前显示范围内。仅仅调整显示区域即可。

点击菜单【视图】⇨【缩放】⇨【范围】即可把图中所有物体均显示在窗口合适的大小。

快捷的缩放操作可以点工具栏🔍，也可键盘键入 Z ↵ E ↵。请注意 Z 是 Zoom 命令的默认缩写，E 在 Zoom 命令执行时是“范围 E”选项。

我们绘制的是该楼的东侧立面，需要旋转参考图 90° 。执行【修改】⇨【旋转】。

命令：_rotate

UCS 当前的正角方向：ANGDIR= 逆时针 ANGBASE=0.00

选择对象：找到 1 个

用鼠标点取图中物体

选择对象：↵

回车，完成选择

指定基点：

在屏幕中间任点一点

指定旋转角度，或 [复制（C）/ 参照（R）]<0.00>：90 ↵

步骤 02 绘制参考定位线

完成上一步操作后，请用【视图】⇨【缩放】或【平移】命令调整图形显示大小和位置。

创建一个新图层，命名为“参考线”或其他，并设为当前层。

通过工具栏打开极轴追踪，或打开正交模式，如图 3-3 所示。

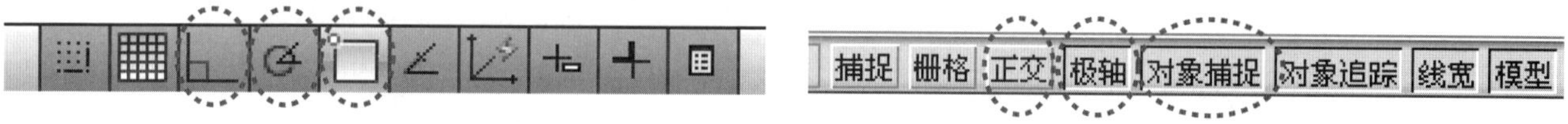

（a）　　（b）

图 3-3
（a）AutoCAD2010 版的物体捕捉工具条；（b）AutoCAD2004-08 版的物体捕捉工具条

打开物体捕捉（对象捕捉），设为“端点”。【工具】⇨【草图设置】，或点击状态工具栏（默认在绘图窗口下部），或键入 OSNAP ↵。

在上面界面中勾选“启动对象捕捉”、“端点”，也可开启“启动对象捕捉追踪”以体验。其他更多捕捉选项建议适当关闭，否则太多的捕捉方式可能反而会降低您的绘图效率。

然后开始绘制辅助线（屏幕中显示为竖线），绘制时捕捉墙角、窗洞边缘等。建议辅助线不一定一次绘制太多，否则反而较为混乱；若工程复杂，也可将辅助线设置为多种色彩。对于熟练的 CAD 使用者，甚至可以不绘制这些竖直的辅助线，代之为“对象捕捉追踪”如图 3-4、图 3-3 所示。

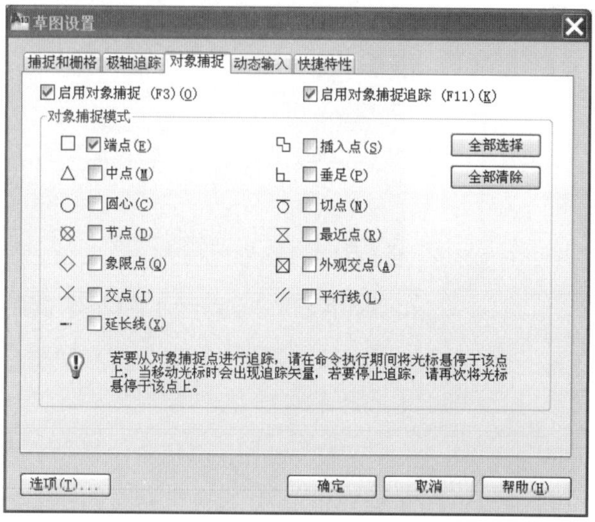

图 3-4

建议绘图命令:【绘图】⇨【构造线】

命令: XLINE 指定点或 [水平（H）/ 垂直（V）/ 角度（A）/ 二等分（B）/ 偏移（O）]：V ↵

注意可键入选项“V”并回车

指定通过点：

用鼠标捕捉平面图中关键点

指定通过点：（完成多条辅助线后回车结束该命令）

绘制完成如下：

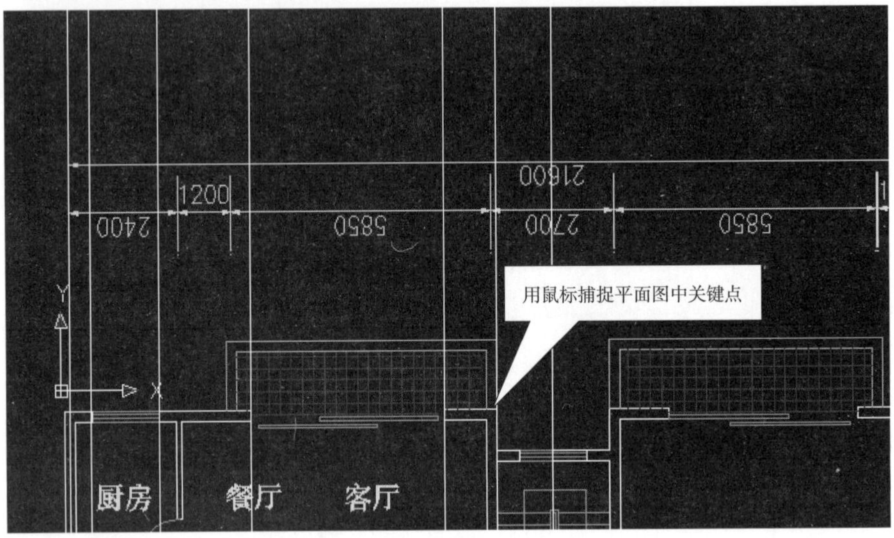

图 3-5

步骤 03 绘制一层左半部主要墙体轮廓投影线

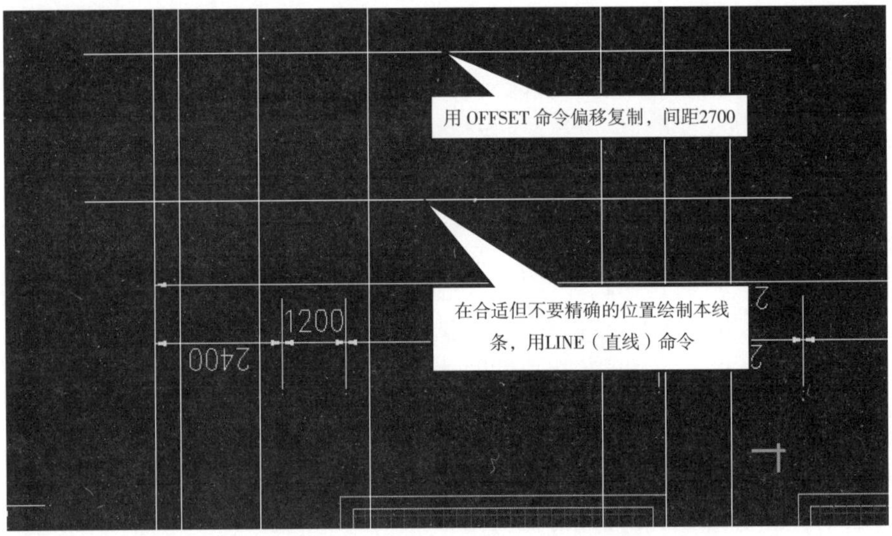

图 3-6

用 LINE（直线）命令绘制一条直线，其位置在图面合适但不要精确的位置。再用 OFFSET 偏移命令或 COPY 复制命令复制第二根线条，间距 2700。这两个命令位于菜单【修改】栏目。

然后再用 TRIM 命令修剪两侧超出的部分。关于修剪命令，请注意什么是修剪边界（剪刀口），什么是被修剪物体部分。请按照“人机对话”方式按照命令行提示操作。

步骤 04 绘制一层左半部主要门窗和阳台

为了绘制门窗，再添加绘制辅助线。已知窗台高 900mm，窗高 1500mm，门顶与窗顶同高。用 Copy 或 Offset 命令复制这些辅助线。

创建新图层“中粗线”、黄色、0.30mm；“细线”、绿色、0.15mm；“粗线”、红色、0.45mm。

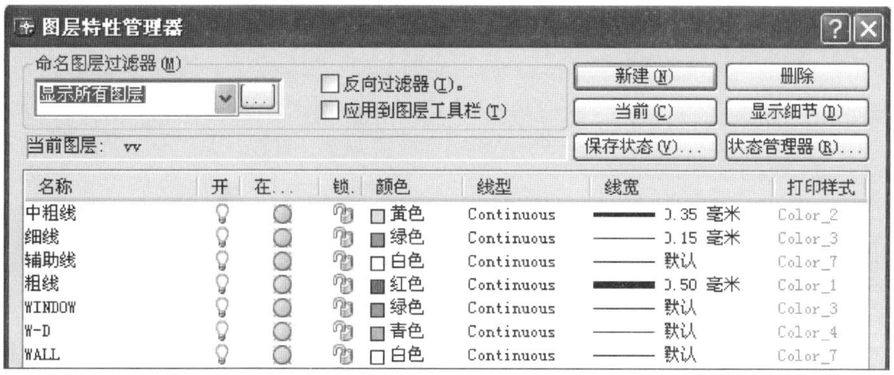

图 3-7

设置“中粗线”为当前图层，开启对象捕捉，捕捉方式开启“交点”、“端点”、“垂点”这三个对于建筑绘图较常用的选项。

绘制门窗轮廓，方法可用 LINE（直线）、PLINE（多段线）等，但使用 RECTANG（矩形）命令最为快捷。其实矩形命令绘制的线条本质上就是多段线。

命令：rectang

指定第一个角点或 [倒角（C）/ 标高（E）/ 圆角（F）/ 厚度（T）/ 宽度（W）]：

忽略这几个选项，直接用鼠标点取第一个窗洞口的两个对角点

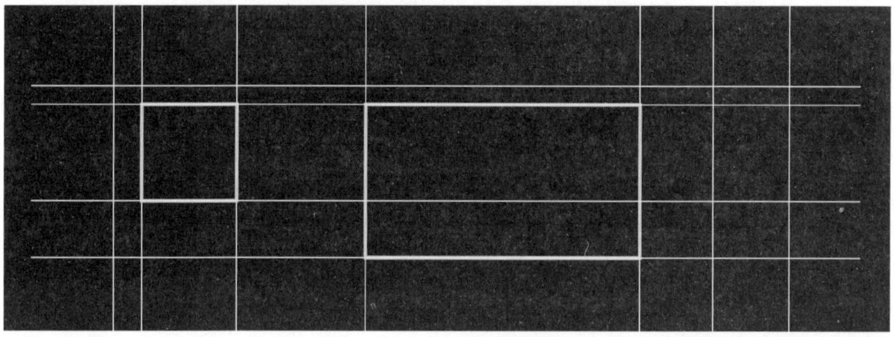
图 3-8

提 示

1. 在建筑类工程绘图中较为常用的对象捕捉模式建议同时开启“交点、端点、圆心、垂直”等方式，快捷开启或关闭对象捕捉的方法是点取下部状态工具栏开关按钮，或按功能键 F3 切换。

2. 建筑工程图线条一般包含粗、中粗、细三种类型。

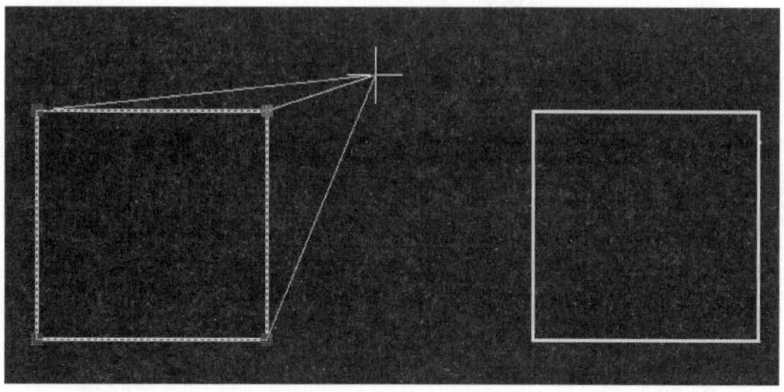
图 3-9

3. 点取状态工具栏的“显示 \ 隐藏线宽”来突出显示中粗线条的门窗洞口。

4. 键入 LIST 命令，查询一下所绘线条的类型和参数，注意这里绘制的矩形就是“LWPOLYLINE”，和用多段线命令分四笔绘制的矩形无异，也说明这个矩形可以任意做后期修改。

5. 上图中使用的修改方法叫做“夹点”编辑，是对于修改少量图形一个非常方便的方式。请不要输入或点击任何命令，直接点取一个图形元素，尝试感受夹点编辑的乐趣。在“夹点”编辑时可以敲击回车键或空格键改变夹点编辑模式。

步骤 05 绘制一层左半部主要门窗和阳台

下面绘制门窗和阳台细部。门窗的细节线条是示意性线条，其尺寸一般基本符合常规门窗框粗细和分隔即可，因为具体施工时并非按此细部尺寸进行，而是按照选用的门窗型号选购安装。

绘制这些线条请留意以下：

（1）设置当前图层为“细线”。

（2）开启对象捕捉，并设置对象捕捉模式为“端点”、“交点”、“中点”、“垂点”。

（3）常用的绘图命令 LINE（直线）、RECTANG（矩形）等，常用的编辑有 OFFSET（偏移）、MOVE（移动）、COPY（复制）、MIRROR（镜像）、TRIM（修剪）、EXTAND（延伸）等。

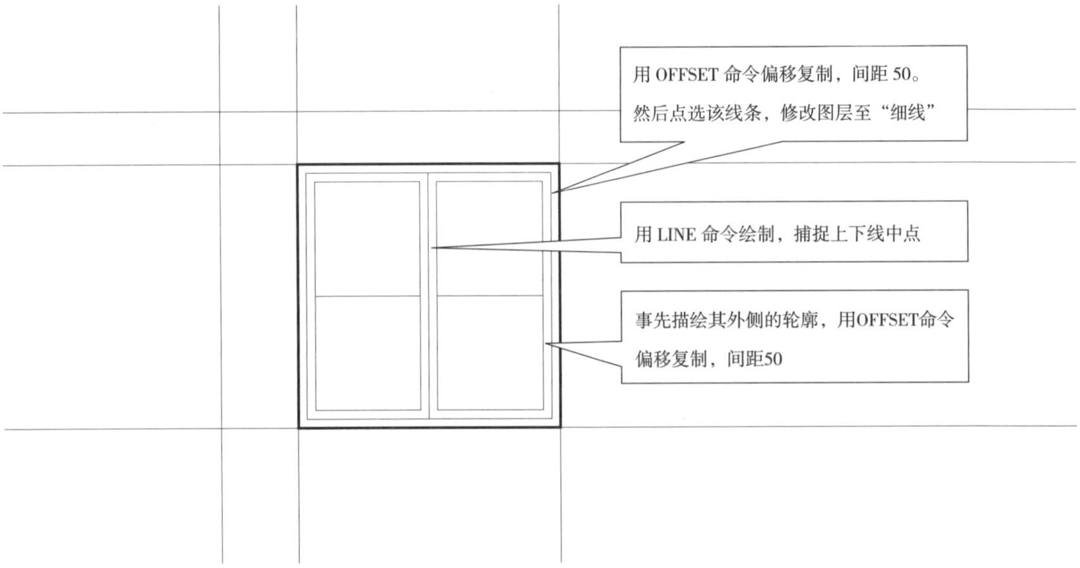

图 3-10

其他门窗、阳台线条用同样方法绘制。若有需求，可适当绘制辅助线，然后再删除。完成后如图 3-11 所示。

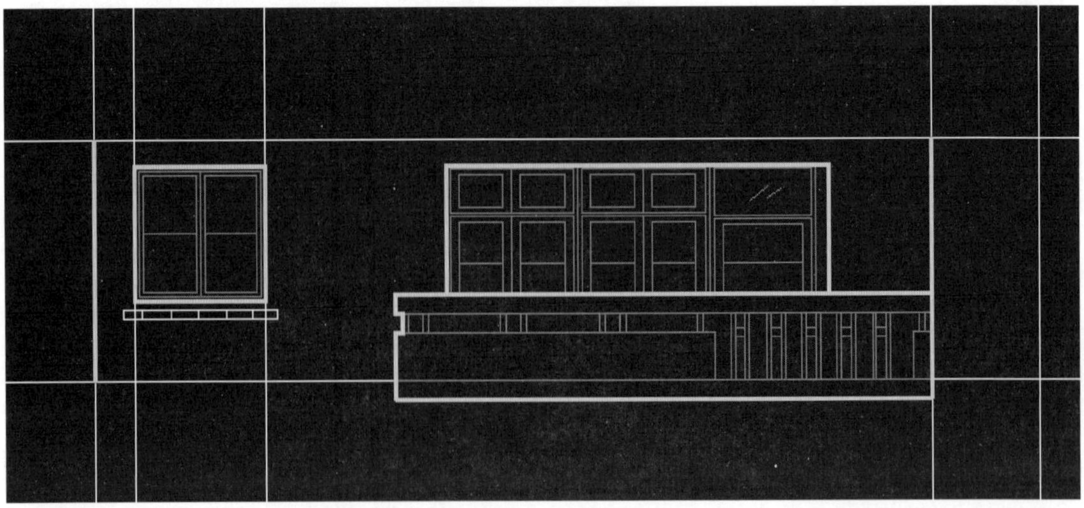

图 3-11

步骤 06 阵列复制各层

采用 ARRAY（阵列）命令。【修改】⇨【阵列】。

我们阵列复制 6 层，然后对底层和顶层阳台、门窗在此基础上修改。

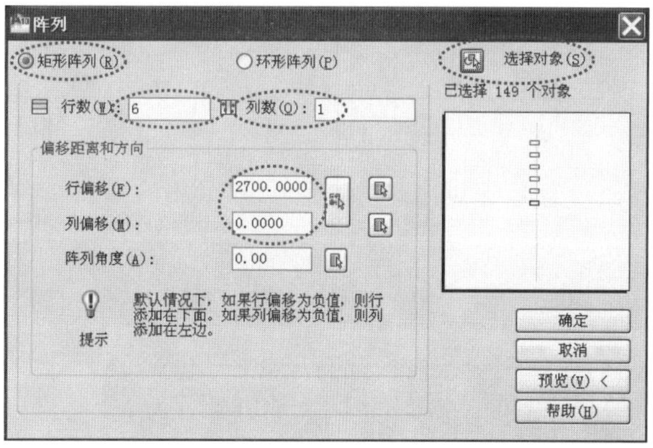

图 3-12

步骤 07 绘制修改底层顶层

采用各种编辑、绘制命令完善修改阳台、门窗和屋顶轮廓。

步骤 08 镜像复制左右半侧

采用各种编辑、绘制命令完善修改阳台、门窗和屋顶轮廓。

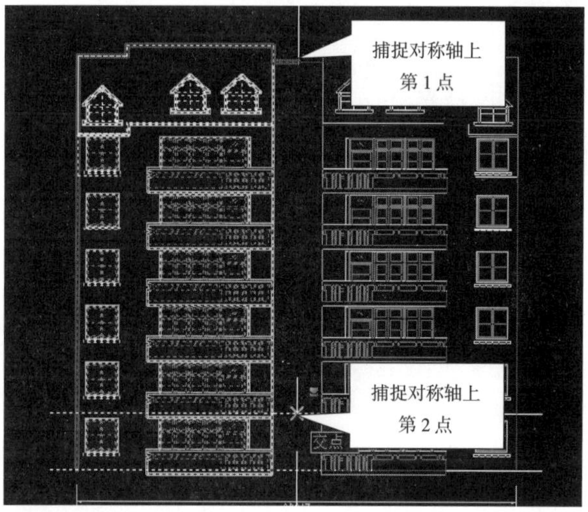

图 3-13

命令：MIRROR

选择对象：指定对角点：找到 971 个

选择左半部分全部物体

选择对象：↵

指定镜像线的第一点：

捕捉对称轴上第 1、2 点

指定镜像线的第二点：

要删除源对象吗？［是（Y）/ 否（N）]<N>：↵

步骤 09 绘制屋顶并完善全图

用图案填充绘制瓦屋面图案。

【绘图】⇨【图案填充】。

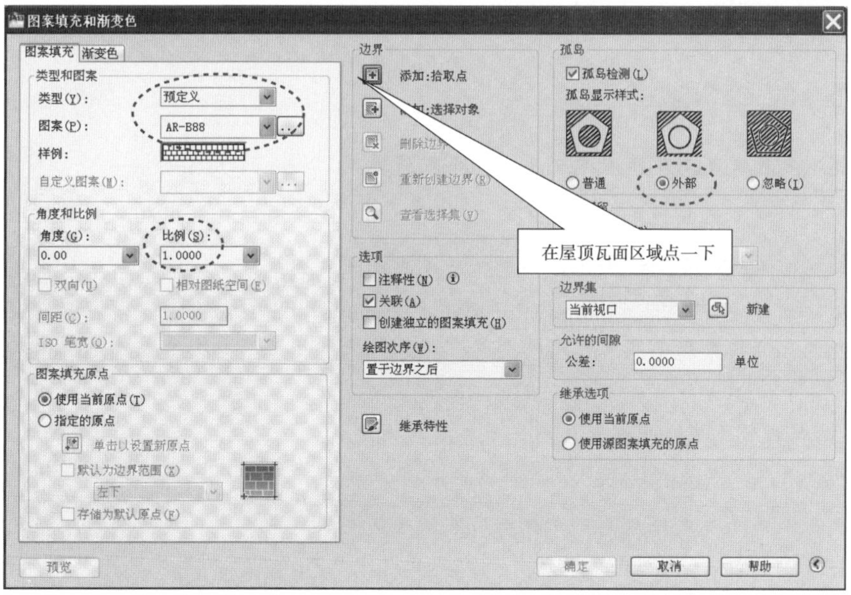

图 3-14

3.2 知识点：延伸、修剪命令的边界选项和拉伸命令的选择模式

3.2.1 延伸、修剪命令的边界模式

用延伸和修剪命令把图 3-15（a）修改成图 3-15（b）的样式，已完成墙体的编辑。

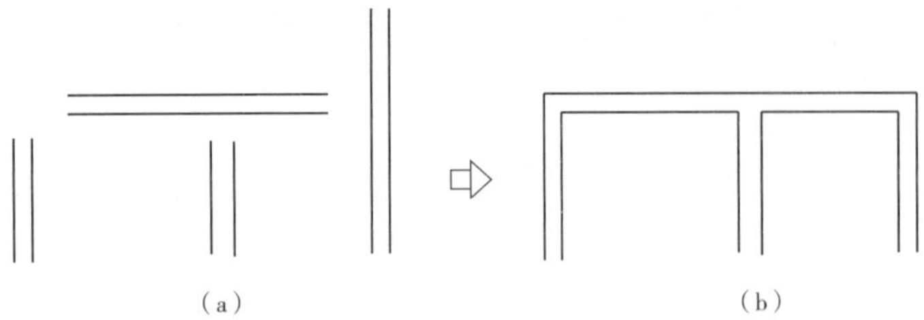

图 3-15

问题：按图 3-16 所示操作，延伸命令不能完成。命令行提示：对象未与边相交。

解决方法：执行修剪命令时，键入选项 E（边），然后再键入 E（延伸）。

命令：EXTEND ↵

当前设置：投影 =UCS，边 = 无

当前边界模式，不延伸

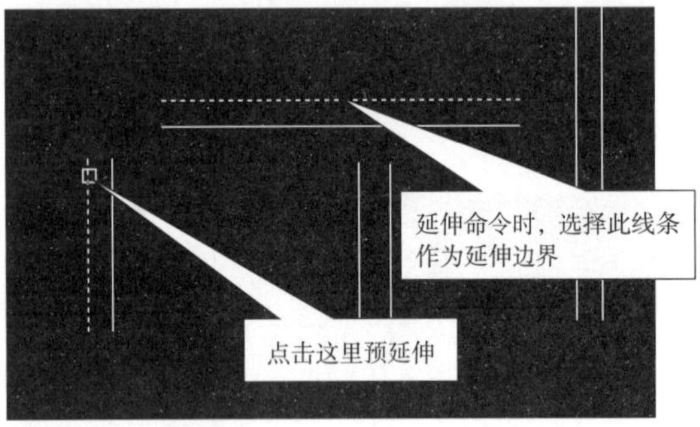

图 3-16

选择边界的边 ...

选择对象或 < 全部选择 >：找到 1 个

选择边界延伸

选择对象：↵

选择要延伸的对象，或按住 Shift 键选择要修剪的对象，或 [栏选（F）/ 窗交（C）/ 投影（P）/ 边（E）/ 放弃（U）]：E ↵

边界选项

输入隐含边延伸模式 [延伸（E）/ 不延伸（N）]< 不延伸 >：E ↵

边界模式：延伸，即延长线可以作为边界

然后再选择需要延伸的对象即可。

对于修剪（TRIM）命令，操作方式相同。

> **提 示**
>
> 在执行延伸（EXTEND）命令，选择延伸线条时，同时按住 SHIFT 键，可以切换到修剪（TRIM）命令。反之亦然。即可以不须中断命令，即可完成延伸或修剪。

3.2.2 拉伸命令的选择模式

请把下图平面图的中部隔墙向左移动 900mm，把进深由 2877mm 改为 3300mm。

命令：_stretch

以交叉窗口或交叉多边形选择要拉伸的对象…

拉伸时，选择模式必须是“窗口相交”（CROSS）模式。STRETCH 命令启动后，默认选择模式为“窗交”，若多次选择，其后续的选择需要人为采用“窗交”，即从右向左拉动选取或之前键入选项 C ↵

选择对象：指定对角点：找到 13 个

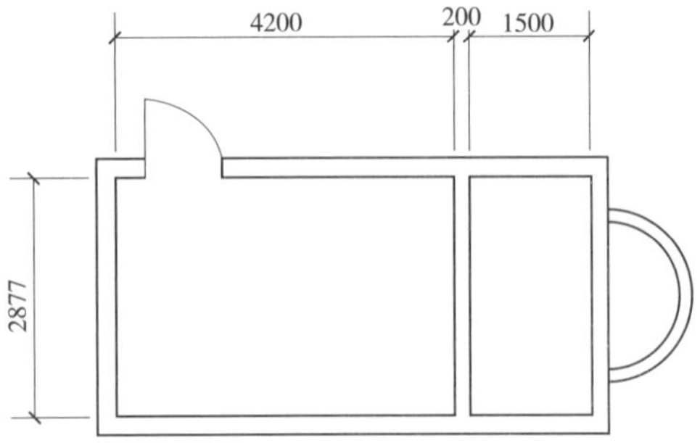

图 3-17

选择对象：

指定基点或 [位移（D）]< 位移 >：

指定第二个点或 < 使用第一个点作为位移 >：900

若选择对角点位置不同，拉伸后结果不同，如图 3-19、图 3-20 所示。

另一种操作与结果如图 3-20 所示。

还剩一个任务，即把进深由 2877mm 改为 3300mm，请同学们自己练习。

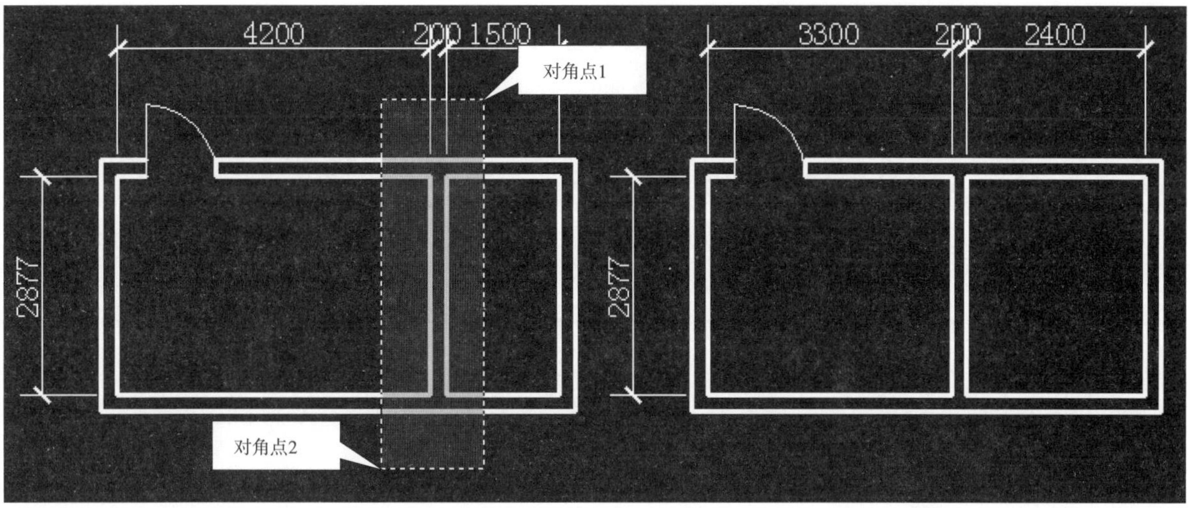

原图　　　　结果

图 3-18

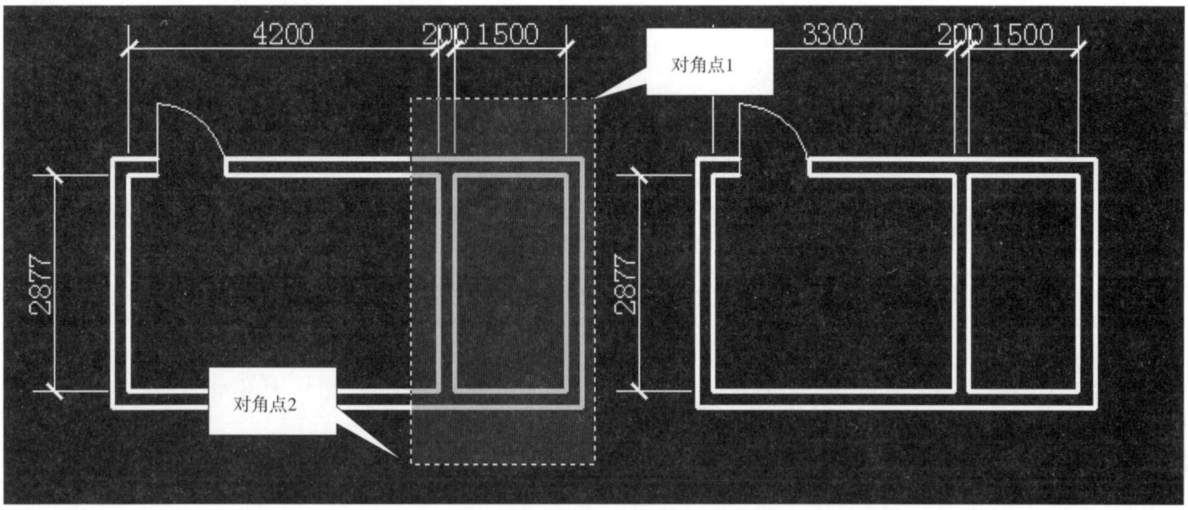

原图　　　　不同的结果1

图 3-19

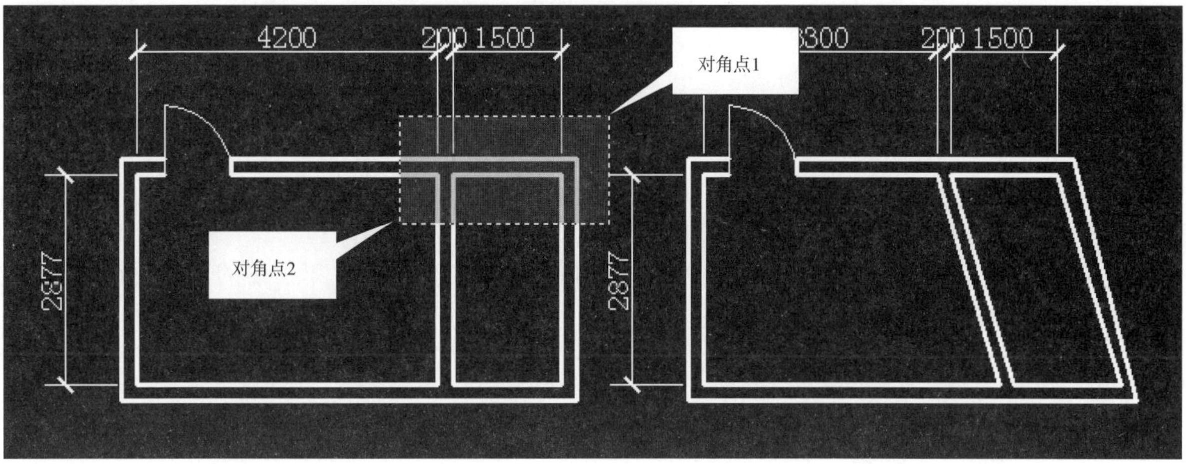

原图　　　　不同的结果2

图 3-20

思考题

1. 如何快速切换延伸和修剪命令？
2. 换延伸和修剪命令有时其边界不起作用，如何处理？
3. 如何同时操作拉伸多次选择的物体？
4. 如何修改图案填充的密度或比例？
5. 如何用已绘制的多根线条作为图案填充的边界，有哪两种方法？
6. 图案填充的“关联”选项是何含义？
7. 3.1.2 步骤 2 如何省略，即不绘制参考线也能方便地精确绘图？
8. 如何把图 1（a）的图案填充修改为图 1（b）的样式。
9. 如何用圆角（FILLET）命令完成图 3–15？

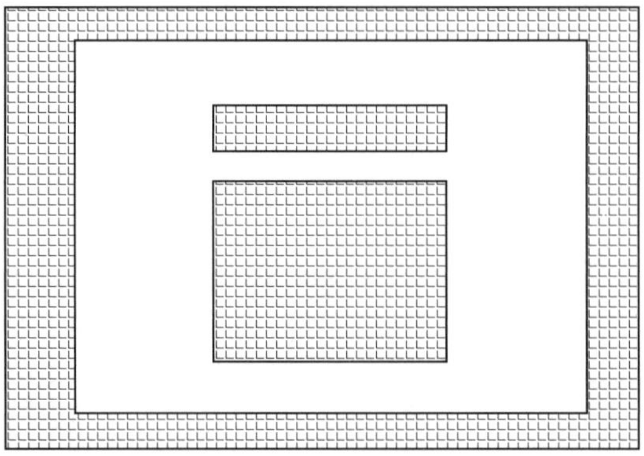

（a）

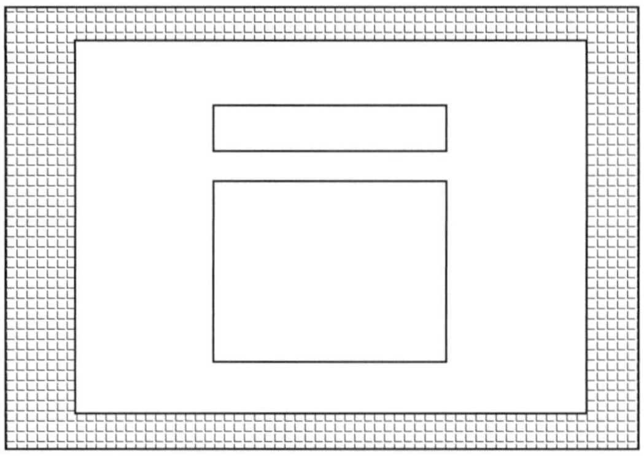

（b）

图 1

10. 如何让相同的窗户和阳台可以在其他图中重复利用？（预习下一单元）

绘图题

绘制如图 2 所示立面图，相关平面图为文件 3–7.dwg，未详尽的尺寸请自行设计，但必须符合 100 的模数。

30.700
27.800
23.500
20.700
17.900
15.100
12.300
9.500
6.700
3.900
2100
2000
2000
1600
1300
4600
3000
1300
1500
900
950
450
2300
240
2360
240
250
480

图 2

第4单元 图块和外部参照

【教学目标】

1. 掌握图块的创建和插入方法，以及如何创建具有属性的图块。
2. 掌握图块的编辑方法。
3. 掌握外部参照的附着、绑定和编辑方法。
4. 掌握图块的优越性。

【项目内容】

1. 为不同尺寸的客厅添加一组沙发——掌握内部块和外部块的创建，以及使用【INSERT】命令插入单个图块。
2. 在墙上插入不同长度的窗——掌握创建块的技巧。
3. 教室添加桌椅——掌握使用【MINSERT】命令插入多个图块。
4. 为建筑轴网添加轴号——掌握如何定义图块属性。
5. 在平面图中插入单扇平开门——掌握图块的编辑。
6. 在平面图中添加外部参照文件——掌握外部参照的附着、绑定和编辑方法。

【教学重点】

1. 图块的创建和插入，以及图块的编辑。
2. 外部参照的附着、绑定和编辑。

【教学难点】

1. 图块属性的创建与编辑。
2. 外部参照的附着、绑定和编辑。

4.1 图块

4.1.1 图块的概念

在AUTOCAD绘图过程中经常会遇到反复地使用同一个图形的情况，由于这些对象的形状相同，只是尺寸有所不同，因而作图时常常将它们定义为一个块，这个块就称为图块。

4.1.2 图块的优点

（1）我们将经常出现的图形创建成图块，然后在绘图时将这些图块插入到文件中来，避免了许多重复的工作，提高了绘图速度。

（2）创建的图块是一个整体，我们拾取图块中任意一个图形对象就能选中构成图块的所有对象，这样可以方便地进行图形的编辑和修改，加快了绘图速度。

（3）AUTOCAD 只记录一次某个图块的详细信息，与它在当前文件中插入次数无关。图块的这种优点，节省了文件存储空间。大大提升了【PAN】和【ZOOM】等命令的运行速度，提高了操作效率。

4.1.3 创建图块

在使用图块前，需要建立一个非常丰富的图库，把常用的图块存储进去。这样，使用的时候才能方便的调用。AUTOCAD 提供了两种创建图块的方法。一种是将图块存储在当前文件夹中，只有当前文件可以使用该图块，称为内部块；另一种是将图块存放在一个专门的文件夹中，其他文件也可以使用该图块，称为外部块。下面以实例 4–1 来讲解。

实例 4–1：为不同尺寸的客厅添加一组沙发

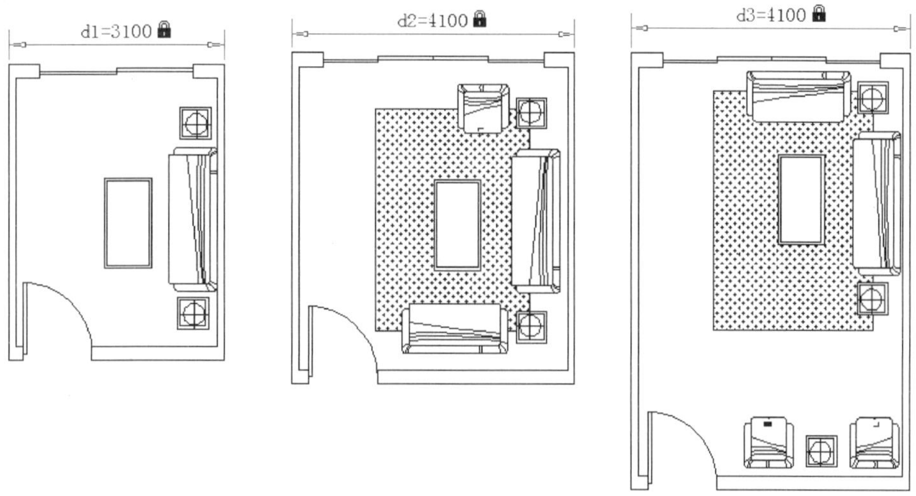

图 4–1

这是三个不同尺寸的客厅（图 4–1），每个客厅都有同样的沙发、茶几、方几等一些活动家具。我们可以先将这些重复的家具创建成图块，然后在不同的客厅平面中插入这些图块。

1. 使用【BLOCK】创建内部块

操作步骤

（1）运用绘图命令绘制好沙发、茶几、方几等图形。

（2）使用【BLOCK】创建内部块。

1）命令执行方式有三种：

⌨ 命令行：BOLCK ↵

🖱 菜单:【绘图】⇨【块】⇨【创建】

🖱 工具栏:单击【块】工具栏上的按钮

2）AUTOCAD 打开【块定义】对话框，在【名称】下的文本框输入“单人沙发”。

3）在【基点】选项组，单击【拾取点（K）】前的按钮，回到绘图区，点击单人沙发图形上的“A”点（沙发边缘线的中点），回到【块定义】对话框。

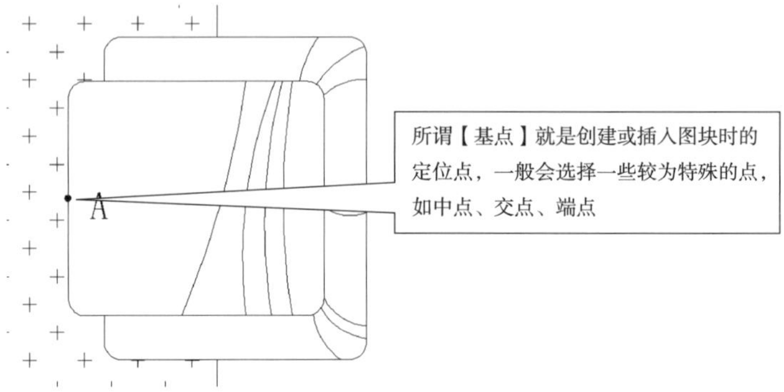

图 4-2

4）在【对象】选项组，单击【选择对象（T）】前的按钮，回到绘图区，选择单人沙发图形，回到【块定义】窗口，单击【确定】按钮，完成，如图 4–3 所示。

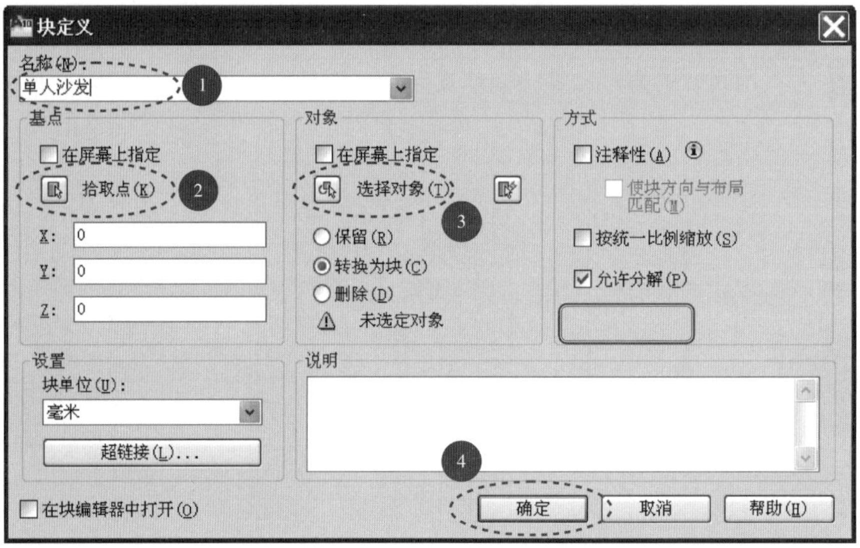

图 4–3

5）按照同样的步骤创建其他组件图块，创建完后我们可以在名称栏下看到创建的这些块，并且每个块旁边都有一个小的预览图，如图 4–4 所示。

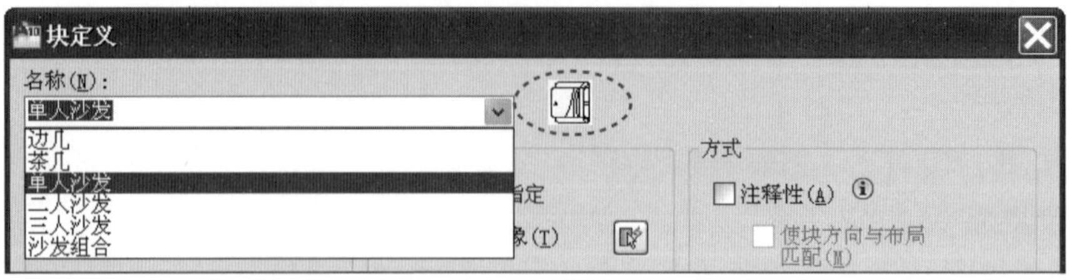

图 4–4

2. 使用【WBLOCK】创建外部块

如上所述，用【BLOCK】命令创建的图块，只能在该图形文件中使用，不能插入

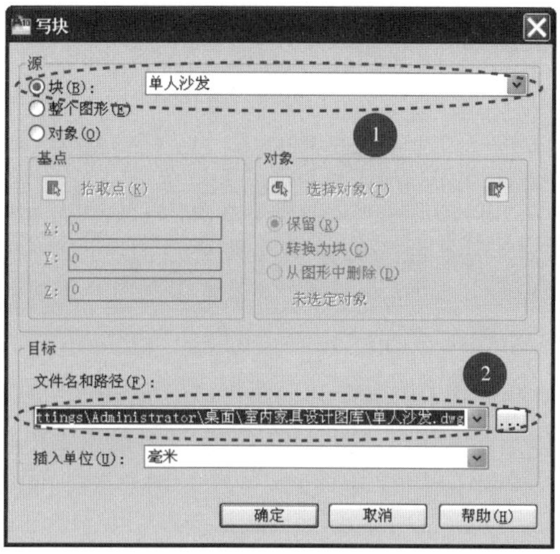

图 4-5

到其他的图形文件当中去。要想在其他文件中也能使用这些图块，就需要将这些图块保存在一个专门的文件夹中。我们用一个新的命令【WBLOCK】就可以解决这个问题。助记：WBLOCK=Write BLOCK。

操作步骤

（1）命令行：WBOLCK ↵

（2）AUTOCAD 打开【写块】对话框，在【源】选项组有三个选项，勾选【块(B)】前复选框，则将该图形文件中现有的图块进行保存；勾选【整个图形】前复选框，则把当前的整个图形进行保存；勾选【对象】，相当于创建图块并进行保存。方法同【BLOCK】命令类似，可参考前面的内容。

（3）勾选【块】前复选框，在下拉列表中选择【单人沙发】；在【目标】选项组将图块保存在设定好的文件夹中。如图 4-5 所示，这样，我们就可以在新的图形文件中插入该图块了。

注 意

图块可以由不同层上的不同线性和颜色的对象组成，当图中插入块时，块仍将保持其原始特性。但当图中插入创建于 0 层上的图块时，该图块将放置在当前图层上，并且具有了该图层的特性。

4.1.4　插入图块

图块创建完成后就可以将创建好的块插入到不同尺寸的客厅平面图中。

1. 使用【INSERT】命令插入单个图块

操作步骤

（1）命令执行方式有三种

命令行：INSERT ↵

菜单：【插入】⇨【块】

工具栏：单击【块】工具栏上的按钮

（2）AUTOCAD 打开【插入】对话框，在名称栏下选择所要插入的图块，如【单人沙发】，在【插入点】选项组勾选【在屏幕上指定（S）】前复选框，在【旋转】选项组勾选【在屏幕上指定（C）】前复选框，单击【确定】按钮如图 4-6 所示。

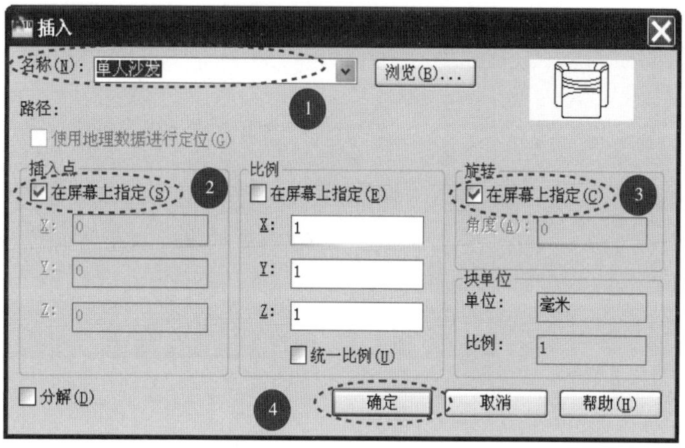

图 4-6

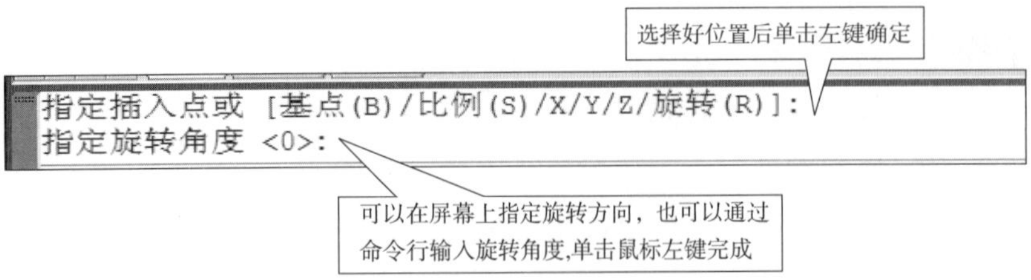

图 4-7

（3）回到绘图区，命令行提示如图 4-7 所示。

（4）按照同样的步骤多次插入不同的图块，经过简单的修改编辑，就可以完成不同尺寸的客厅平面布置了。

注 意

创建图块要考虑图块的尺寸变化。沙发、茶几等图形有标准尺寸，图块可用实际尺寸创建和插入，而门、窗、柱等图形，其尺寸随每一次应用而变化。考虑应用的方便，可用单位长度表示块的长和宽，具体尺寸待插入时调整。下面以实例 4-2 进一步说明。

实例 4-2：在墙上插入不同长度的窗（图 4-8）

操作步骤

（1）绘制一个 200mm 宽、1000mm 长的窗，创建一个名称为“窗”的图块。

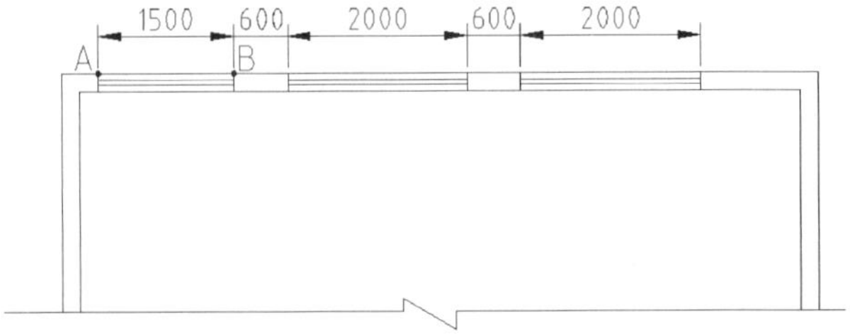

图 4-8

（2）命令行输入【INSERT】，打开【插入】对话框，选择上面创建的“窗”图块，根据平面图所给的窗洞尺寸，在【比例】选项组的【X：】旁边的文本栏中输入“1.5”，单击【确定】按钮，回到绘图区，依次单击 A、B 两点，则在平面图中插入了一个 200mm 宽、1500mm 长的窗。

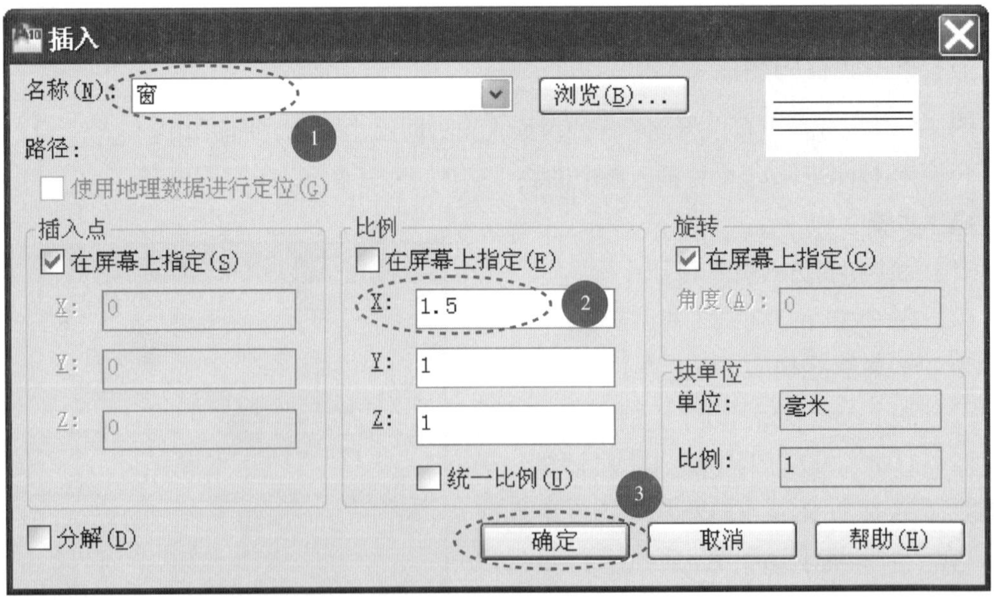

图 4-9

（3）按同样的方法插入其余的窗。

提 示

单位图块：即长宽均为 1 个单位的图块。其优点是插入时直接在屏幕上拖动以指定比例。比如绘制“窗”图块，长宽均为 1，基点定位在其中一角点，插入点在屏幕上捕捉窗洞一对角点，再拖动鼠标捕捉窗洞另一对角点，精确完成窗户插入。若再用 LIST 命令查询该图块，其长宽的放大倍数正好是窗户的宽度和墙体的厚度。

2. 使用【MINSERT】命令插入多个图块

如果想一次性插入多个图块，可使用【MINSERT】命令，以矩形阵列的方式插入图块。下面以实例 4-3 说明。

实例 4-3：教室添加桌椅

操作步骤

（1）绘制一个“9000mm × 8000mm”的教室，如图 4-10 所示。

（2）绘制一个两人用桌椅，尺寸如图 4-11 所示。

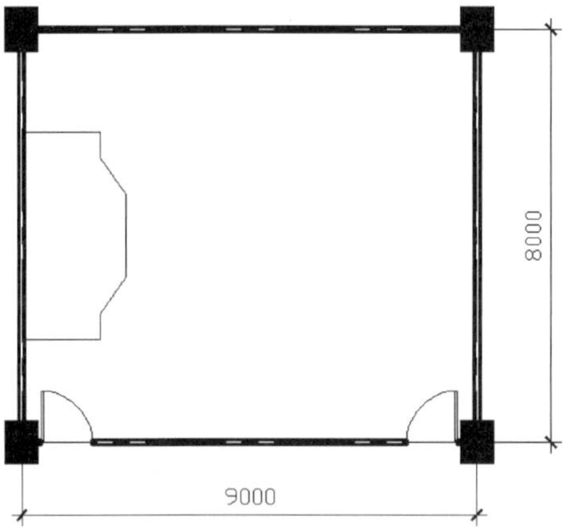

图 4-10

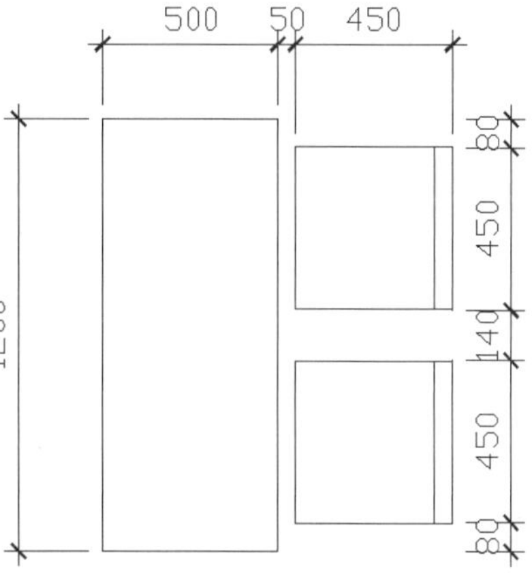

图 4-11

（3）将桌椅创建成块（创建方法略），块名为“1”。

（4）命令行：MINSERT ↵

（5）命令行提示如下：

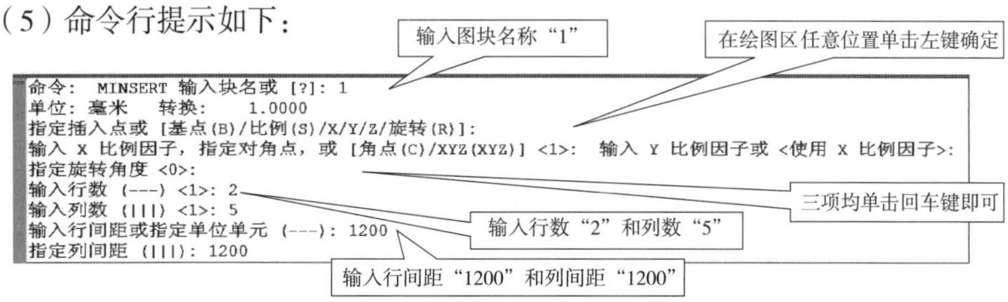

图 4-12

（6）完成后回车，图中出现一组桌椅。

（7）通过对这组图形精确移动、镜像等操作，就可以布置完成，如图 4-13 所示。

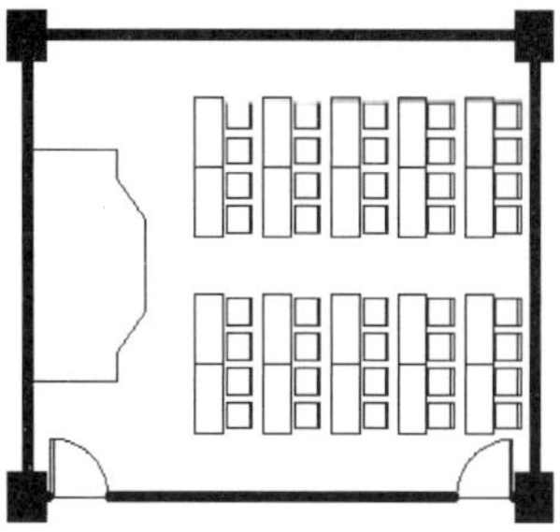

图 4-13

4.1.5 定义图块属性

除了可以将绘制的图形创建成图块，我们还可以给这些图块添加一些文字信息。绘制建筑轴号或标高时经常用到这种具有属性的图块。下面以实例 4-4 说明。

实例 4-4：为建筑轴网添加轴号

操作步骤

（1）绘制一个直径为 8MM 的圆和一截线段。

（2）定义图块属性

1）命令执行方式有两种：

命令行：ATTDEF ↵

菜单：【绘图】⇨【块】⇨【定义属性】

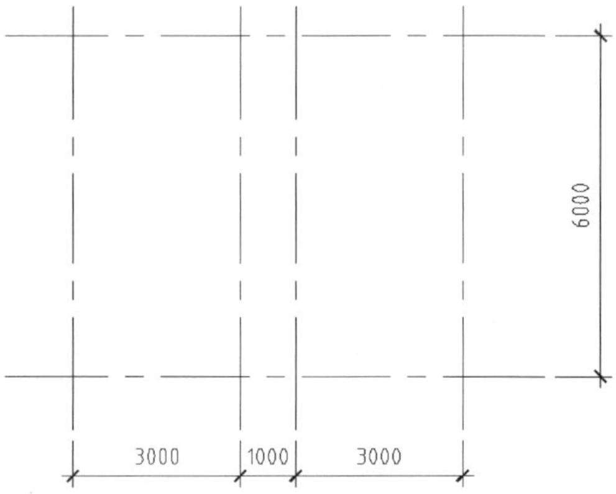

图 4-14

2）AUTOCAD 打开【属性定义】对话框。在【属性】选项组的【标记（T）】文本栏输入“1”。【提示（M）】文本栏输入“轴号”；在【文字设置】选项组的【对正（I）】下拉列表框中选择【中间】选项，在【文字高度】栏输入“300”。单击【确定】按钮，鼠标左键点击圆心作为插入点。

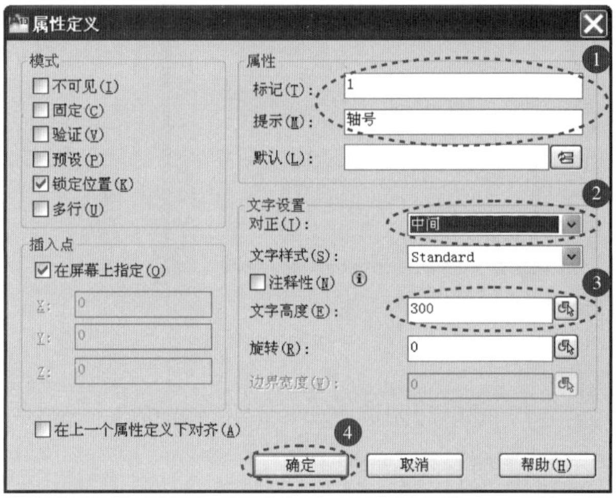

图 4-15

（3）使用【BLOCK】创建内部块。

1）命令执行方式有三种：

命令行：BOLCK ↵

菜单：【绘图】⇨【块】⇨【创建】

工具栏：单击【块】工具栏上的按钮

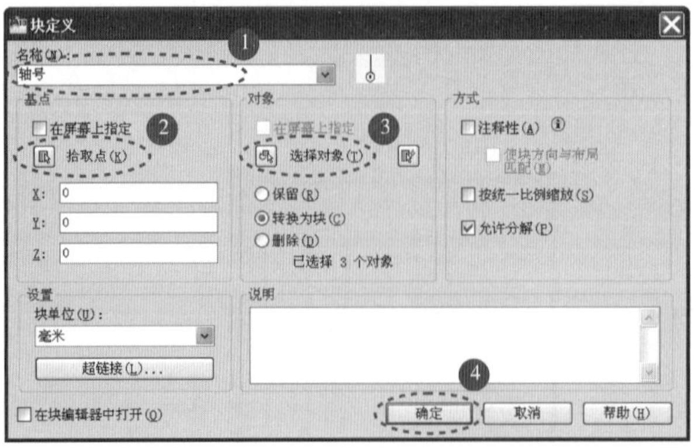

图 4-16

2）AUTOCAD 打开【块定义】对话框。在【名称】文本框输入“轴号”，单击【拾取点（K）】前的按钮，回到绘图区，选择图形上的“A”点。回到【块定义】对话框，单击【选择对象（T）】前的按钮，回到绘图区，选择图形和文字，回到【块定义】对话框。单击【确定】按钮。

（4）在弹出的【编辑属性】对话框中在【轴号】栏旁文本框内输入“1”，单击【确定】按钮结束。这样一个带有属性定义的轴号就制作好了。如图 4–17、图 4–18 所示。

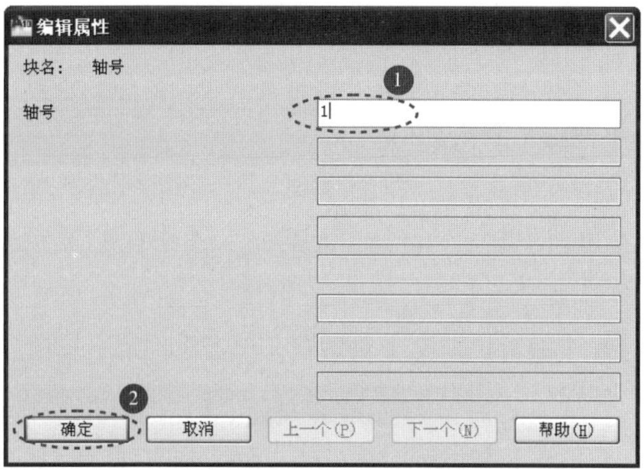

图 4–17

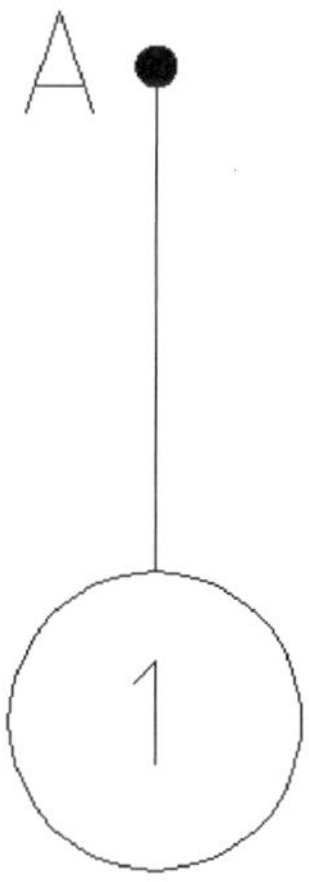

图 4–18

（5）使用【INSERT】命令插入单个图块。

1）命令执行方式有三种：

命令行：INSERT

菜单：【插入】⇨【块】

工具栏：单击【块】工具栏上的按钮

2）(AUTOCAD 打开【插入】对话框。在【名称】下拉列表中找到“轴号”这个图块，单击【确定】按钮。AUTOCAD 命令栏提示如图 4–19 所示。

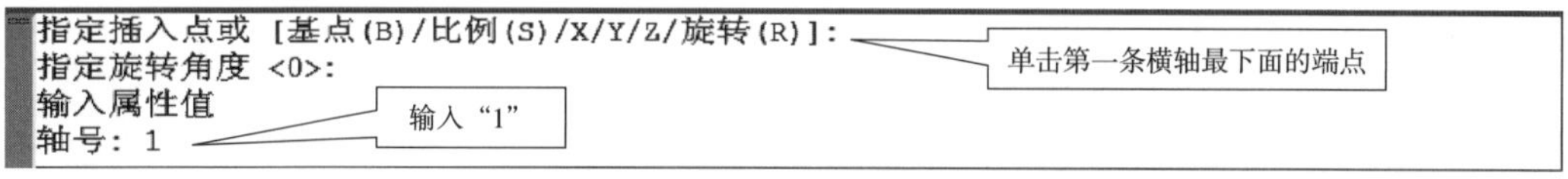

图 4–19

（6）重复步骤（4），依次选择第 2~4 条横轴，并将属性值改为“2”、“3”、“4”，添加完余下的轴号，如图 4–20 所示。

（7）如需对属性进行修改，最简单的方法是双击鼠标，弹出【增强属性编辑器】，可以修改属性值、文字样式、外观、大小以及文字图层上的特性等属性信息。

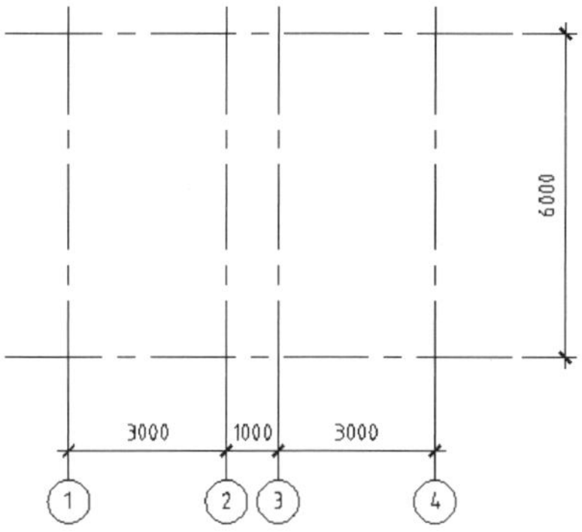

图 4–20

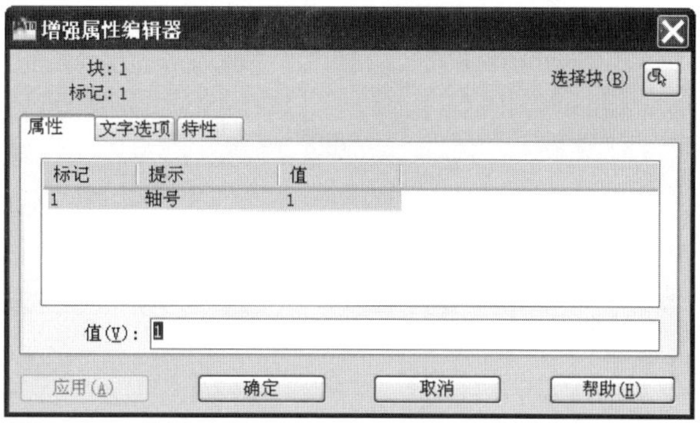

图 4–21

4.1.6 图块的编辑

创建好的图块还可以进行编辑，不仅可以修改图形，而且可以给图块添加若干参数和与该参数相关联的动作，从而在绘图区可以便捷地对图块进行移动、旋转、拉伸、翻转、缩放、阵列等动态操作。下面以实例 4-5 说明。

实例 4-5：在平面图中插入单扇平开门（图 4-22）

操作步骤

（1）运用绘图命令绘制一个单扇平开门，并将其制作成一个名称为“DOOR”的图块。

（2）双击制作好的图块，打开【编辑块定义】对话框，单击【确定】按钮。

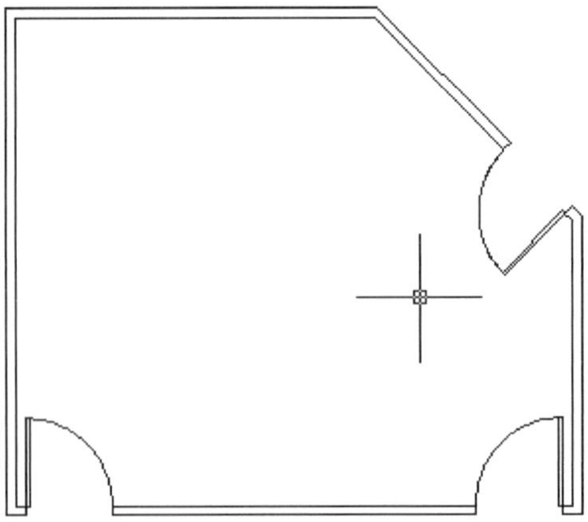

图 4-22

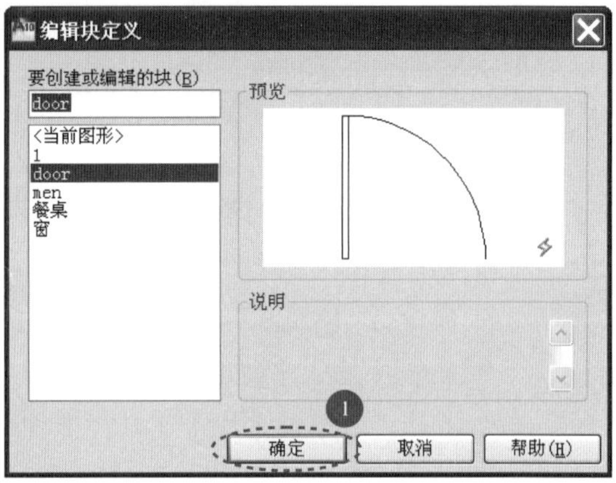

图 4-23

（3）AUTOCAD 同时弹出一个【块编辑器】界面。

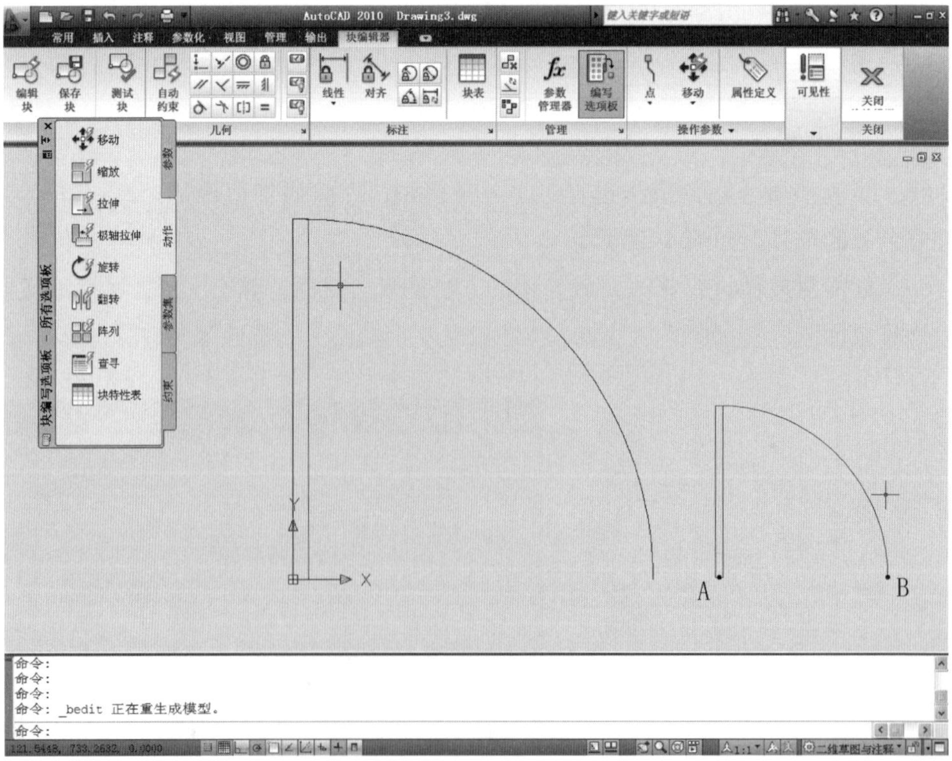

图 4-24

（4）切换到【参数】选项卡，点击【旋转】按钮，给图块添加一个旋转参数。AUTOCAD 命令栏提示如图 4-25 所示。

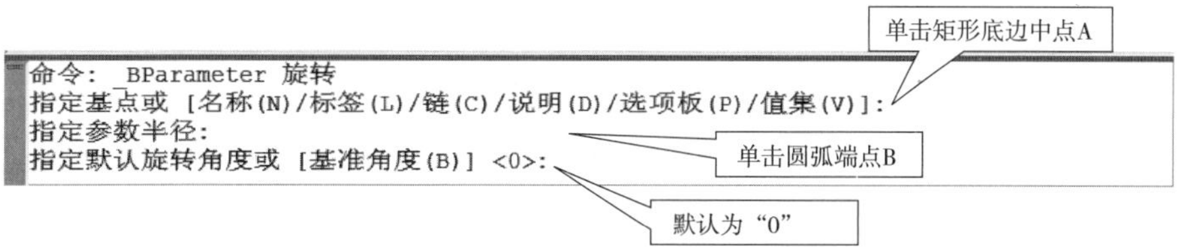

图 4-25

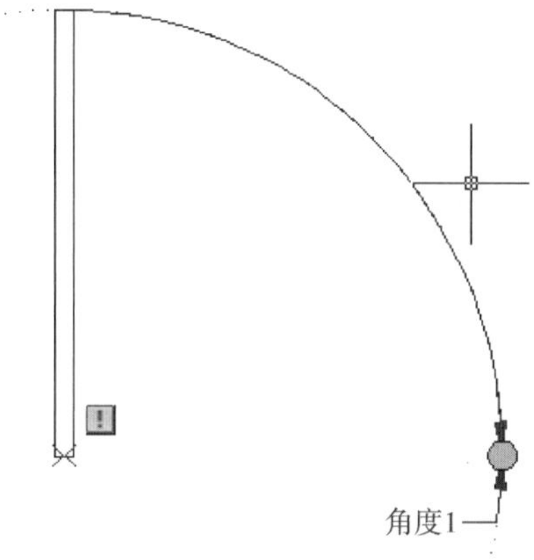

图 4-26

（5）图形上显示出旋转参数的标签，如图 4-26 所示。

（6）切换到【动作】选项卡，点击【旋转】按钮，AUTOCAD 命令栏提示如图 4-27 所示。

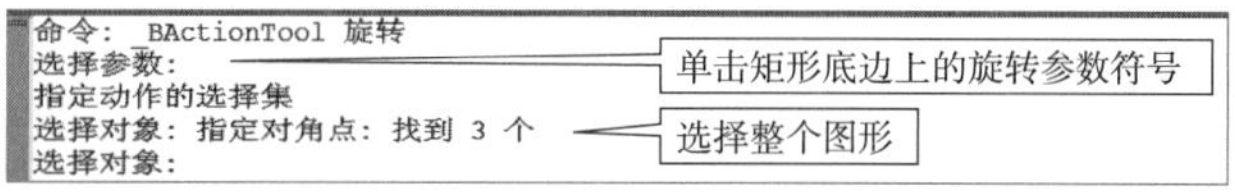

图 4-27

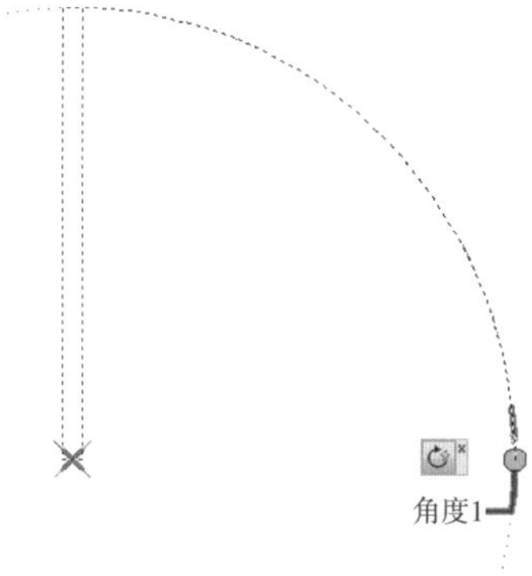

图 4-28

（7）单击鼠标右键结束选择，此时在鼠标指针处附近有旋转动作标签，说明旋转参数和旋转动作关联（图 4-28）。

（8）一般情况下，只定义一个参数是不够的，常常要加上其他的参数和动作，这样用起来才方便，所以我们还需添加一个类似于【MIRROR】的动作【翻转】。切换到【参数】选项卡，点击【翻转】按钮，给图块添加一个翻转参数。AUTOCAD 命令栏提示如图 4-29 所示。

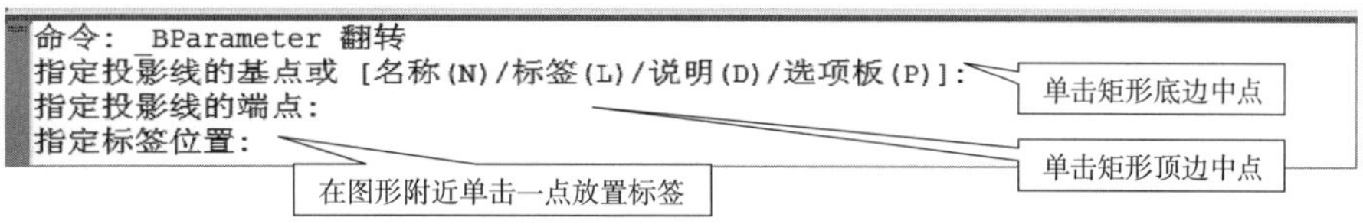

图 4-29

（9）图上显示出翻转参数的标签（图 4-30）。

（10）切换到【动作】选项卡，点击【翻转】按钮，AUTOCAD 命令栏提示如图 4-31 所示。

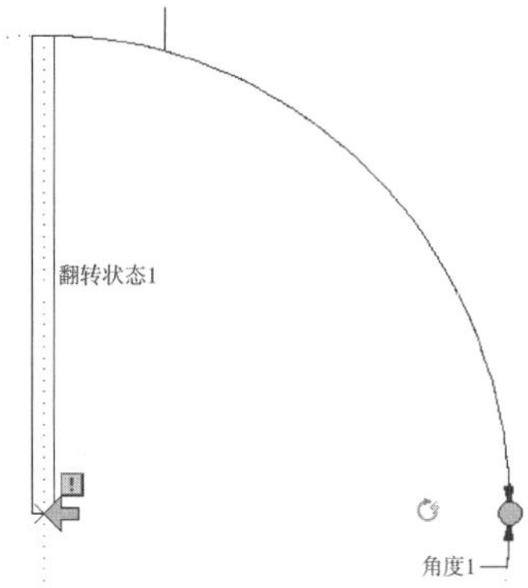

图 4-30

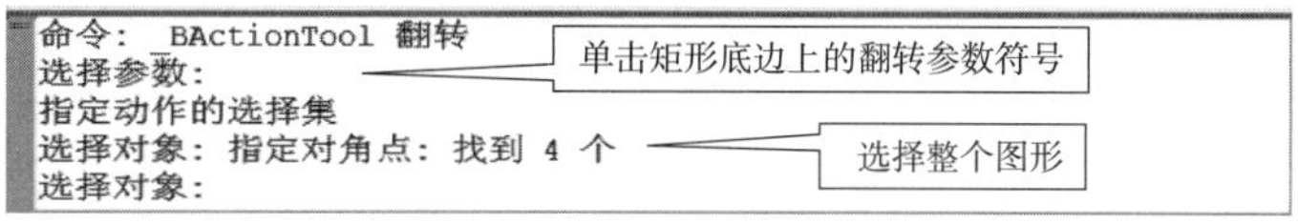

图 4-31

（11）单击鼠标右键结束选择，此时在鼠标指针处附近有翻转动作标签，说明翻转参数和翻转动作关联（图 4-32）。

（12）点击按钮，对动态图块进行保存。点击按钮回到绘图区。

（13）命令行输入【INSERT】，插入“DOOR”图块，可以轻松完成翻转、旋转等编辑。

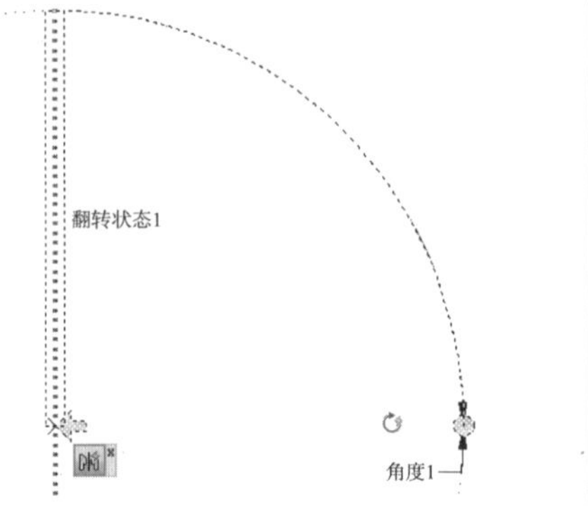

图 4-32

4.2 外部参照

将一个图形附着到当前图形中，而不会成为当前图形的一部分，这种附加图形的方法称为外部参照。原参照图形如果发生了改变，被插入到当前图形中的参照图形也将发生相应的改变。

4.2.1 附着外部参照

正是外部参照的这个特点，帮助用户实现了数据的共享。可以将需要同步绘制的多个图形，附着到一个图形上，实现即时、准确地查看多个图形的绘制进度。下面以实例说明。

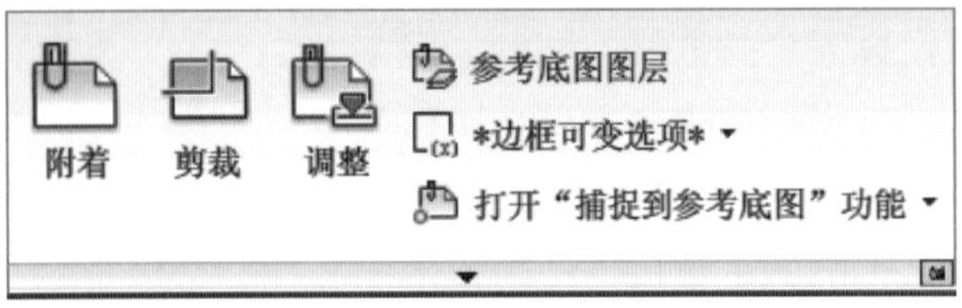

图 4-33

操作步骤

（1）命令执行方式有三种：

命令行：EXTERNALREFERENCES

菜单：【插入】⇨【外部参照】

工具栏：单击【参照】工具栏上的按钮

（2）AUTOCAD 打开【外部参照】选项卡。点选按钮，打开【选择参照文件】对话框。选择“外部参照 2.DWG”文件，然后单击【打开】按钮。

图 4-34

图 4-35

（3）弹出【附着外部参照】对话框，单击【确定】按钮。

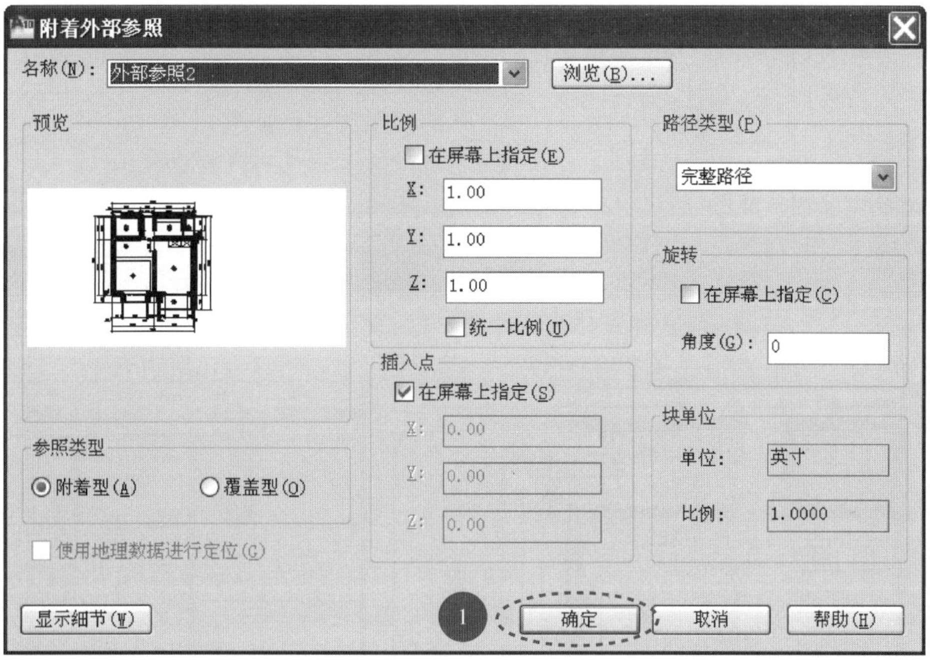

图 4-36

（4）AUTOCAD 命令栏提示如图 4-37 所示。

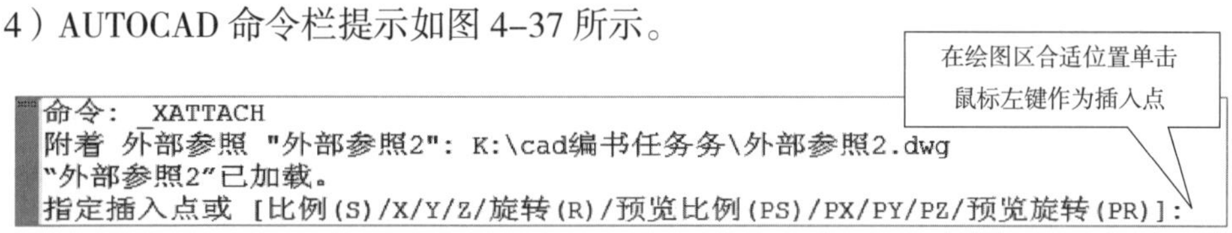

图 4-37

（5）在“外部参照 1.DWG”文件处于打开状态中，修改“外部参照 2.DWG”文件，并保存修改后的文件（图 4-38、图 4-39）。

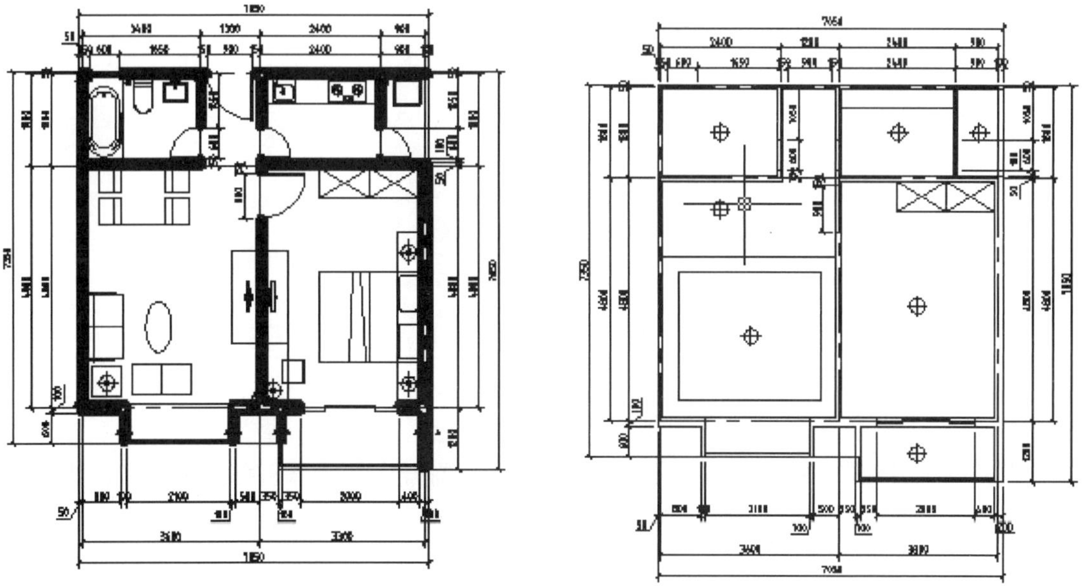

图 4-38

（6）在“外部参照 1.DWG”文件的状态栏上会出现如图 4-40 所示的提示信息。单击重载链接，附着在“外部参照 1.DWG”文件中的参照文件“外部参照 2.DWG”也将被改变，如图 4-41 所示。

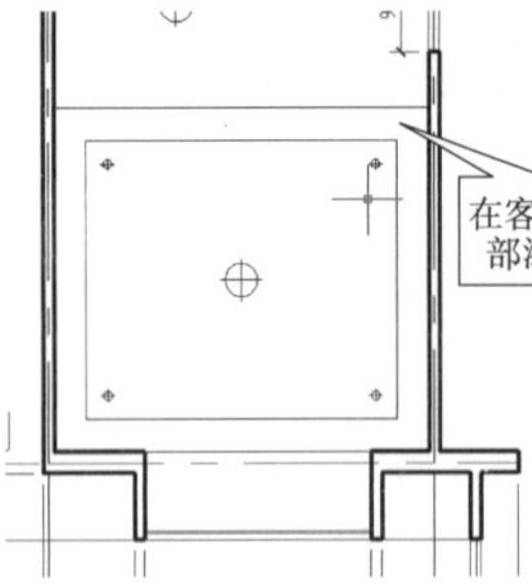

图 4-39

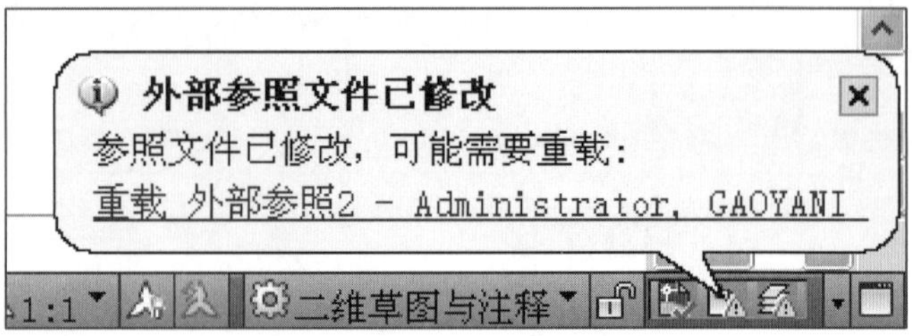

图 4-40

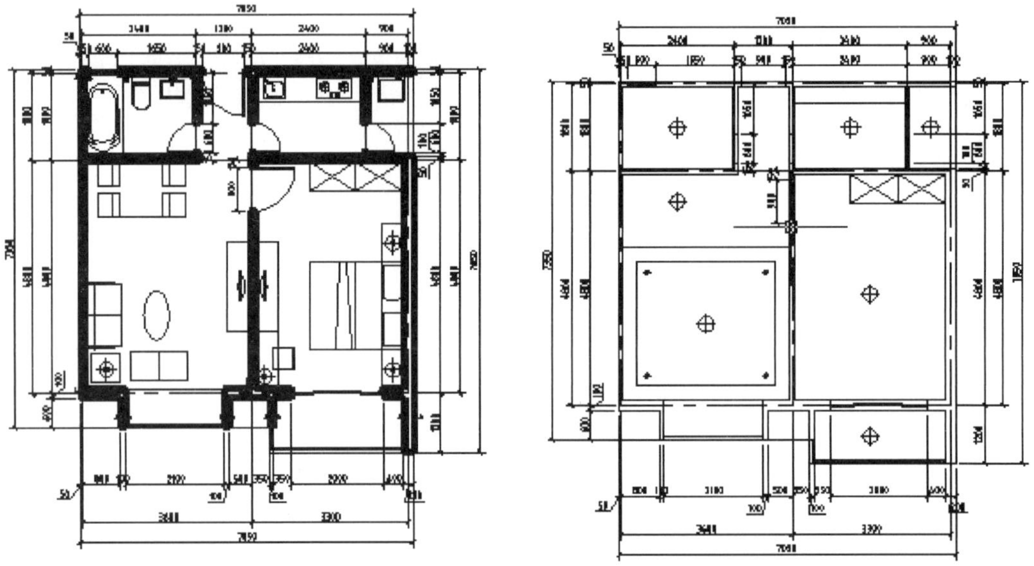

图 4-41

4.2.2 绑定外部参照

如果想将附着的外部参照成为当前文件的一部分，可以执行【绑定】命令。

操作步骤

（1）命令执行方式有三种：

命令行：EXTERNALREFERENCES

菜单：【插入】⇨【外部参照】

工具栏：单击【参照】工具栏上的按钮

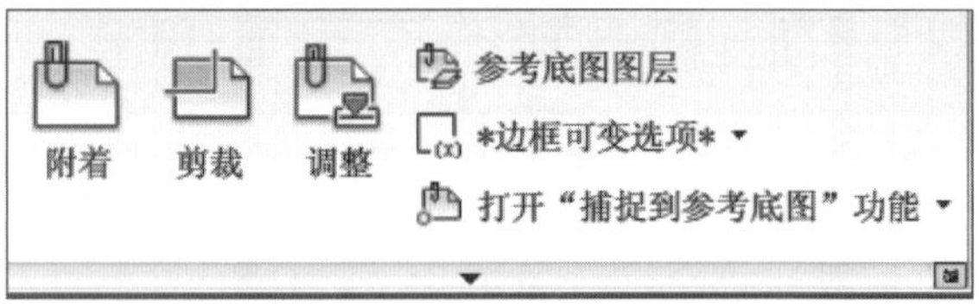

图 4-42

（2）AUTOCAD 打开【外部参照】选项卡。点选按钮，打开【选择参照文件】对话框。选择“外部参照 2.DWG”文件，然后单击【打开】按钮。鼠标左键单击“外部参照 2.DWG”文件名，然后单击鼠标右键，在弹出的快捷菜单选择【绑定】菜单项（图 4-43）。在弹出的【绑定外部参照】对话框中勾选【绑定（B）】单选钮，然后单击【确定】按钮即可（图 4-44）。

图 4-43

4.2.3 编辑外部参照

外部参照不只可以被插入到图形中，还可以在位编辑和剪裁。

1. 在位编辑

用户可以使用在位参照编辑功能修改当前图形中的外部参照，或者重定义当前图形中的块。并且在修改外部参照或者块时不必打开参照图形或者分解和重定义块。

图 4-44

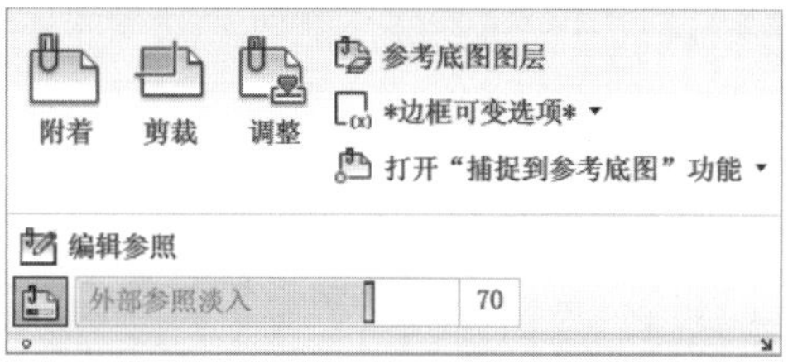

图 4-45

操作步骤

（1）命令执行方式有三种：

命令行：REFEDIT

菜单：【工具】⇨【外部参照和块在位编辑】

工具栏：单击【参照】工具栏上的 编辑参照 按钮

（2）在绘图区用鼠标左键点击“外部参照 2.DWG”图形，弹出【参照编辑】对话框，单击【确定】按钮（图 4–46）。

（3）这时可在该外部参照图形上进行如下修改图（4–47）。完成后，命令行输入【REFCLOSE】，回车，在弹出的对话框单击【确定】按钮即可（图 4–48）。此时如打开“外部参照 2.DWG”文件会看到该图形也被改变。

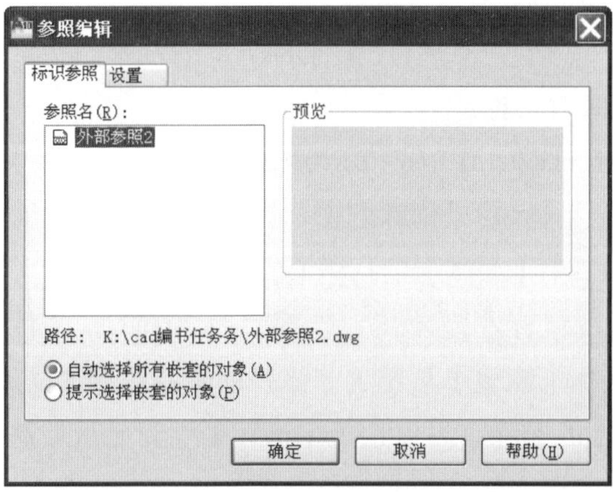

图 4–46

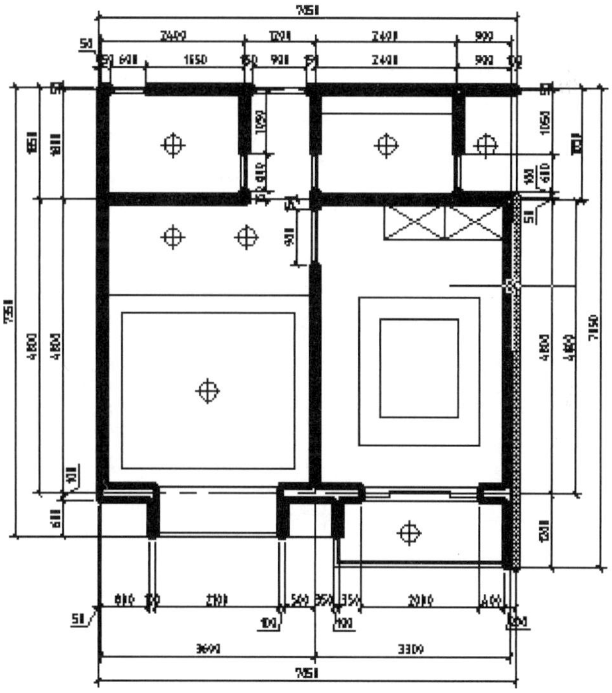

图 4–47

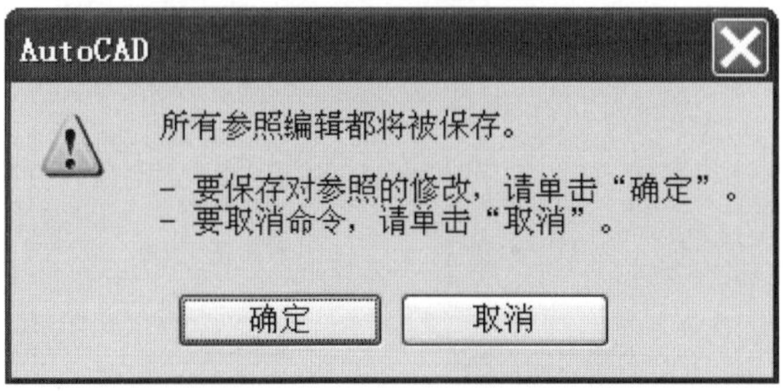

图 4–48

注 意

如果不允许其他用户随意修改参照图形，可以通过访问权限进行设置。方法如下：

命令行输入【OPTIONS】，回车，AUTOCAD 打开【选项】对话框，切换到【打开和保存】选项卡，然后根据需要勾选【外部参照】选项组中的【允许其他用户参照编辑当前图形】复选框即可。

2. 外部参照的剪裁

将图形作为外部参照进行附着后，可以使用【XCLIP】命令定义剪裁边界。

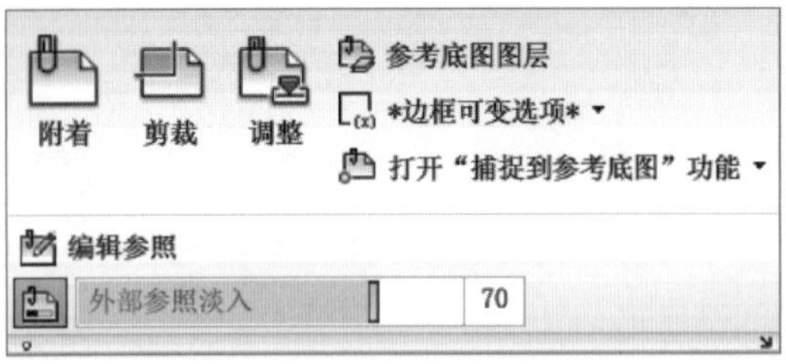

图 4-49

操作步骤

（1）命令执行方式有三种：

命令行：XCLIP ↵

菜单：【修改】⇨【剪裁】⇨【外部参照】

工具栏：单击【参照】工具栏上的 按钮

（2）AUTOCAD 命令栏提示如下：

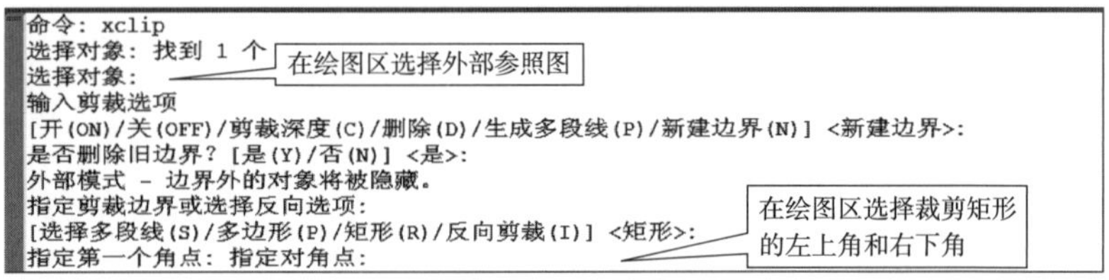
命令：xclip
选择对象：找到 1 个
选择对象：
输入剪裁选项
[开(ON)/关(OFF)/剪裁深度(C)/删除(D)/生成多段线(P)/新建边界(N)] <新建边界>:
是否删除旧边界？[是(Y)/否(N)] <是>:
外部模式 - 边界外的对象将被隐藏。
指定剪裁边界或选择反向选项：
[选择多段线(S)/多边形(P)/矩形(R)/反向剪裁(I)] <矩形>:
指定第一个角点：指定对角点：

在绘图区选择外部参照图

在绘图区选择裁剪矩形的左上角和右下角

图 4-50

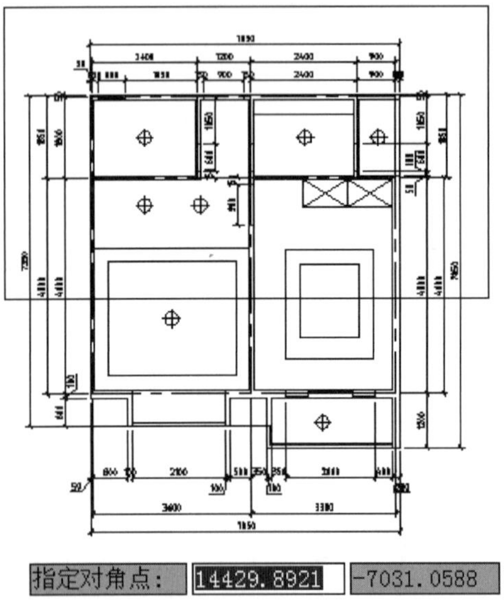

图 4-51

（3）命令响应后图形显示如下，这种剪裁只是改变了图形显示的区域。并没有对外部参照图形进行实质性的改变。

3. 外部参照的卸载和拆离

操作步骤

（1）命令执行方式有三种：

命令行：EXTERNALREFERENCES ↵

菜单：【插入】⇨【外部参照】

工具栏：单击【参照】工具栏上的 按钮

（2）AUTOCAD 打开【外部参照】选项卡。鼠标左键单击"外部参照 2.DWG"文件名，然后单击鼠标右键，在弹出的快捷菜单选择【卸载】菜单项，该外部参照图形消失。【卸载】只是隐藏外部参照图形，并不是永久性的删除。可以选择【重载】重新显示外部参照图形。【拆离】则真正删除一个或多个外部参照文件。

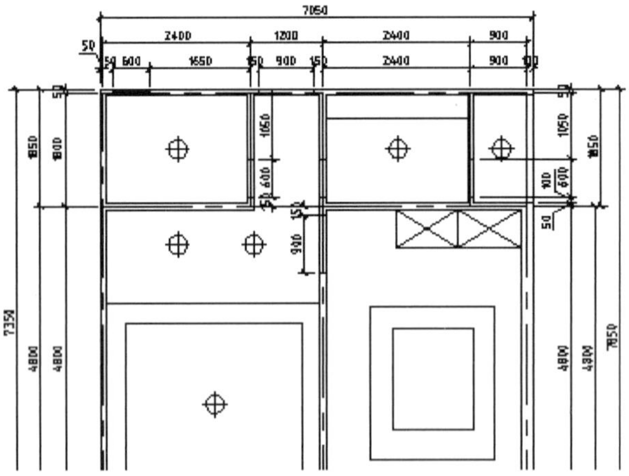

图 4-52

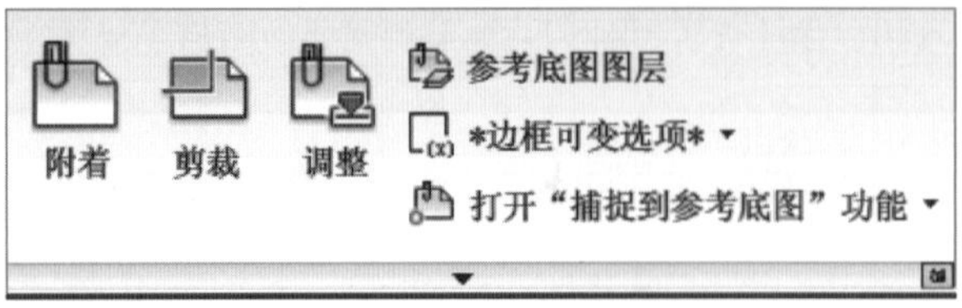

图 4-53

图 4-54

思考题

1. 图块有什么优越性？
2. 如何把当前图中的部分物体定义为一个图块，并可在将来绘图时使用？
3. 在建筑工程图中，哪些符号适合用带属性的图块来表示？
4. 什么是单位图块，有什么用途？
5. 外部参照（又称外部引用）和图块有什么区别？如何把外部参照转换为一个图块？
6. 如何修改图块内部的线条？有哪几种方法？

绘图题

1. 绘制图 1，沿公路两侧各等距栽种 15 棵树。

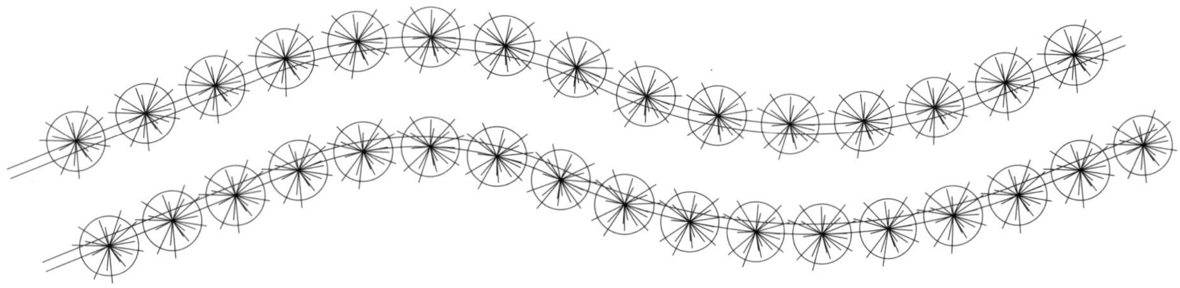

图 1

2. 绘制图 2，沿山坡等距栽种 15 棵树。

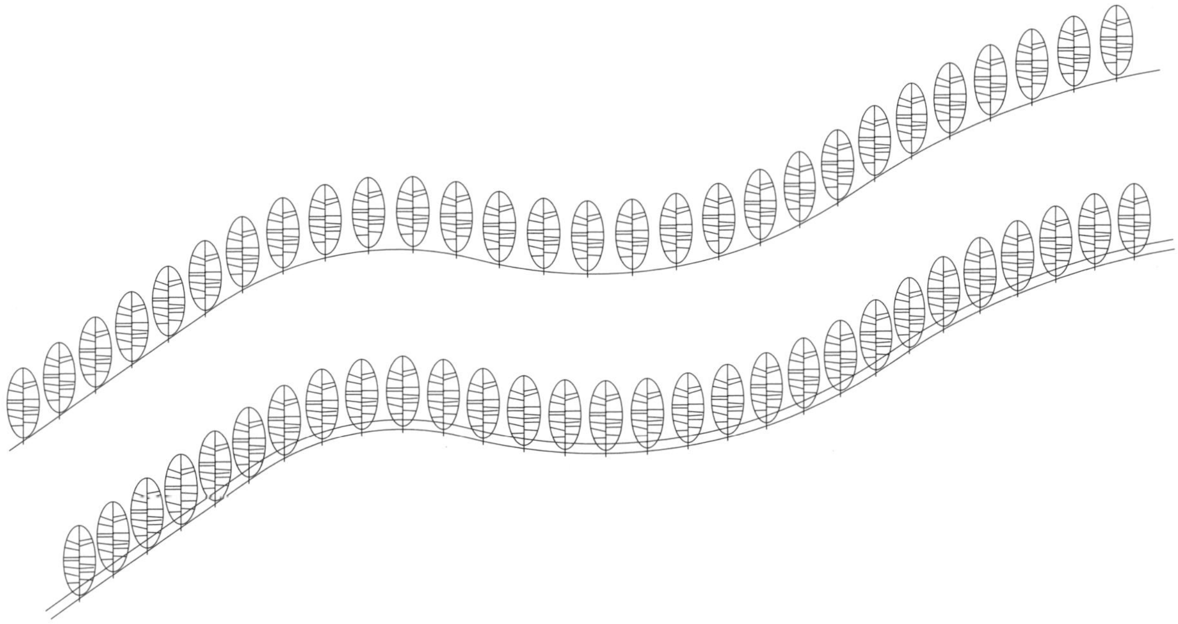

图 2

3. 尝试将上面两题的平面和立面树互换，而不重新插入。

4. 如何解决图 3 中的问题（树倾斜）。

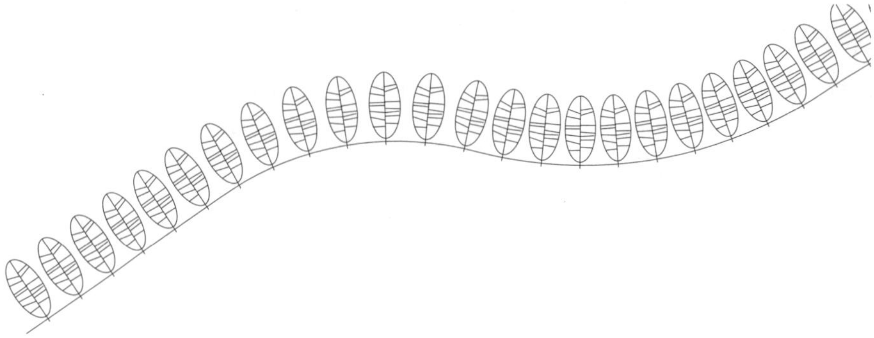

图 3

5. 请创建图 4 所示标注符号（详图号、索引符号、标高），要求其中文字可修改。

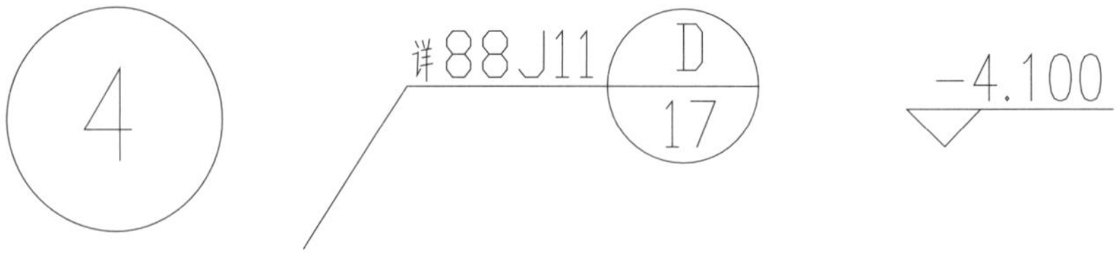

图 4

第 5 单元　剖面图绘制与对象特性

【教学目标】

1. 学会运用 AUTOCAD 绘制建筑剖面图；掌握剖面图绘制要点。
2. 理解各种几何形体的物体类型。
3. 理解物体特性，会进行特性编辑与修改。

【项目内容】

剖面图绘制。

【教学重点】

1. 剖面图绘制要点。
2. 参数的基本输入方式，尤其坐标的输入和捕捉。
3. 命令的参数与选项。
4. 初学者经常以人机对话的操作方式，提示其命令行的重要性。
5. 屏幕显示调整：缩放和平移。

【教学难点】

1. 建筑结构布置、构件的空间关系和剖切后的视图表达。
2. 尺寸标高标注及其样式（详见第七单元）。
3. 带属性图块的运用——标高符号、轴线标注符号等。

5.1　知识点 1：建筑剖面图绘制要点

建筑剖面图是表示建筑物竖向构造的重要图样，它主要表示建筑物内部垂直方向的高度、楼层的分层、垂直空间的利用及简要的结构形式等。剖面图的剖切位置多选在建筑物内部比较复杂、有变化或有代表性的部位，并应通过门窗的位置。如出入口、门厅或楼梯等部位。

提 示

1. 剖面图包含哪些内容？设计人员必须做到心中有数。

2. 本教程的设计要点适用于一般大体量型建筑，对于一些形体复杂的建筑需要大家举一反三，运用知识点进行理解绘制。

5.1.1 建筑剖面图的图示内容

（1）图名、比例、定位轴线。

（2）各剖切到的建筑构配件。室内外地坪、楼面、屋顶（女儿墙、压顶）、内外墙、门窗、雨篷、阳台、梁、楼梯与楼梯平台、实心的钢筋混凝土构件（楼地面、屋面、梁、楼梯梯段、梯梁、楼梯平台）。

（3）按剖视方向画出未剖切到的可见构配件。外墙外侧的可见构配件（雨篷、阳台、台阶、窗套）、室内的可见构配件（大门、窗洞、楼梯栏杆扶手）、屋顶上的可见构配件（女儿墙线）。

（4）尺寸。三道尺寸：总高、层间尺寸、门窗洞及洞间墙的高度尺寸。

（5）标高。室外地坪、楼地面、檐口、女儿墙顶标高、高出屋面的水箱、楼梯间顶部等处的标高、门窗洞口上下标高。

（6）楼地面的构造。一般采用引出线指向所说明的部位，按照构造的层次顺序，逐层加以文字说明。

（7）详图的索引符号。

5.1.2 剖面图的绘制步骤与方法

（1）高平齐宽相等的投影原则。

（2）结合平立面进行。

（3）画定位轴线、水平控制线（楼梯面、屋面及女儿墙）。

（4）画剖切到的建筑构配件。

（5）画看到的建筑构配件。

（6）标注尺寸与标高（参考立面图进行）。

（7）注明图名比例与轴线。

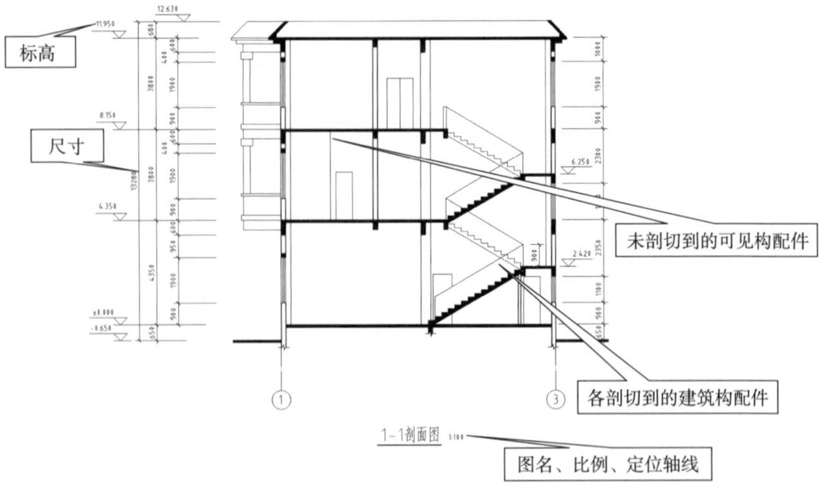

图 5-1

5.2 项目导入：某别墅建筑剖面图绘制

本节以某小型建筑的剖面图为例，来介绍建筑剖面图的绘制方法与步骤。该小型建筑的平面图、立面图及剖面图如图 5-2 ~图 5-6 所示。

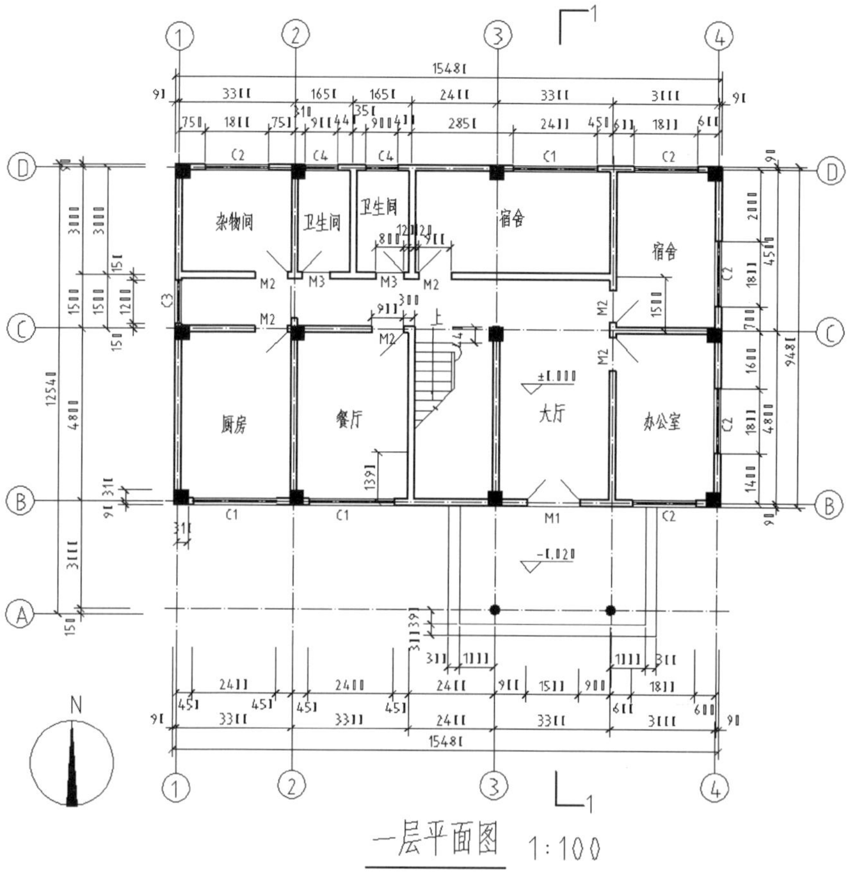

图 5-2

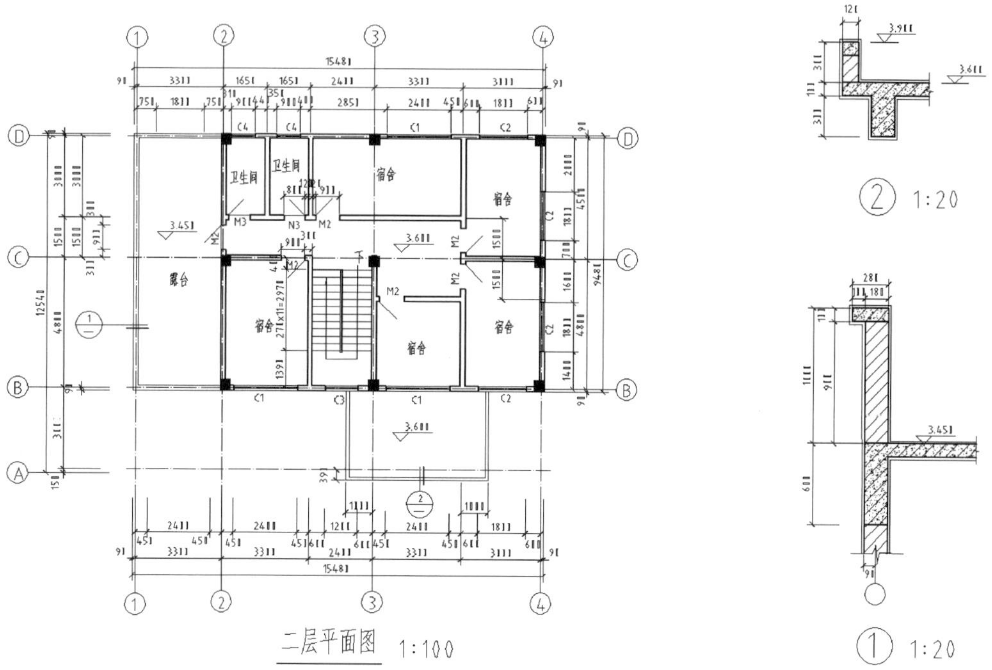

图 5-3

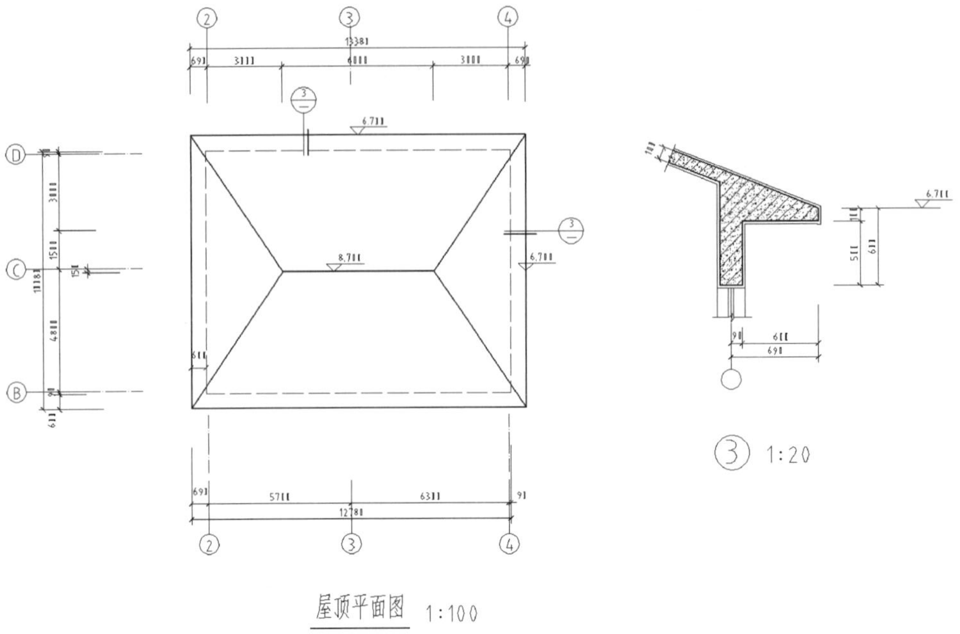

图 5-4

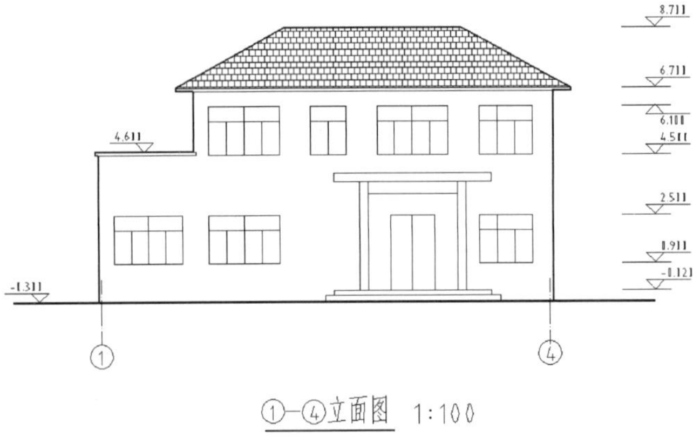

门窗表

设计编号	洞口尺寸(宽X高)
M1	1500X2500
M2	900X2100
M3	800X2100
C1	2400X1600
C2	1800X1600
C3	1200X1600
C4	900X1600

图 5-5

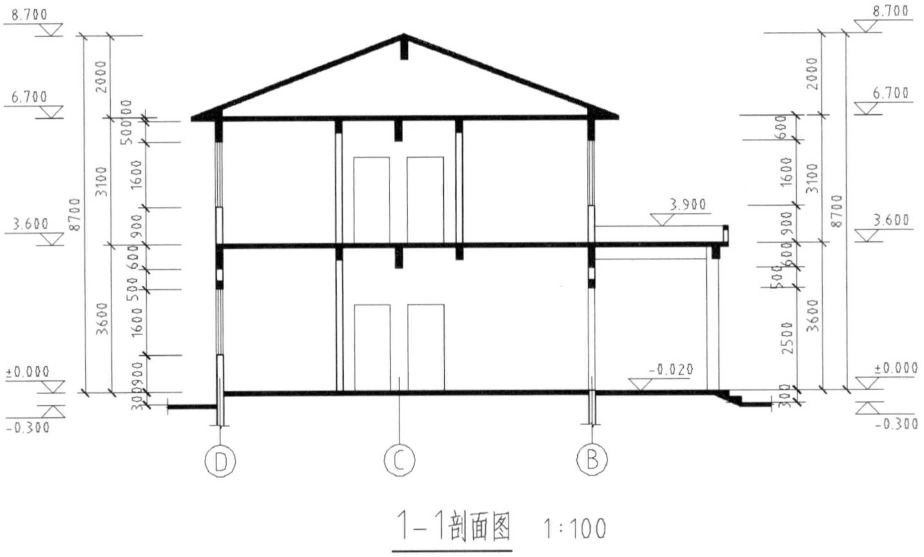

图 5-6

步骤 01 根据高平齐宽相等的投影原则，结合平立面进行。将首层平面图按剖切方向进行旋转，将立面图放置在右侧，如图 5-7 所示。

注：以上过程来源于平面图、立面图已画好的前提下进行。如无平立面图的电子文件，则要以轴线为参考，根据高平齐宽相等的投影原则进行控制线的引出步骤 2。

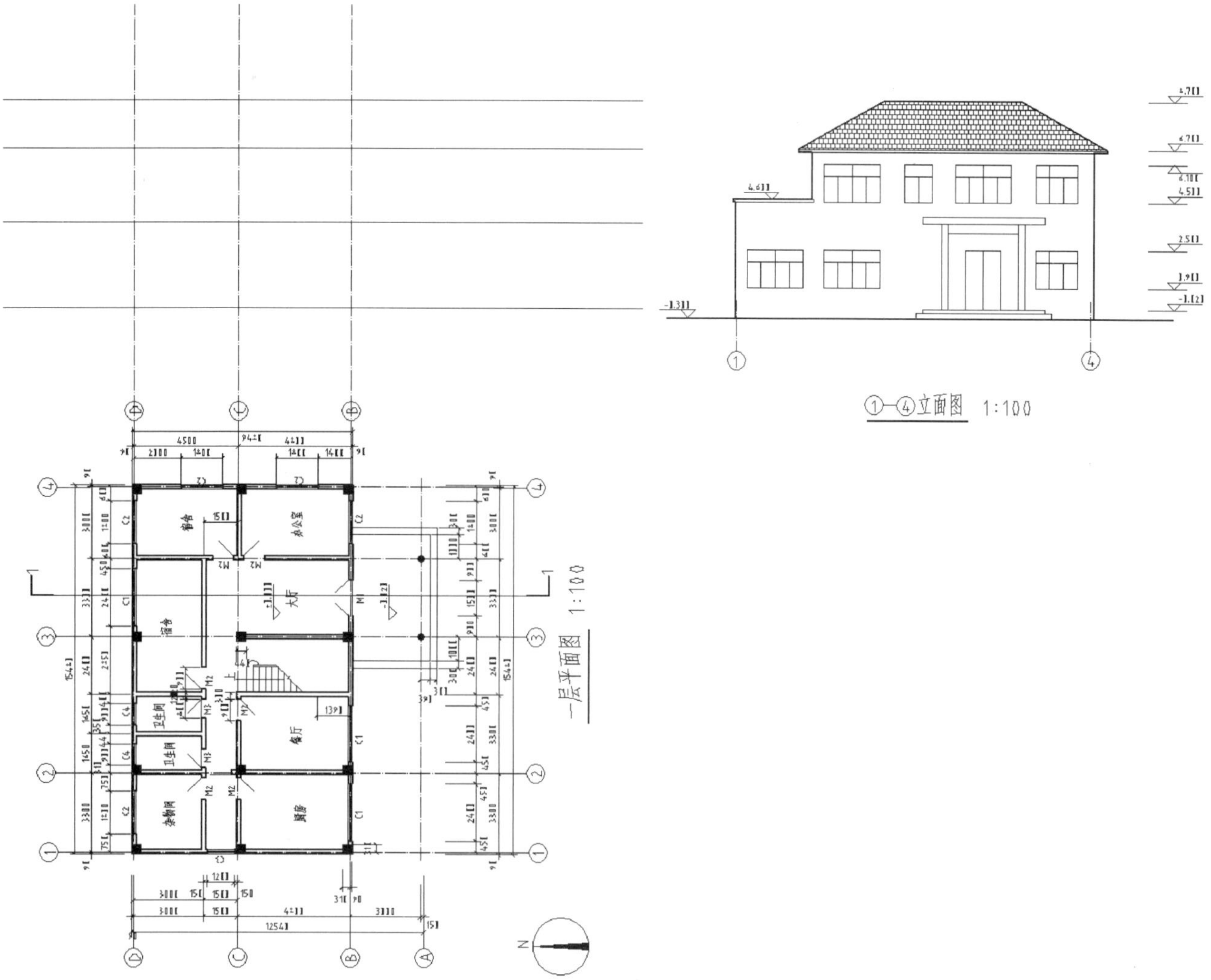

图 5-7

步骤 02 绘制辅助线（不一定需要先绘制此边框，先绘制步骤 3 也无任何区别）

辅助线是保证投影对应的必要步骤

（1）运用 LINE 命令画出一根竖向线条与水平线条。

（2）运用 OFFSET 命令偏移得到竖向控制的轴线，与平面图对应。

（3）运用 OFFSET 命令偏移得到水平控制线条，与立面图中层高对应。

（4）以上线条构成主要辅助线网，如图 5-8 所示。

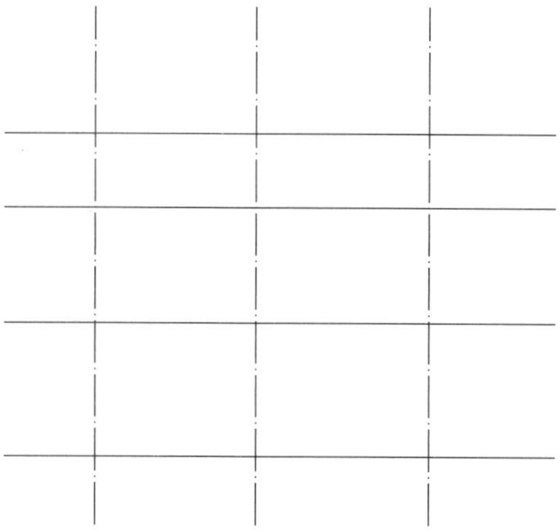

图 5-8

步骤 03 绘制墙体、门窗洞口线、楼地面线、屋顶线

被剖切的墙体、楼面板、屋顶断面均为两侧平行的轮廓线，运用 _LINE 命令与 _OFFSET 命令，可以完成墙体、楼面板、屋

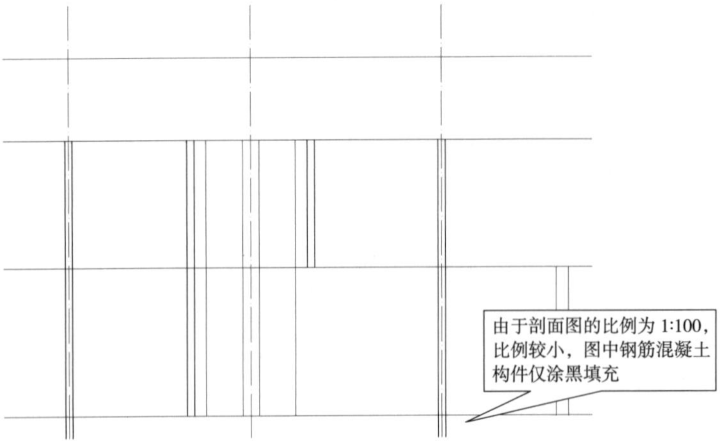

图 5-9

顶断面的两侧轮廓绘制。运用 _TRIM 命令完成墙体、楼面板、屋顶断面的轮廓交接处的编辑。

未剖到的墙体、屋面轮廓线为细实线，用 _LINE 命令绘制完成。

（1）与平面图对应，从平面图中向上引线，逐层绘制墙线、门窗洞口线，如图 5-9 所示。

（2）竖直方向上，与立面图对应，运用 _OFFSET 命令与 _TRIM 命令完成楼地面线及门窗洞口高度线的绘制。如图 5-10 所示。

（3）依次完成外墙、屋顶、楼板断面和可见轮廓线的绘制，如图 5-11 所示。注意被剖切的墙体与楼地面线用粗实线，可见对象为细实线，应通过改变对象特性来修改。

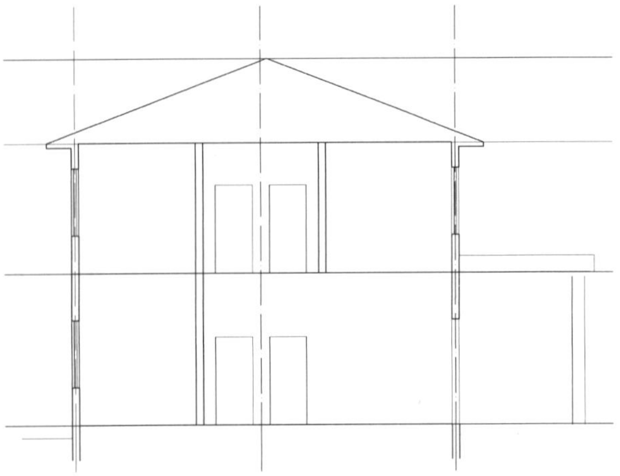

图 5-10

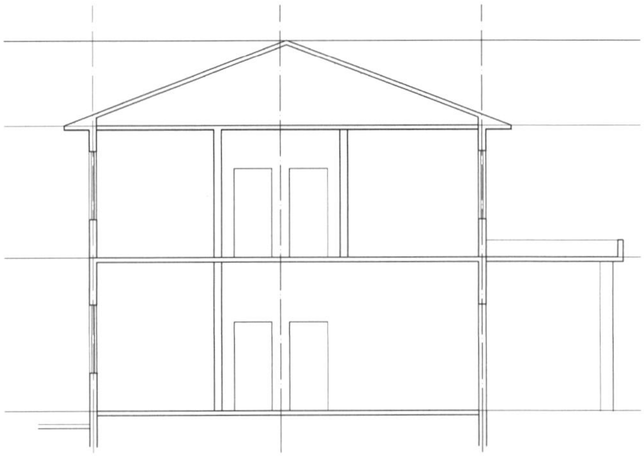

图 5-11

提 示

图形绘制应掌握绘制方法，这里不讲解详细绘制步骤，每位用户的使用习惯不尽相同。

操作要领如下：

1. 熟练使用 TRIM 命令、OFFSET 命令、FILLET 命令、STRETCH 命令。

2. 保持正交模式：F8

建筑图形大多数为水平与垂直线条，保持正交状态有利于精确绘图。

3. 设置好对象捕捉：

- 菜单【工具】⇨【草图设置】，选“对象捕捉”选项卡，勾选您需要的捕捉方式，但若把所有方式都选择上反而可能会干扰您的操作速度。并勾选“启用对象捕捉”。
- 建议打开以下四种对象捕捉模式：【端点】、【中点】、【交点】、【垂足】

步骤 04 绘制细部结构

绘制阳台、雨篷、台阶等细部构造。

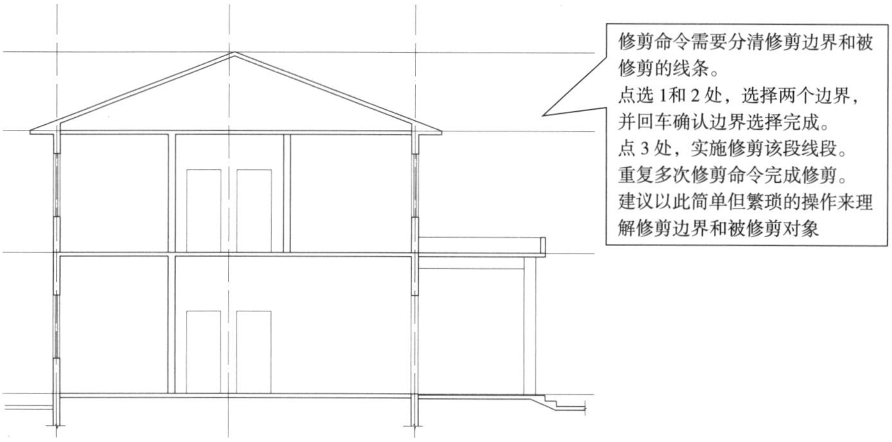

图 5-12

提 示

综合运用【修改】⇨【直线】与【修改】⇨【复制】、【修剪】、【拉伸】等命令，把多余的线条修剪掉。

步骤 05 绘制结构梁

（1）结合平面图理解主次梁的位置，运用矩形命令或直线命令和修剪命令得到梁的断面轮廓。

（2）打开【修改】工具栏，选择【修剪】或【圆角】命令，把多余的线条修剪掉，得到连贯的楼地板，绘制结果如图 5-13 所示。

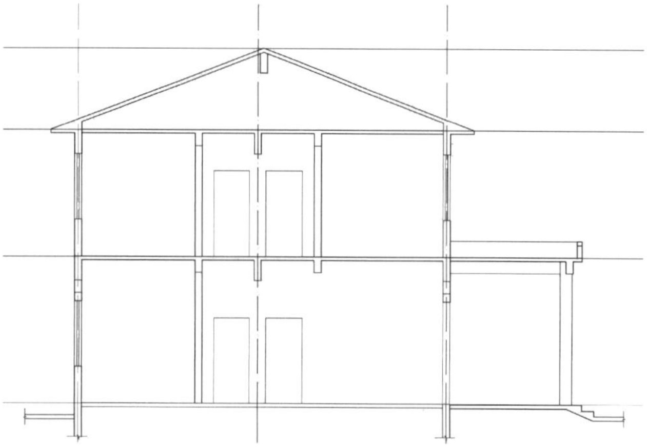

图 5-13

提 示

1. 结构梁的位置理解：主次梁框架结构体系通常可以按以下经验来理解（仅供参考）：

- 主梁：位于柱与柱之间（梁尺寸为已知量），如未知，则按经验取值：梁高取梁跨度的 1/10，梁宽为梁高的 1/2 ～ 1/3。
- 次梁：位于主梁之间或主梁与墙体之间。

2. 梁一般理解为矩形梁。

步骤 06 填充图案完成剖面效果

【修改】⇨【填充】，填充楼地面、屋面、剖切的钢筋混凝土梁等构件。

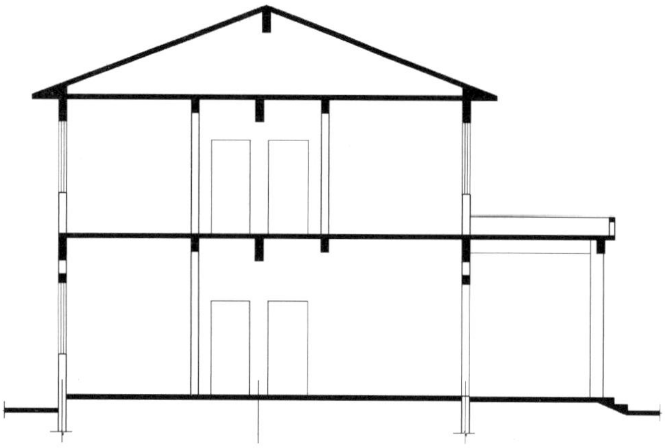

图 5-14

提 示

图案填充要点

- 填充图案选择“SOLID”。
- 实心的钢筋混凝土构件：出图比例为 1∶50 以及更大的比例时要求填充钢筋混凝土材料符号，1∶100 以及更小的比例时涂黑表示。

步骤 07 文本标注

（1）尺寸标注。

标注三道尺寸：总高、层间尺寸、门窗洞及洞间墙的高度尺寸。

（2）标高标注。

室外地坪、楼地面、檐口、女儿墙顶标高、高出屋面的水箱、楼梯间顶部等处的标高、门窗洞口上下标高。

（3）文字说明。

注明图名比例与轴线。完成的图样如图 5-15 所示。

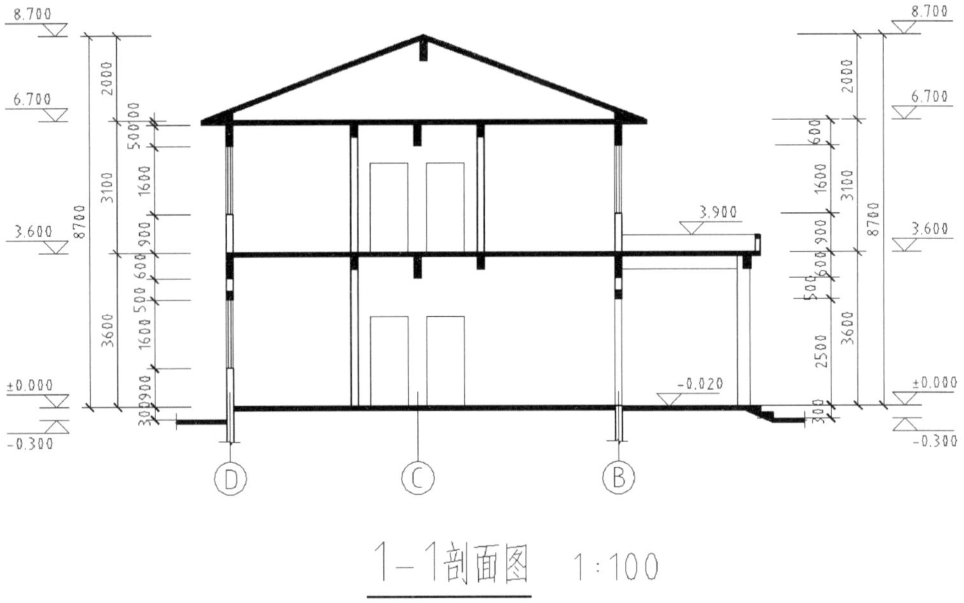

图 5-15

5.3 知识点 2：控制对象的特性

通过更改图形中的对象的特性（包括图层、线型、颜色、线宽和打印样式），可以组织这些对象并控制其显示和打印方式。

在 AUTOCAD 中，可以通过控制对象的特性进行图形的正确表达与管理。下面一一详细讲解，在详细讲解之前，让我们来看看相关的工具栏和菜单。

5.3.1 对象特性概述

绘制的每个对象都具有特性。某些特性是基本特性，适用于大多数对象，例如图层、颜色、线型和打印样式。有些特性是特定于某个对象的特性，例如，圆的特性包括半径和面积，直线的特性包括长度和角度。

大多数基本特性可以通过图层指定给对象，也可以直接指定给对象。

（1）如果将特性设置为值“BYLAYER”，则将为对象指定与其所在图层相同的值。

例如，如果将在图层 0 上绘制的直线的颜色指定为“BYLAYER”，并将图层 0 的颜色指定为“红”，则该直线的颜色将为红色。

（2）如果将特性设置为一个特定值，则该值将替代为图层设置的值。

例如，如果将在图层 0 上绘制的直线的颜色指定为“蓝”，并将图层 0 的颜色指定为“红”，则该直线的颜色将为蓝色。

5.3.2 显示和更改对象特性

可以在图形中显示和更改任何对象的当前特性。

可以通过以下方式在图形中显示和更改任何对象的当前特性：

（1）打开“快捷特性”选项板以查看和更改对象的选定特性的设置。

（2）打开“特性”选项板，然后查看和更改对象的所有特性的设置。

（3）查看和更改“图层”工具栏上的“图层”控件以及“特性”工具栏上的“颜色”、“线型”、“线宽”和“打印样式”控件中的设置。

（4）使用 LIST 命令在文字窗口中查看信息。

```
命令: li LIST
选择对象: 找到 1 个

选择对象:
                    直线          图层: 0
                              空间: 模型空间
                   句柄 = 47e9
                   自 点,  X=106302.9371  Y=-15911.5155  Z=    0.0000
                   到 点,  X=106302.9371  Y=-18911.5155  Z=    0.0000
              长度 =3000.0000, 在 XY 平面中的角度 =    270
                    增量 X =    0.0000, 增量 Y = -3000.0000, 增量 Z =    0.0000
```

图 5-16

（5）使用 ID 命令显示坐标位置。

5.3.3 使用“特性”选项板 

“特性”选项板列出了选定对象或一组对象的特性的当前设置。可以修改任何可以通过指定新值进行修改的特性。

（1）选中多个对象时，“特性”选项板只显示选择集中所有对象的共有特性。

（2）如果未选中对象，“特性”选项板只显示当前图层的常规特性、附着到图层的打印样式表的名称、视图特性以及有关 UCS 的信息。

将 DBLCLKEDIT 系统变量（助记：Double Click Edit）设置为“开”（默认设置）时，可以双击大部分对象以打开“特性”选项板。块和属性、图案填充、渐变填充、文字、多线以及外部参照除外。如果双击这些对象中的任何一个，将显示特定于该对象的对话框而非“特性”选项板。

1. 显示和更改对象特性

在“特性”选项板上更改对象特性的步骤：

（1）选择一个或多个对象。

（2）依次单击“视图”选项卡“选项板”面板“特性”。

“特性”选项板上将显示选定对象的特性。

（3）在“特性”选项板中，使用标题栏旁边的滚动条滚动浏览特性列表。可以单击每种类别右侧的箭头以展开或收拢此列表。

（4）选择要更改的值；使用以下方法之一更改值：

图 5-17

1）输入新值。

2）单击右侧的下箭头并从列表中选择一个值。

3）单击“拾取点”按钮，使用定点设备修改坐标值。

4）单击“快速计算器”计算器按钮可计算新值。

5）单击左或右箭头可增大或减小该值。

6）单击“...”按钮并在对话框中更改特性值。

所做的更改立即生效。

（5）要放弃更改，请在“特性”选项板的空白区域中单击鼠标右键。单击“放弃”。

（6）按 ESC 键删除选择。

2. 列出多个对象的数据库信息的步骤

（1）依次单击工具（T）⇨ 查询（Q）⇨ 列表（L）。

（2）选择一个或多个对象并按 ENTER 键。

文本窗口中将显示报告。

3. 在对象之间复制特性——特性匹配

使用“特性匹配”，可以将一个对象的某些特性或所有特性复制到其他对象。可以复制的特性类型包括但不仅限于颜色、图层、线型、线型比例、线宽、打印样式、视口特性替代和三维厚度。

将特性从一个对象复制到其他对象的步骤：

（1）执行命令：

菜单:【修改（M）】⇨【特性匹配（M）】。

工具栏

命令行：输入 MATCHPROP ↵

（2）选择一个作为参考的对象。

（3）选择要应用选定特性的对象，然后按 ENTER 键。

默认情况下，所有可用特性均可自动从选定的第一个对象复制到其他对象。如果不希望复制特定特性，请使用“设置”选项禁止复制该特性。可以在执行命令过程中随时选择“设置”选项。

思考题

1. 建筑剖面图应绘制哪些物体？
2. 建筑剖面图常见的绘图步骤是什么？
3. 如何匹配对象特性？
4. 如何修改已绘制对象的特性？

第 6 单元　多段线绘制与编辑

【教学目标】

1. 全面掌握多段线的绘制与编辑功能，达到能够绘制和修改由直线、曲线、宽窄变化等因素构成的曲线，了解多段线的拟合与样条线显示方式。
2. 全面掌握多线的绘制、编辑与其样式定义。

【项目内容】

1. 用多段线绘制古典建筑线脚剖面。
2. 用多段线绘制包含曲线的门立面图。

【教学重点】

1. 本单元重点在于培养绘图中对各命令选项的灵活运用，这些选项不仅在多段线命令中，在几乎所有 CAD 命令中选项都很重要。
2. 多段线中的圆弧绘制方式。

【教学难点】

1. 多段线中的圆弧精确绘制与对象捕捉设置。
2. 多段线的编辑，包含连接、曲线化、线型绕顶点生成等。

6.1　项目导入 1：绘制线脚剖面

实例 6-1：绘制古典建筑线脚剖面，（图 6-1）

步骤 01 按精确尺寸绘制辅助线。如图 6-2 所示。

步骤 02 从图形的任意点开始绘制多段线，这里从剖面图的最下点开始绘制：

打开交点捕捉，从菜单栏点击【绘图】⇨【多段线】

命令：plPLINE

指定起点：（点取捕捉最左下角一点 A1）

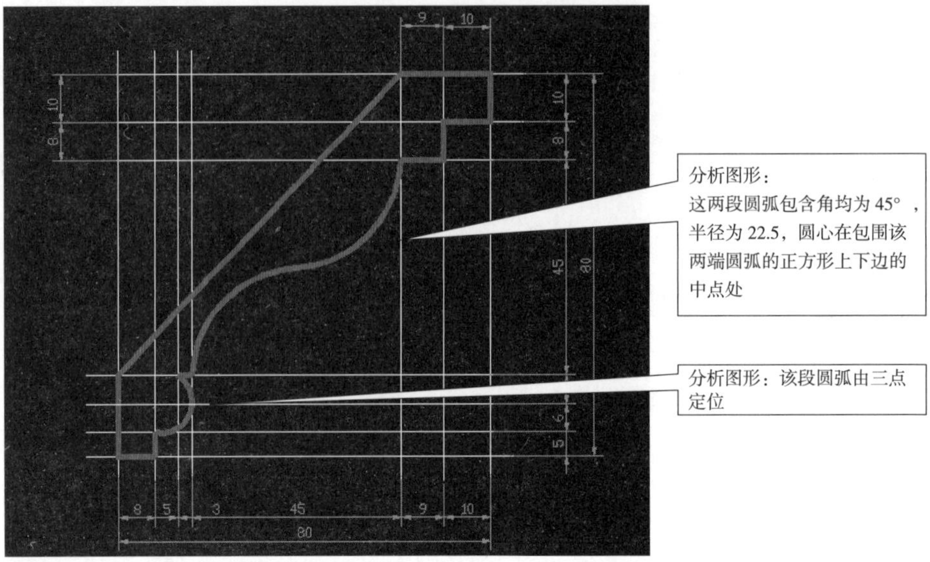

图 6-1

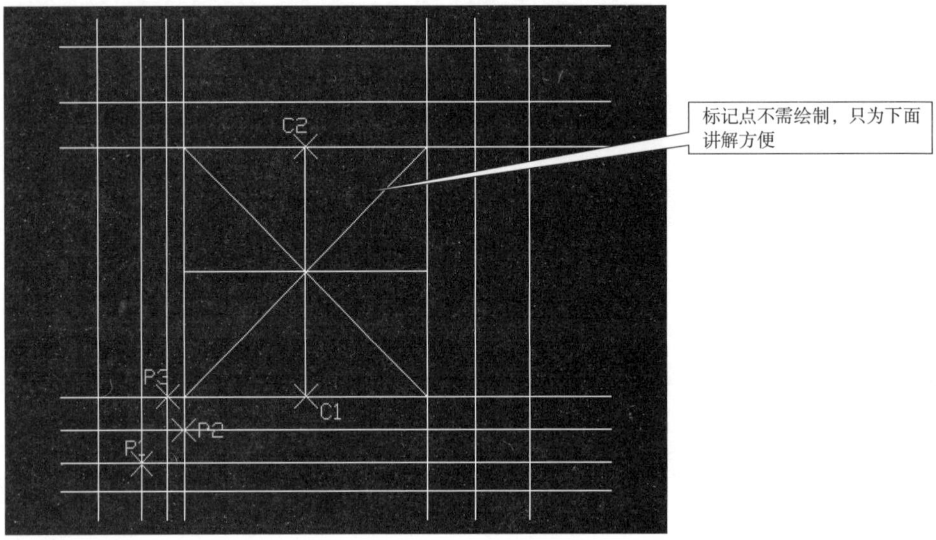

图 6-2

当前线宽为 0.0000 ↵

指定下一个点或 [圆弧（A）/ 半宽（H）/ 长度（L）/ 放弃（U）/ 宽度（W）]：w ↵

W，定义线条宽度

指定起点宽度 <0.0000>：0.5 ↵

指定端点宽度 <0.5000>：↵

回车，表示端点宽度同起点宽度

指定下一个点或 [圆弧（A）/ 半宽（H）/ 长度（L）/ 放弃（U）/ 宽度（W）]：（点取捕捉下一点 A2）

指定下一点或 [圆弧（A）/ 闭合（C）/ 半宽（H）/ 长度（L）/ 放弃（U）/ 宽度（W）]：（点取捕捉 P1）↵

指定下一点或 [圆弧（A）/ 闭合（C）/ 半宽（H）/ 长度（L）/ 放弃（U）/ 宽度（W）]：a ↵

A，表示开始绘圆弧

指定圆弧的端点或 [角度（A）/ 圆心（CE）/ 闭合（CL）/ 方向（D）/ 半宽（H）/ 直线（L）/ 半径（R）/ 第二个点（S）/ 放弃（U）/ 宽度（W）]：se ↵

SE，表示下一点为圆弧中部的一点（三点圆弧的第二点）

指定圆弧上的第二个点:（点取捕捉 P2）

指定圆弧的端点:（点取捕捉 P3）

指定圆弧的端点或 [角度（A）/ 圆心（CE）/ 闭合（CL）/ 方向（D）/ 半宽（H）/ 直线（L）/ 半径（R）/ 第二个点（S）/ 放弃（U）/ 宽度（W）]：l ↵

L，表示圆弧绘制完毕，转直线段绘制

指定下一点或 [圆弧（A）/ 闭合（C）/ 半宽（H）/ 长度（L）/ 放弃（U）/ 宽度（W）]:（点取捕捉下一圆弧段起点 A3）

指定下一点或 [圆弧（A）/ 闭合（C）/ 半宽（H）/ 长度（L）/ 放弃（U）/ 宽度（W）]：a ↵

A，表示开始绘圆弧

指定圆弧的端点或 [角度（A）/ 圆心（CE）/ 闭合（CL）/ 方向（D）/ 半宽（H）/ 直线（L）/ 半径（R）/ 第二个点（S）/ 放弃（U）/ 宽度（W）]：ce ↵

CE，表示下一点为圆弧的圆心点

指定圆弧的圆心:（点取捕捉圆心 C1）

指定圆弧的端点或 [角度（A）/ 长度（L）]：a ↵

A，表示圆弧的包含角选项，注意和上面的 A 意义不同

指定包含角：–90 ↵

–90，表示圆弧的包含角 90，注意正负号表示圆弧的方向是逆时针还是顺时针

指定圆弧的端点或

[角度（A）/ 圆心（CE）/ 闭合（CL）/ 方向（D）/ 半宽（H）/ 直线（L）/ 半径（R）/ 第二个点（S）/ 放弃（U）/ 宽度（W）]:（点取捕捉 A5）

下一段圆弧自动与刚绘制的圆弧连贯相切

指定圆弧的端点或

[角度（A）/ 圆心（CE）/ 闭合（CL）/ 方向（D）/ 半宽（H）/ 直线（L）/ 半径（R）/ 第二个点（S）/ 放弃（U）/ 宽度（W）]：L ↵

L，表示圆弧绘制完毕，转直线段绘制

指定下一点或 [圆弧（A）/ 闭合（C）/ 半宽（H）/ 长度（L）/ 放弃（U）/ 宽度（W）]:（点取捕捉 A6）

指定下一点或 [圆弧（A）/ 闭合（C）/ 半宽（H）/ 长度（L）/ 放弃（U）/ 宽度（W）]:（点取捕捉 A7）

指定下一点或 [圆弧（A）/ 闭合（C）/ 半宽（H）/ 长度（L）/ 放弃（U）/ 宽度（W）]:（点取捕捉 A8）

指定下一点或 [圆弧（A）/ 闭合（C）/ 半宽（H）/ 长度（L）/ 放弃（U）/ 宽度（W）]:（点取捕捉 A9）

指定下一点或 [圆弧（A）/ 闭合（C）/ 半宽（H）/ 长度（L）/ 放弃（U）/ 宽度

（W）]：（点取捕捉 A10）

指定下一点或 [圆弧（A）/ 闭合（C）/ 半宽（H）/ 长度（L）/ 放弃（U）/ 宽度（W）]：（点取捕捉 A11）

指定下一点或 [圆弧（A）/ 闭合（C）/ 半宽（H）/ 长度（L）/ 放弃（U）/ 宽度（W）]：c ↵

C，表示多段线闭合，并完成多段线

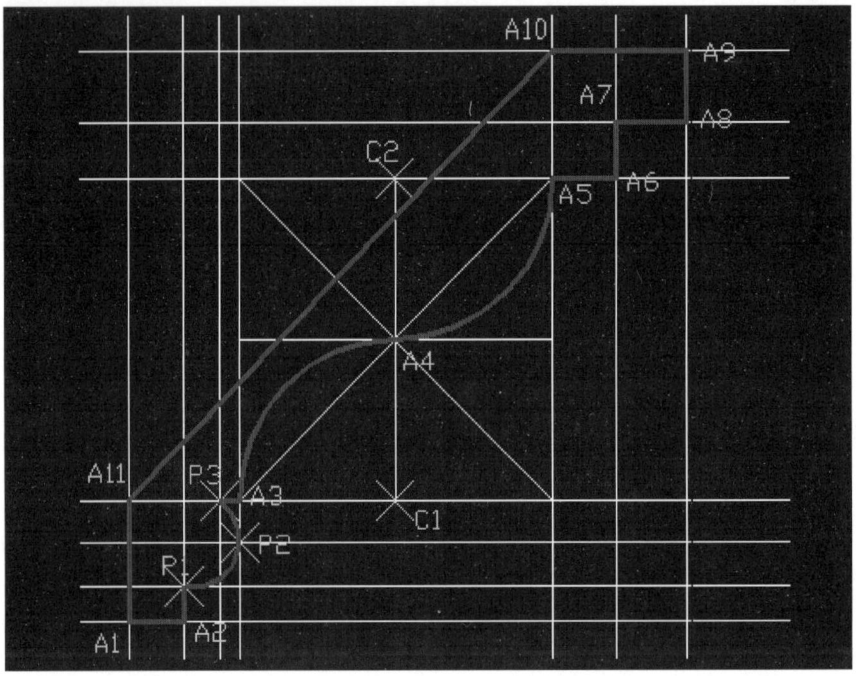

图 6-3　相关点位图

提 示

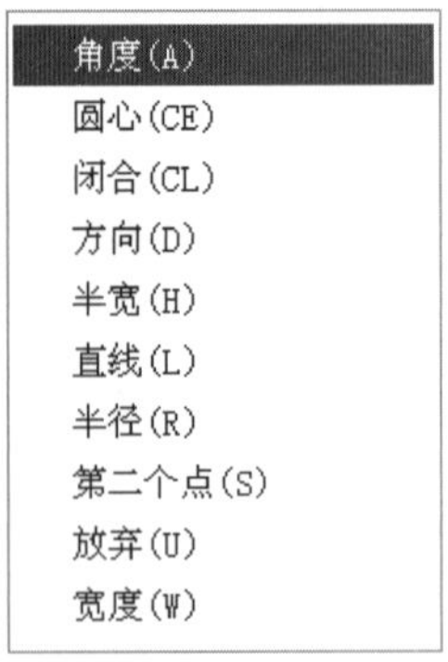

1. 在绘图命令执行过程中，需要关注屏幕下方命令行中的各项选项。根据对选项的选择，可以绘制更复杂的图形。

2. 单独绘制圆弧命令（ARC）、多段线命令（PLINE）中绘制圆弧都有多种方式，如弧三点，起点、终点、圆心等。灵活运用，能提高绘图效率。

3. 尝试用 LINE、ARC 命令分别绘制该剖面的各段线条，然后用多段线编辑命令来连接成一条完整的多段线，并修改其宽度。多段线编辑命令为 PEDIT。步骤如下：

先分别绘制各段直线和圆弧，再点菜单【修改】⇨【对象】⇨【多段线】。

命令：_pedit 选择多段线或 [多条（M）]：（点选其中任意一段直线或圆弧）

点选其中任意一段直线或圆弧

选定的对象不是多段线

是否将其转换为多段线？ <Y> ↵

回车，表示接受默认选项，即转换为多段线

输入选项 [闭合（C）/ 合并（J）/ 宽度（W）/ 编辑顶点（E）/ 拟合（F）/ 样条曲线（S）/ 非曲线化（D）/ 线型生成（L）/ 反转（R）/ 放弃（U）]：j↵

J，表示连接合并其他线条

选择对象：(选择其他需要连接的所有直线或圆弧)

选择多个物体

选择对象：↵

回车，表示选择完毕

多段线已增加 12 条线段

输入选项 [打开（O）/ 合并（J）/ 宽度（W）/ 编辑顶点（E）/ 拟合（F）/ 样条曲线（S）/ 非曲线化（D）/ 线型生成（L）/ 反转（R）/ 放弃（U）]：w↵

W，表示改变宽度

指定所有线段的新宽度：0.5↵

输入选项 [打开（O）/ 合并（J）/ 宽度（W）/ 编辑顶点（E）/ 拟合（F）/ 样条曲线（S）/ 非曲线化（D）/ 线型生成（L）/ 反转（R）/ 放弃（U）]：↵

回车，表示完成编辑

6.2 项目导入 2：绘制门立面

实例 6-2：精确绘制一个门的立面图

如图 6-4 所示。本项目训练要求掌握多段线的绘制、编辑，了解对 PLINE 多段线进行偏移复制时相对于分段 LINE 线条偏移复制的优点，并掌握围栏选择的技巧。

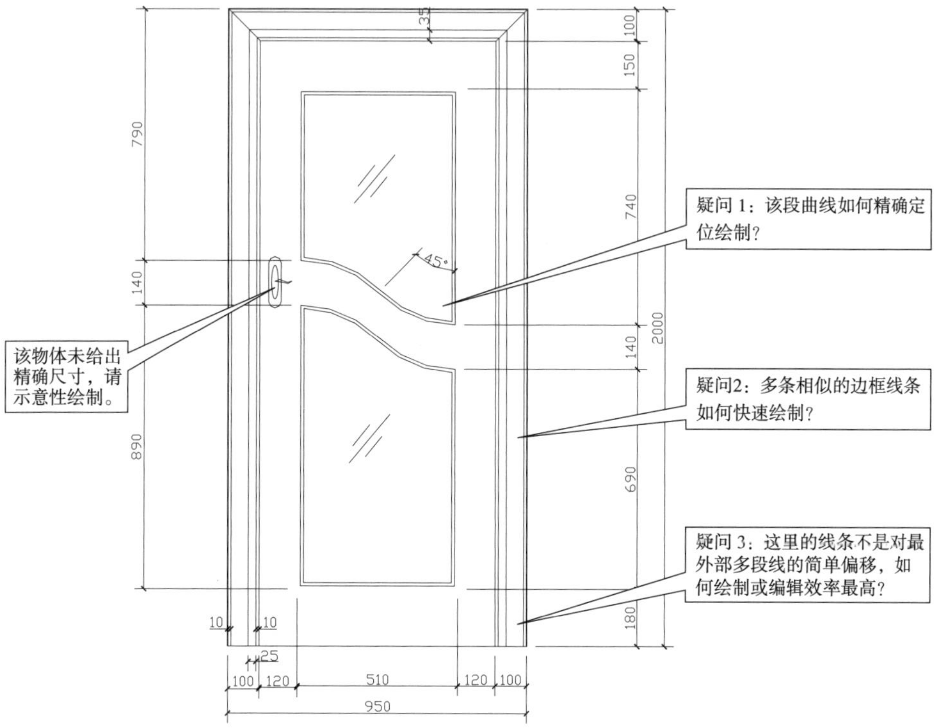

图 6-4

进行本图绘制没有唯一的先后次序，故而不再按步骤讲解。这里只提示各相关注意点或速度技巧。

疑问 1 解答： 首先绘制辅助线或通过该两点的直线定位 P1、P2，再绘制辅助直线经过 P1、P2，或者定位点 P3（直线中点）。然后根据下面两种方法绘制该多段线。

方法 1： 先绘制两段圆弧和其他直线，在用多段线编辑命令 PEDIT 将其转换为一根多段线。

点菜单：【绘图】⇨【圆弧】⇨【起点、端点、角度】。

_arc 指定圆弧的起点或 [圆心（C）]：（点取捕捉 P2）

指定圆弧的第二个点或 [圆心（C）/ 端点（E）]：_e ↵

E，执行端点选项

若刚才是点取的菜单，此选项自动输入，若圆弧命令 ARC 由键盘输入或点取工具栏输入，此选项需要用户人工键入或按鼠标右键输入

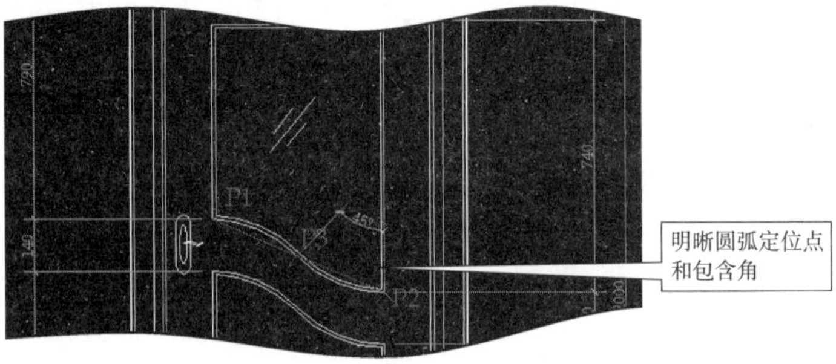

图 6-5

指定圆弧的端点：（点取捕捉 P3）

指定圆弧的圆心或 [角度（A）/ 方向（D）/ 半径（R）]：_a ↵

A，执行角度

指定包含角：-45 ↵

-45，输入角度

继续用此方法绘制另一相连的圆弧，并完成相连的直线段绘制。最后用 PEDIT 命令将该 5 根线条连接为一个整体。

方法 2： 直接绘制多段线。

命令：plPLINE

指定起点：（点取捕捉 P2）

当前线宽为 0.0000

指定下一个点或 [圆弧（A）/ 半宽（H）/ 长度（L）/ 放弃（U）/ 宽度（W）]：a ↵

A，表示开始绘制圆弧段

指定圆弧的端点或 [角度（A）/ 圆心（CE）/ 方向（D）/ 半宽（H）/ 直线（L）/ 半径（R）/ 第二个点（S）/ 放弃（U）/ 宽度（W）]：a ↵

A，表示指定圆弧包含角

指定包含角：-45 ↵

指定圆弧的端点或 [圆心（CE）/ 半径（R）]：（点取捕捉辅助线中点 P3）

指定圆弧的端点或 [角度（A）/ 圆心（CE）/ 闭合（CL）/ 方向（D）/ 半宽（H）/ 直线（L）/ 半径（R）/ 第二个点（S）/ 放弃（U）/ 宽度（W）]：（点取捕捉辅助线中点 P1）

捕捉 P1 点。连续绘制第二段相切的圆弧段

疑问 2 解答： 如图 6-6（a）先转换为多段线再进行偏移复制（OFFSET），如图 6-6（b）为针对非多段线（这里为 ARC、LINE）进行的偏移复制。显然，对多段线偏移复制可减少后期修剪延伸线条的工作量。

疑问 3 解答：图 6–7（a）为先转换为多段线再进行，图 6–7（b）为针对非多段线（这里为 ARC、LINE）进行的偏移复制。显然，对多段线偏移复制可减少后期修剪延伸线条的工作量。

最快方法：绘制如下形式门外框多段线［不包含门底部直线，图 6–7（b）］，然后多次用 OFFSET 命令偏移复制即可，［图 6–7（a）、图 6–7（b）］。

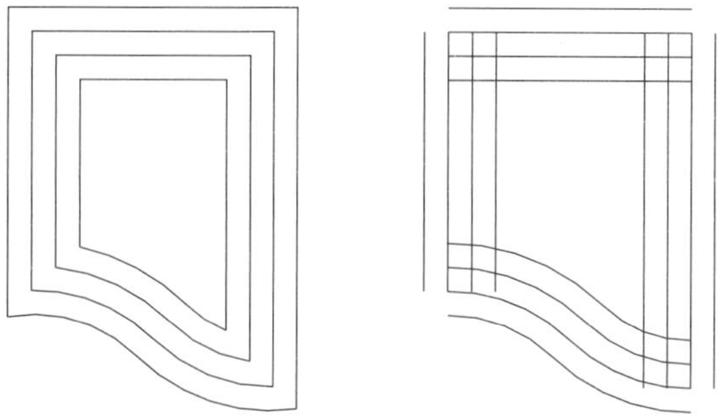
（a）（b）

图 6–6

（a）（b）

图 6–7

另一方法：练习围栏选择的运用。

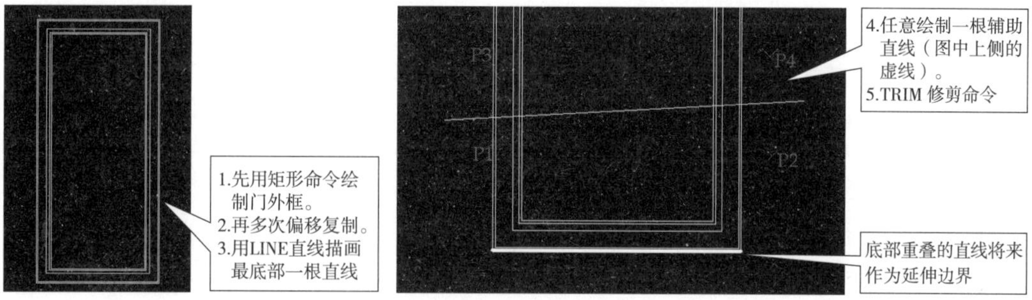

图 6–8

命令：trTRIM

当前设置：投影 =UCS，边 = 无

选择剪切边 ...

选择对象或 <全部选择>：（点取辅助线作为剪切边界）

选择对象：↵

回车，结束边界选择

选择要修剪的对象，或按住 Shift 键选择要延伸的对象，或

［栏选（F）/ 窗交（C）/ 投影（P）/ 边（E）/ 删除（R）/ 放弃（U）］：f ↵

F，围栏选项

指定第一个栏选点：（在 P1 位置点一下）

指定下一个栏选点或［放弃（U）］：（在 P2 位置点一下）

指定下一个栏选点或［放弃（U）］：↵

回车，结束围栏定义

选择要修剪的对象，或按住 Shift 键选择要延伸的对象，或

[栏选（F）/窗交（C）/投影（P）/边（E）/删除（R）/放弃（U）]：↵

回车，结束选择，并确认被剪裁的物体，剪裁完成

再使用 EXTEND 延伸命令延伸多根多段线到门的底部直线，关于围栏选择的方法同上。

思考题

1. 如何用多段线绘制不同宽度的线条，如图 1 所示。
2. 如何快速把图 2（a）的多段线修改为图 2（b）圆角的多段线？

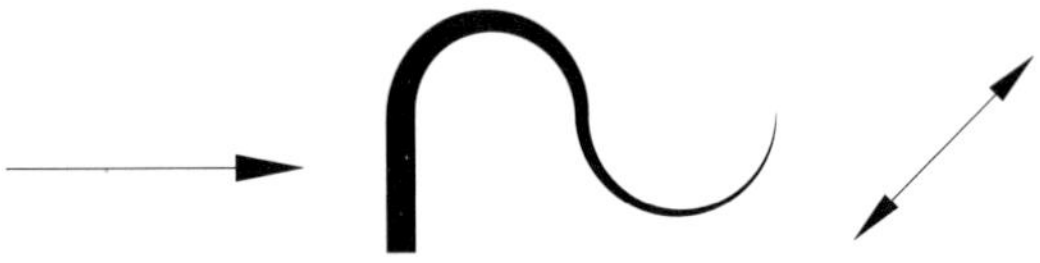

图 1

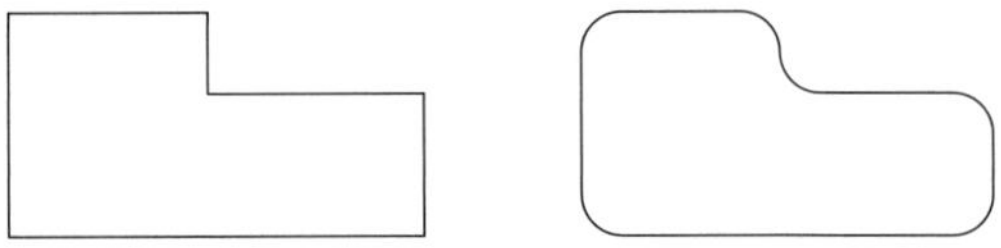

（a）　（b）

图 2

3. 如何把图 3（a）不符合绘图规范的多段线（交点处空白），修改为图 3（b）？

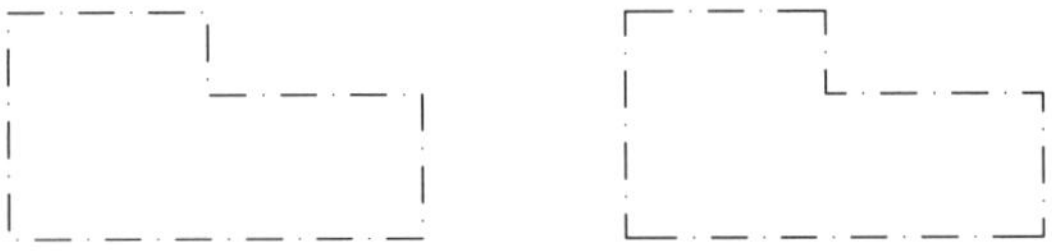

（a）　（b）

图 3

绘图题

绘制图 4 所示的古典建筑线脚剖面。

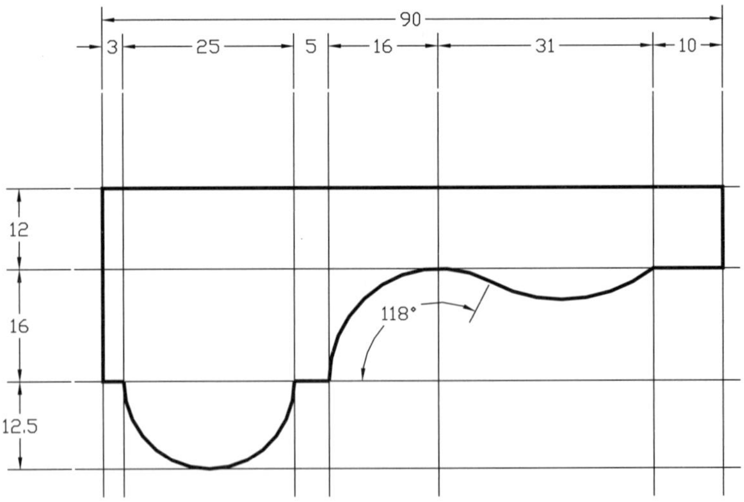

图 4

第 7 单元　文字、表格与尺寸标注

【教学目标】

1. 掌握文字的多种输入和编辑方法，在应用中了解其适应面和优缺点。
2. 掌握表格样式参数的设置，表格在图形中的编辑和应用，提高工作效率。
3. 掌握建筑标注样式的设置以及各种类型的标注方法，快速准确地进行建筑图形尺寸标注。

【项目内容】

1. 标准 A2 图框添加文字注释——掌握文字样式设置，单行文字输入。
2. 在 A2 图框中添加施工图说明书——掌握多行文字输入。
3. 制作图表——掌握表格样式设置，在绘图区创建表格。
4. 建筑平面图尺寸标注——掌握建筑标注样式设置，线性标注、连续标注、基线标注、快速标注。
5. 平行四边形尺寸标注——掌握对齐标注。
6. 圆的直径和半径标注——掌握直径和半径尺寸样式的设置及标注。
7. 扇形的角度和弧长标注——掌握角度和弧长尺寸样式的设置及标准。
8. 立面图标注材料——掌握引线样式设置，多重引线标注及编辑。

【教学重点】

1. 文字的输入和编辑方法。
2. 表格样式参数设置和运用。
3. 建筑标注样式的设置及各种类型的标注方法。

【教学难点】

1. 多行文字输入及修改。
2. 表格样式设置及运用。
3. 建筑标注样式设置及各种类型的标注方法。

7.1 文字的创建与编辑

文字注释是图形重要的组成部分，在进行各种设计时，通常不仅要绘制出图形，还要在图形中标注一些文字，如技术要求、注释说明等，对图形对象加以解释。在专业的建筑施工图中，对各种文字对象、尺寸对象以及字母符号等标注，都有一定的字体要求，因而用户首先要建立符合我国建筑标注规范的文字样式。

1. 创建文字样式

操作步骤

（1）命令执行方式有三种，如图 7–1 所示。

命令行：STYLE ↵

菜单：【格式】⇨【文字样式】

工具栏：单击【注释】按钮 ⇨ 单击按钮

（2）AUTOCAD 打开【文字样式】对话框。在【字体】选项组下拉列表栏中选择【ISCOP.SHX】，勾选【使用大字体】，在【大字体】下拉列表栏中选择【GBCBIG.SHX】，单击【应用】按钮结束。文字样式就已经设置好了，如图 7–2 所示。

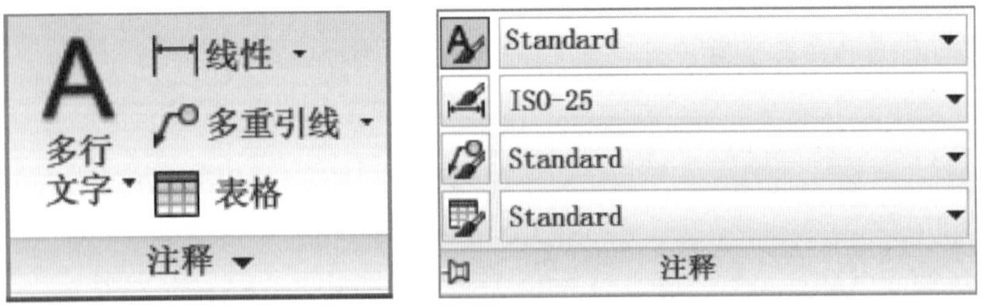

图 7–1

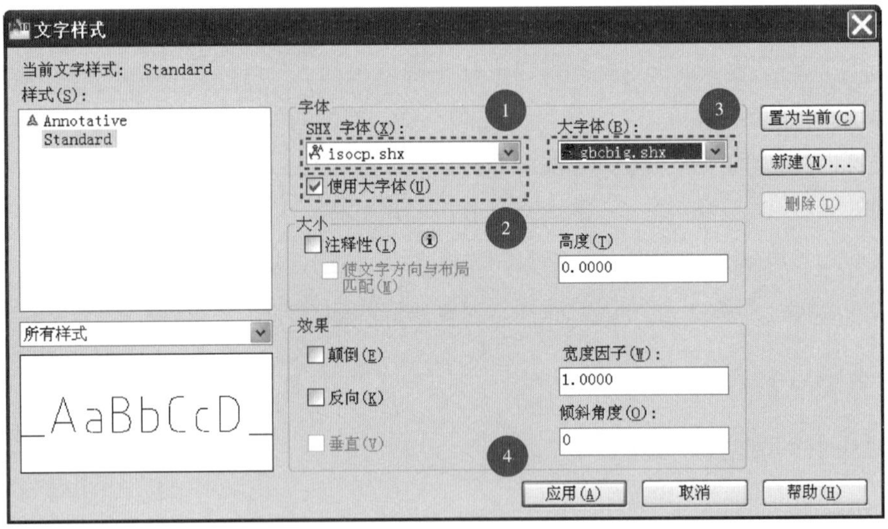

图 7–2

注 意

1.【GBCBIG.SHX】字体是建筑制图中最通用的一种字体，类似长仿宋字，很美观。

2. 一般不在【文字样式】对话框设置字的高度，避免在【TEXT】、【标注样式】等命令中无法修改文字高度。

3. 一套图纸中的文字可以有大小之分，但通常选用一种字体。如有特殊需要，可以新建文字样式。

2. 单行文字输入

AUTOCAD 提供了多种写文字的方法，当需要标注的文字不太长时，可以用【TEXT】或【DTEXT】命令创建单行文本。当需要标注很长、很复杂的文字信息时，用户可以用【MTEXT】命令创建多行文字。下面以实例来讲解文字的注释。

实例 7-1：标准 A2 图框添加文字注释

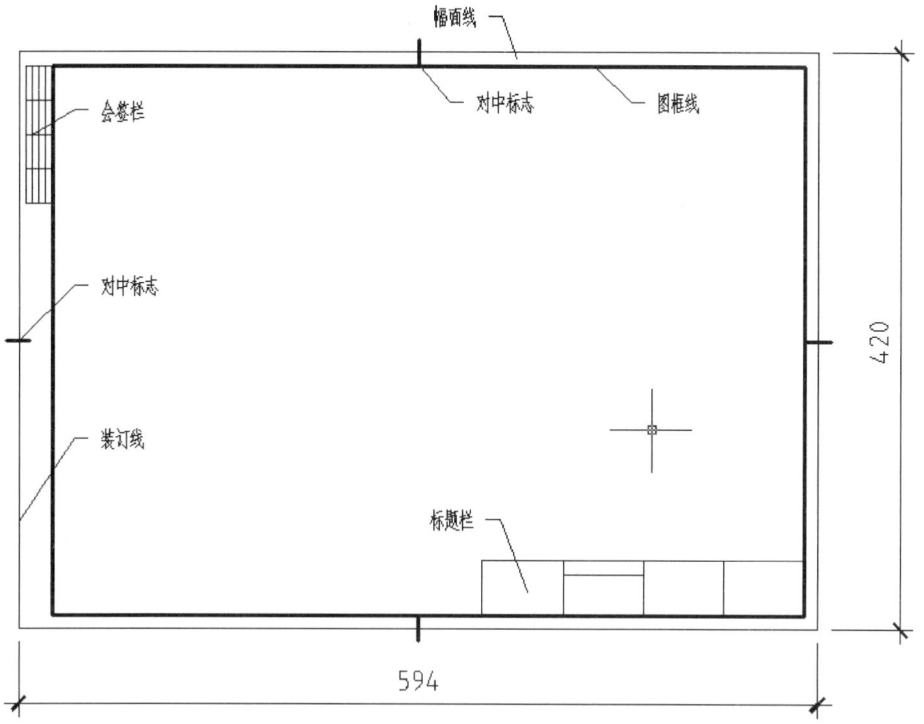

图 7-3

如图 7-3 所示，这是根据《房屋建筑制图统一标准》（GB/T 50001—2001）中的相关规定绘制的 A2 图幅，长 594mm，宽 420mm。需要添加一些文字来说明图幅上的图线表示什么。

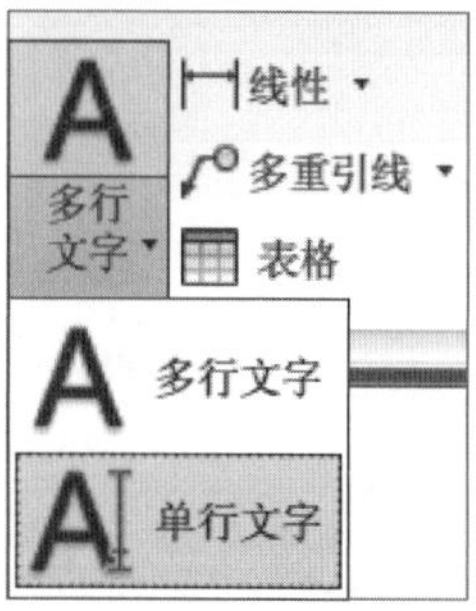

图 7-4

操作步骤

（1）命令执行方式有三种：

命令行：DTEXT ↵

菜单：【绘图】⇨【文字】⇨【单行文字】

工具栏：单击【多行文字】按钮 ⇨ 单击【单行文字】按钮

AUTOCAD 命令栏提示如下：

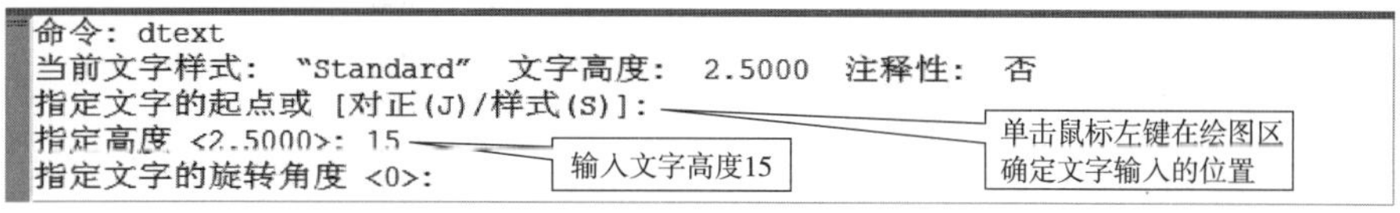

图 7-5

（2）打开文字输入法，输入所需文字。

（3）如对文字修改不满意，双击要修改的文字即可进行修改。

注意：输入完一组文字后回车，还可继续输入文字。这样由【DTEXT】命令也可形成多行文本，只是这种多行文本每一行是一个对象，因此不能对多行文字同时进行操作，但可单独编辑每一单行的文字。所以在文字少，需要单个采用一些编辑命令时，一般采用【TEXT】或【DTEXT】命令。

（4）命令栏提示中出现的【对正（J）】，用来确定文本的对齐方式，决定文本的哪一部分与文字输入位置对齐。输入“J”，AUTOCAD 命令栏提示如图 7-6 所示。

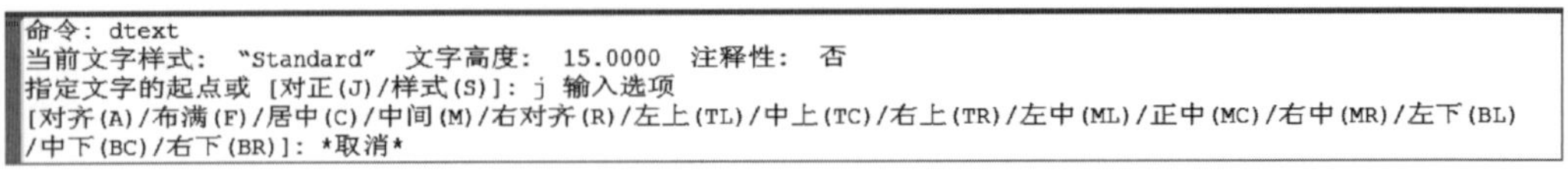

图 7-6

值得一提的是【对齐（A）】这个子选项。选择此选项，用户在绘图区指定文本行基线的起始点和终止点的位置后输入文字。输入的文字会均匀地分布在指定的两点之间，如果两点间的连线不水平，则文本行倾斜放置，倾斜角度由两点间的连线与 X 轴夹角确定。指定了两点之后，每行输入的字符越多，字宽和字高越小。

3. 多行文字输入

多行文字由任意数目的文字行和段落组成，无论书写多少行，AUTOCAD 默认为一个对象，多行文字更灵活、方便，它具有一般文字编辑软件的所有功能。下面通过实例来介绍。

实例 7-2：在 A2 图框中添加施工图说明书

操作步骤

（1）命令执行方式有三种：

命令行：MTEXT

菜单：【绘图】⇨【文字】⇨【多行文字】

工具栏：单击 A 按钮

（2）AUTOCAD 命令栏提示如下：

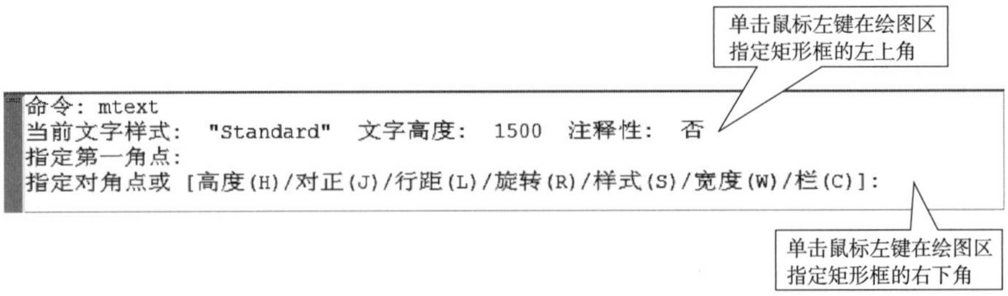

图 7-7

（3）在矩形框中可直接输入文字，或者采用【CTRL+V】（粘贴）的方式将 WORD 文档粘贴到矩形框中。如图 7-8 所示。

（4）AUTOCAD 同时打开【文字编辑器】，可调用此编辑器对输入文字进行编辑如图 7-9 所示。

这里介绍了【文字编辑器】中的几个主要工具，稍加练习就可以掌握，不再赘述。

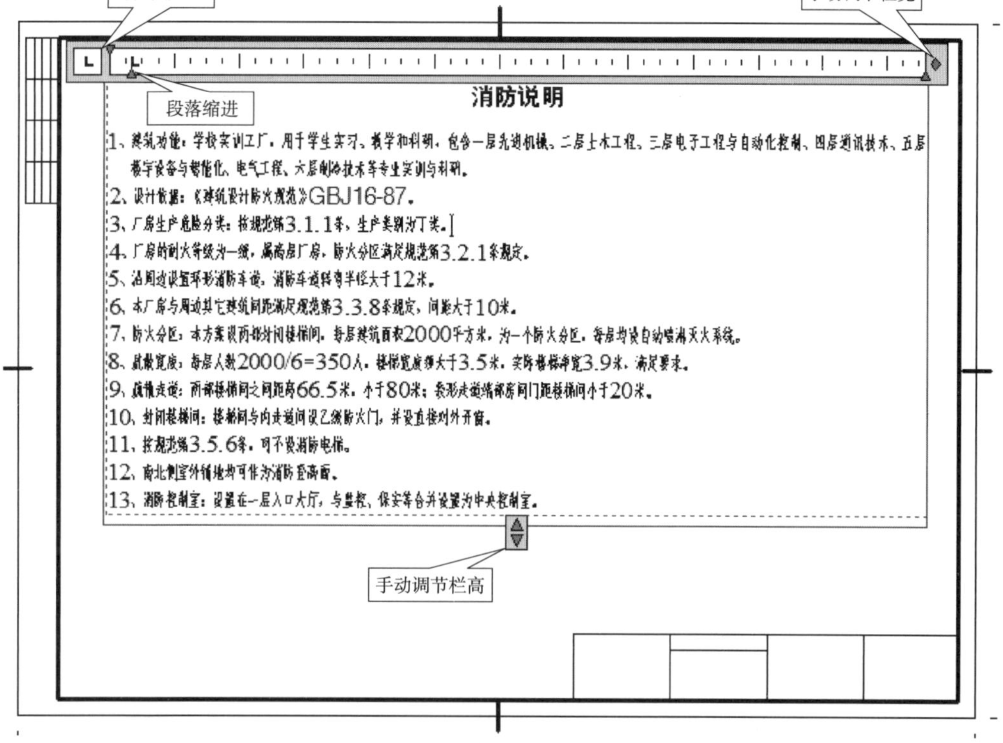

图 7-8

图 7-9

（5）完成文字编辑后，点击【关闭文字编辑器】按钮结束。

（6）如对文字修改不满意，双击要修改的文字即可返回【文字编辑器】进行修改。

4. 特殊符号

如何书写特殊符号，如直径（ϕ）、度（°）、加减（±）等？

操作步骤

在执行绘制单行文字或多行文字时，以如下符号代替以上特殊符号：

%%o	控制是否加上划线
%%u	控制是否加下划线
%%d	绘制度符号（°）
%%p	绘制正 / 负标高符号（±）
%%c	绘制圆直径标注符号（ϕ）
%%%	绘制百分号（%），这只对单行文字有效

7.2 表格

使用AUTOCAD提供的“表格”功能，创建表格就变得非常容易，用户可以直接插入设置好样式的表格，而不用绘制图线。表格的外观由表格样式控制。就像处理文字一样，可以首先在【表格样式】对话框中定义表格样式。

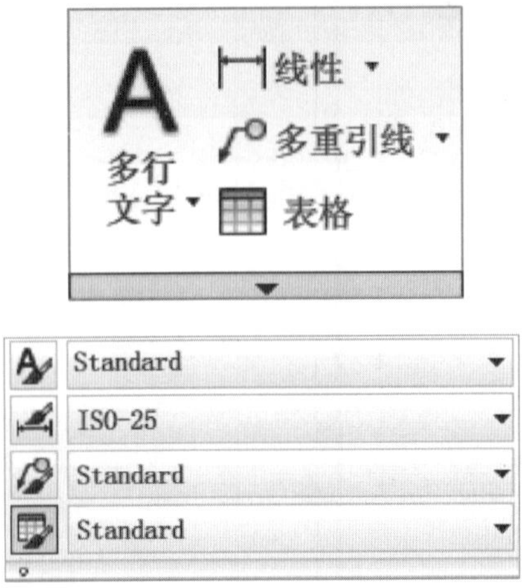

图 7-10

1. 定义表格样式

操作步骤

（1）命令执行方式有三种如图7-10所示。

命令行：TABLESTYLE

菜单：【格式】⇨【表格样式】

工具栏：单击【注释】按钮 ⇨ 单击按钮

（2）AUTOCAD打开【表格样式】对话框，如图7-11所示。点击【新建】按钮。在【创建新的表格样式】对话框中输入新的样式名，单击【继续】按钮。

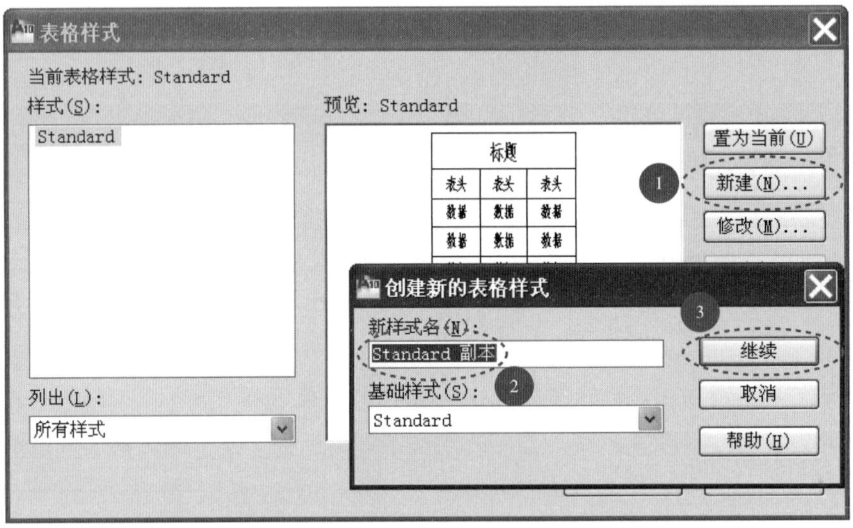

图 7-11

（3）系统打开【新建表格样式】对话框，可以定义新的表格样式。在【常规】选项菜单中对齐方式选择【正中】；在【文字】选项菜单中选择合适的【文字样式】,【文字高度】输入“300”。单击【确定】按钮，退出【表格样式】对话框。

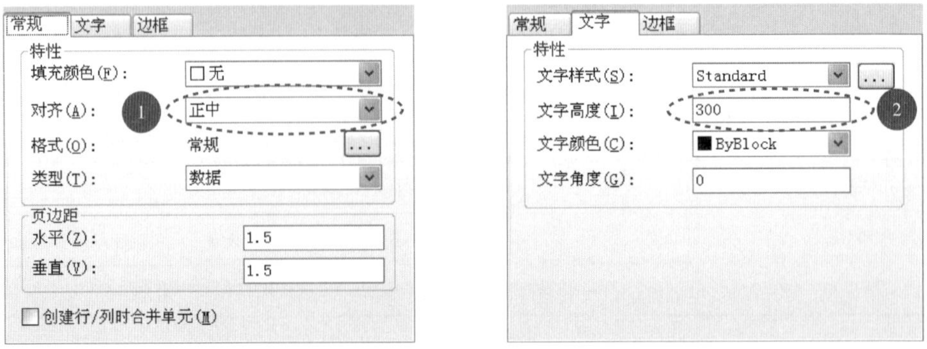

图 7-12

2. 创建表格

在设置好表格样式后，可以在绘图区创建表格，下面以实例来说明。

实例 7–3：制作如图 7–13 所示表格

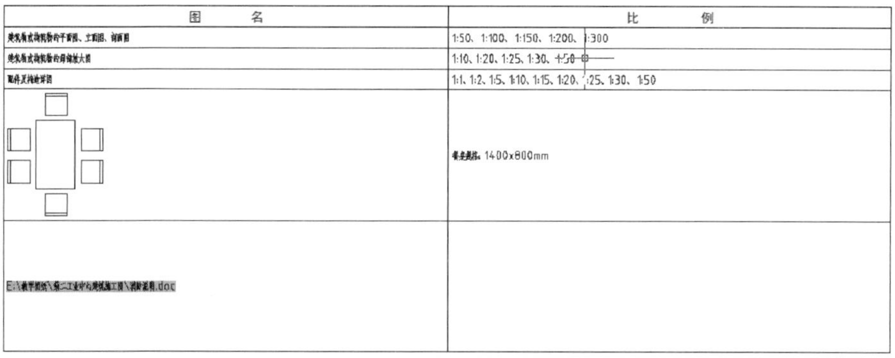

图 7–13

操作步骤

（1）命令执行方式有三种：

命令行：TABLE ↵

菜单：【绘图】⇨【表格】

工具栏：单击 表格 按钮

（2）AUTOCAD 打开【插入表格】对话框。在【列和行设置】选项组的【列数】文本框输入“2”，【列宽】文本框输入“6000”；在【数据行数】文本框输入“4”，【行高】文本框输入“1”；在【设置单元样式】选项组的下拉列表中选择【数据】，单击【确定】按钮，在绘图区合适位置单击鼠标左键，可看到表格已经插入。

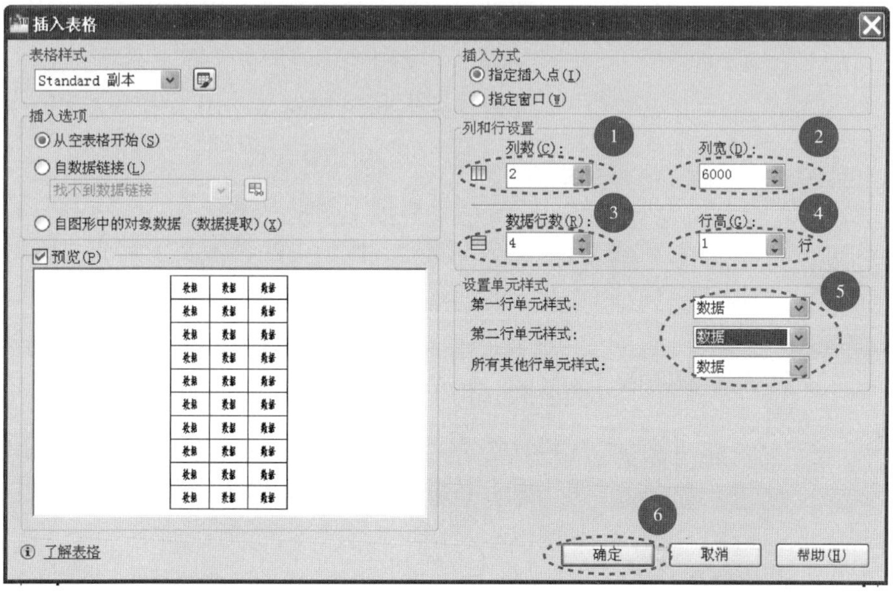

图 7–14

注意：【行高】是根据行数指定的，文字行高基于文字的高度和单元边距，这两项均在表格样式中设置。勾选【指定窗口】复选框并指定行数，则行高由矩形窗口的高度决定，如图 7–14 所示。

（3）点击表格边框，图框线变为虚线，并显示几个动作按钮。可通过点击并拖拽的方式来调节表格的大小，如图 7-15 所示。

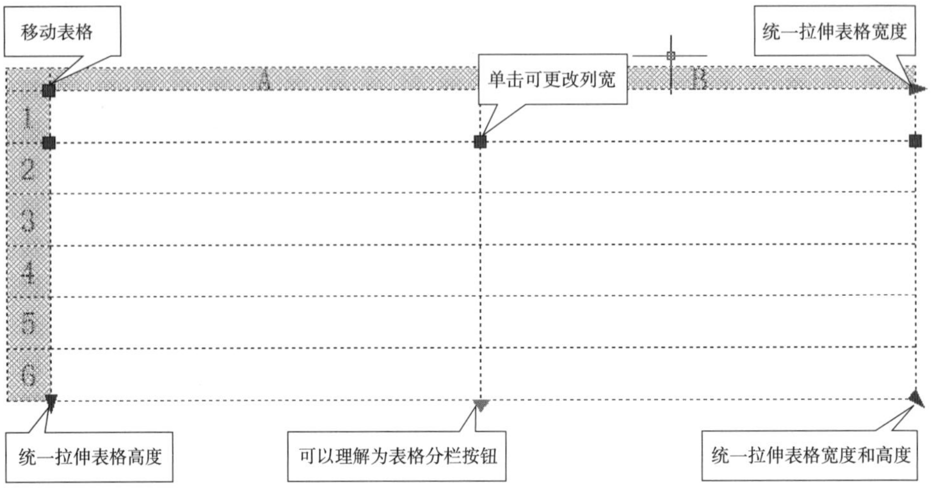

图 7-15

（4）点击任意一个表格框，该框被黄线包围。AUTOCAD 同时打开【表格单元】选项菜单，如图 7-16 所示，可以对表格进行修改。

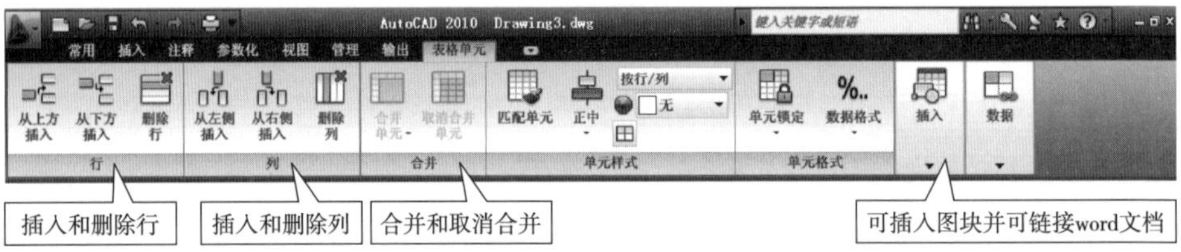

图 7-16

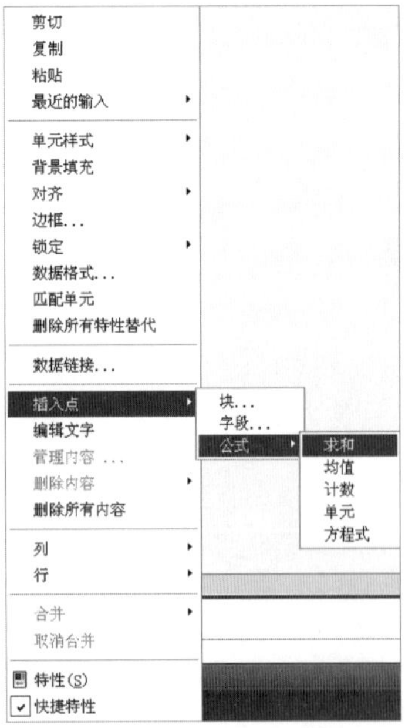

图 7-17

这是一些常用的工具条，用法跟 EXCEL 软件的用法很类似，大家稍加练习即可掌握，不再赘述。

注意：插入超链接的 WORD 文档很有用，可以通过 CTRL+ 打开 WORD 文档。

（5）在黄色框中可直接输入文字，AUTOCAD 同时打开文字编辑器，编辑方法参考文字章节的相关内容，在此不再重复。

（6）在 AUTOCAD2010 中，可以在表中插入简单的公式，用于计算总计、计数和平均值，以及定义简单的算术表达式。要在选定的单元格中插入公式，可单击鼠标右键，然后选择【插入点】⇨【公式】命令，如图 7-17 所示。

（7）选择一个公式项后，AUTOCAD 命令栏提示如图 7-18 所示。

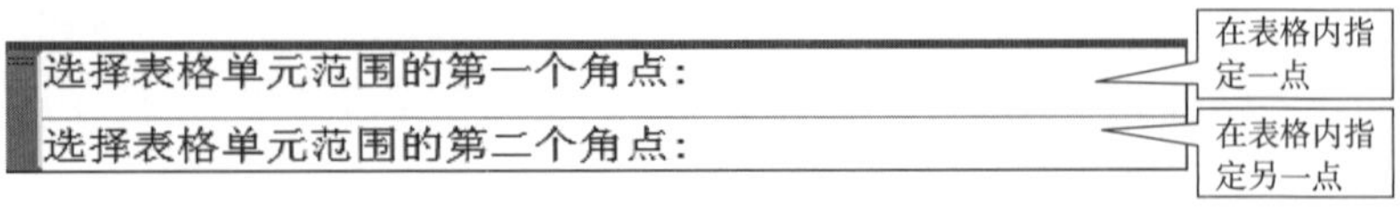

图 7-18

7.3 尺寸标注

7.3.1 尺寸标注的组成和规则

标注是向图形添加测量注释的过程。通常情况下，一个完整的尺寸标注由文字、尺寸线、尺寸界线、尺寸箭头组成，圆与圆弧的尺寸标注还有圆心标记，如图 7–19 所示。

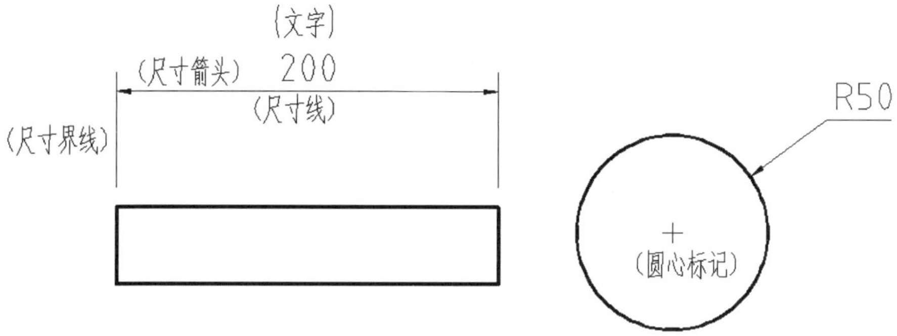

图 7–19

7.3.2 创建建筑标注样式

对于建筑施工图来说，由于图形较大，用户不能使用 AUTOCAD 提供的默认标注形式，而是根据国家对建筑绘图的标准规范来设置相适应的尺寸标注样式。这些都在【标注样式管理器】这个对话框中得以实现。

图 7–20

操作步骤

（1）命令执行方式有三种：

命令行：DIMSTYLE ↵

菜单：【标注】⇨【标注样式】

工具栏：单击【注释】按钮 ⇨ 单击按钮

（2）AUTOCAD 打开【标注样式管理器】对话框，单击【新建】按钮，弹出【创建新标注样式】对话框，在【新样式名（N）】下文本框输入“DIM50”，表示出图比例为 1 ∶ 50，单击【继续】按钮，如图 7–21 所示。

（3）AUTOCAD 弹出【新建标注样式】对话框，从左到右依次是【线】、【符号和箭头】、【文字】、【调整】、【主单位】、【换算单位】、【公差】7 个选项菜单，如图 7–22 所示。

（4）点击【符号和箭头】选项菜单，在【箭头】选项组的【第一个（T）】下拉列表框中选择【建筑标记】，【第二个（D）】列表框中自动更改为【建筑标记】。第二个箭头的形式可与第一个箭头不同，但比较少见。在【箭头大小】文本框输入“2”，如图 7–23 所示。

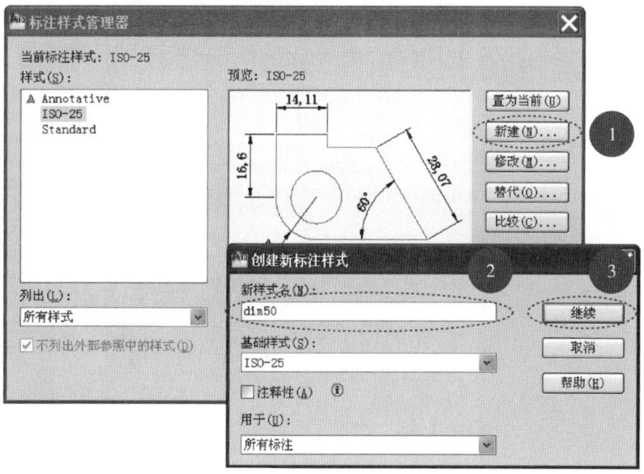

图 7–21

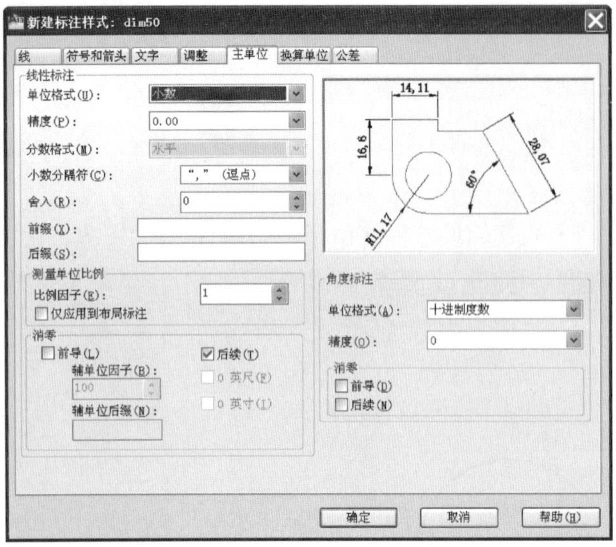

图 7-22

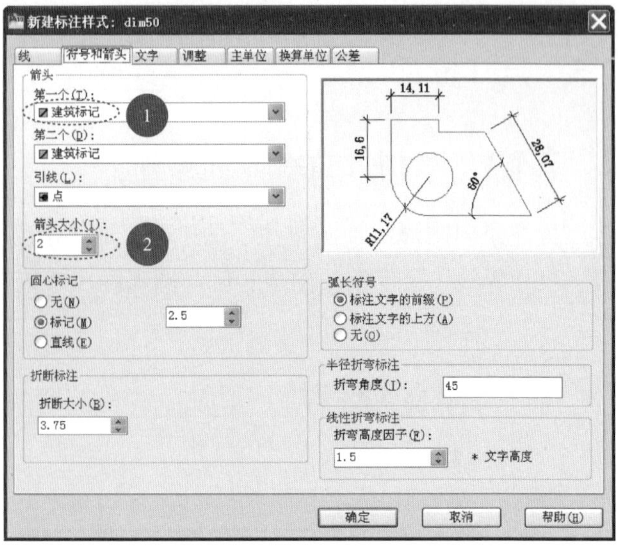

图 7-23

（5）点击【线】选项菜单，在【尺寸线】选项组的【超出标记（N）】文本框输入“1.5”，【基线间距（A）】文本框输入“8”。在【延伸线】选项组的【超出尺寸线（X）】文本框输入“2”，【起点偏移量（F）】文本框输入“2”，如图 7–24 所示。

注释：

- 【超出标记（N）】：是指尺寸线的延伸量，系统默认值为“0”。当选择【建筑标记】这种斜线来作为尺寸线的终止标记时，就会激活【超出标记（N）】。
- 【基线间距（A）】：该设置用于基线标注，通过设定大小可以改变基线间的距离。这里设置为“8”，如果【调整】选项菜单的【使用全局比例（S）】为 100，那么两条基线间的距离就是 800。以此类推。
- 【超出尺寸线】：即尺寸界线超出尺寸线的长度，系统默认值为“1.25”。
- 【起点偏移量】：即尺寸界线离开标注点的距离，在建筑制图中通常设置为“2”。

（6）点击【文字】选项菜单，在【文字外观】选项组，点击【文字样式】后面的 [...] 按扭，弹出【文字样式】对话框。在【字体】选项组的【SHX 字体（X）】下拉列表框中选择【ISOCP.SHX】，勾选【使用大字体】复选框，在【大字体（B）】下拉列表框中选择【GBCBIG.SHX】，单击【应用】按钮，如图 7–25 所示。

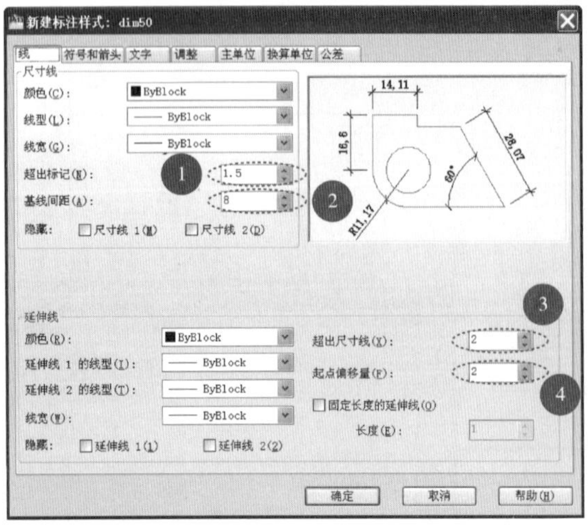

图 7-24

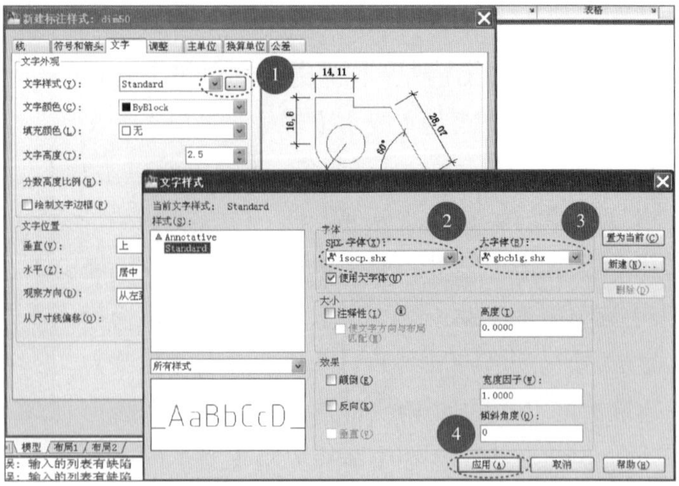

图 7-25

注意：在绘制建筑施工图前应提前设置好文字样式，一般不在这里来设置文字样式。

（7）单击【关闭】按钮，回到【新建标准样式：DIM50】，在【文字高度】文本框输入“3”，在【文字位置】选项组的【垂直】下拉列表框中选择【上方】，在【水平】下拉列表框中选择【居中】，在【从尺寸线偏移】文本框输入“1”。在【文字对齐】中勾选【与尺寸线对齐】复选框，如图 7–26 所示。

注释：

- 【文字高度】：即设置标注文字的高度，为保证能在这里设置【文字高度】，应确保【文字样式】对话框中的文字高度为“0”。
- 【文字位置】：即设置文字相对于尺寸线在垂直和水平方向的对齐方式。
- 【从尺寸线偏移】：即设置当前文字与尺寸线间的距离。

（8）点击【调整】选项菜单，在【调整选项（F）】选项组中勾选【文字或箭头（最佳效果）】复选框，在【文字位置】选项组中勾选【尺寸线上方，带引线】复选框，在【标注特征比例】中勾选【使用全局比例】，并在文本框中输入“50”，如图 7–27 所示。

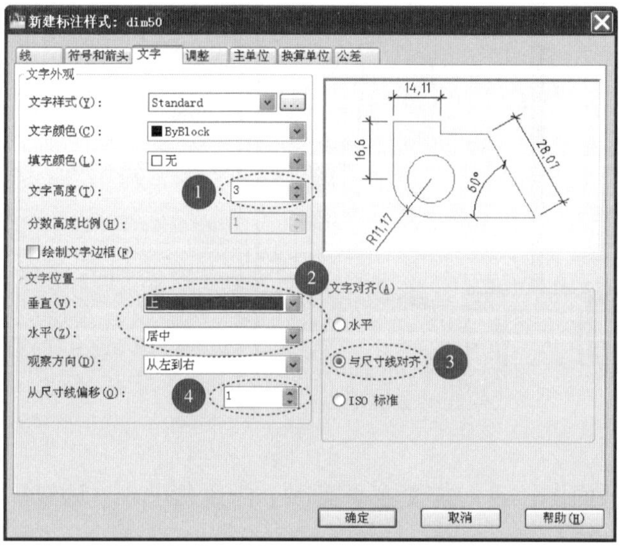

图 2–26

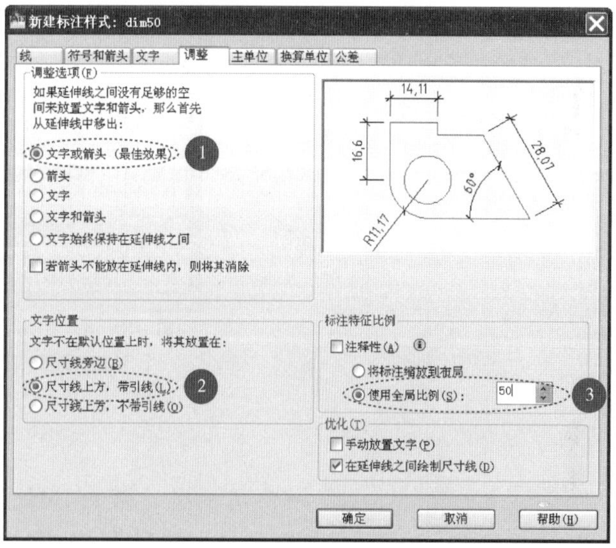

图 7–27

注释：

- 【使用全局比例】：当标注的整体比例与图形比例相差较大时，使用该设置可以同时控制标注中的文字大小、箭头、间距以相同的比例因子缩放，而不必在【文字】、【符号和箭头】和【线】选项菜单中分别设置，可以简化操作步骤。只修改特征比例，不改变测量数值。

（9）点击【主单位】选项菜单，在【线性标注】选项组中的【精度】下拉列表框中选择【0】，如图 7–28 所示。

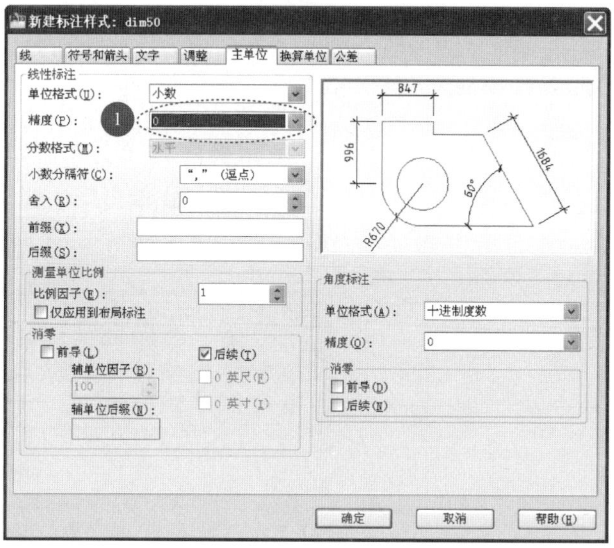

图 7–28

通过以上 9 个步骤的操作，我们基本上设置好了建筑施工图所需的标注形式。下一步的任务就是在平面图上开始尺寸标注。

7.3.3 尺寸标注

AUTOCAD2010 提供了多种方便快捷的尺寸标注方法，可通过执行命令实现，也可调用菜单或工具栏实现。下面通过实例来讲解建筑施工图标注尺寸中最常见的几种标注方法。

实例 7-4：建筑平面图尺寸标注

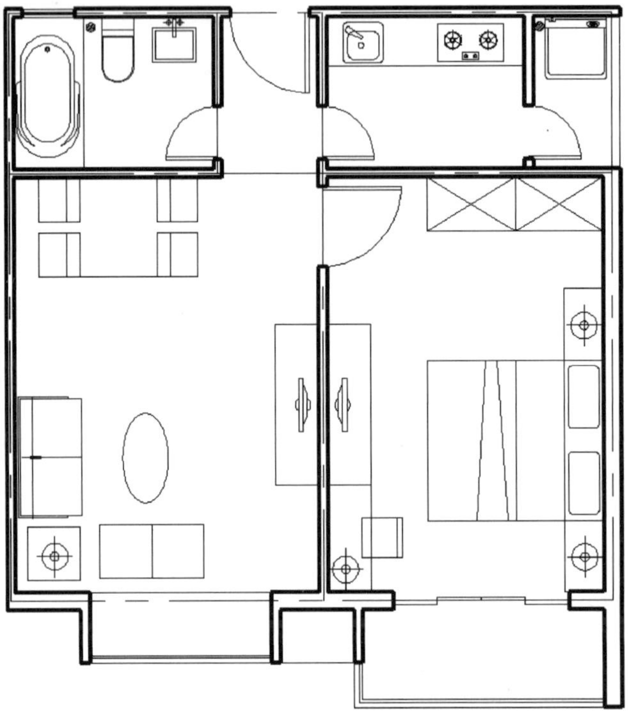

图 7-29

图 7-29 是一户一室一厅的户型平面图，我们需要在平面图上标注总尺寸、轴线尺寸及细部尺寸，清晰明了地表达建筑构件的设计尺寸。

1. 线性标注

操作步骤

（1）命令执行方式有三种：

命令行：DIMLINEAR

菜单：【标注】⇨【线性】

工具栏：单击【注释】工具栏上的 线性 按钮

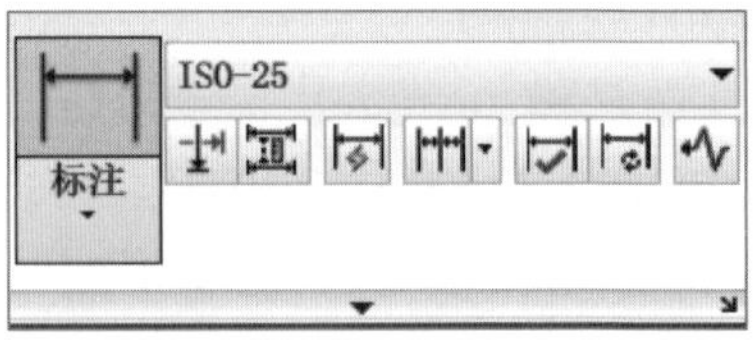

图 7-30

（2）命令行提示如图 7-31 所示。

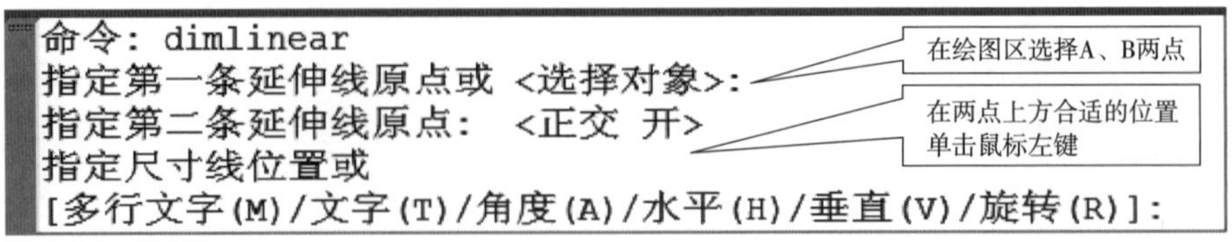

图 7-31

这样 AB 线段长度已经自动测量出来，如图 7-32 所示。

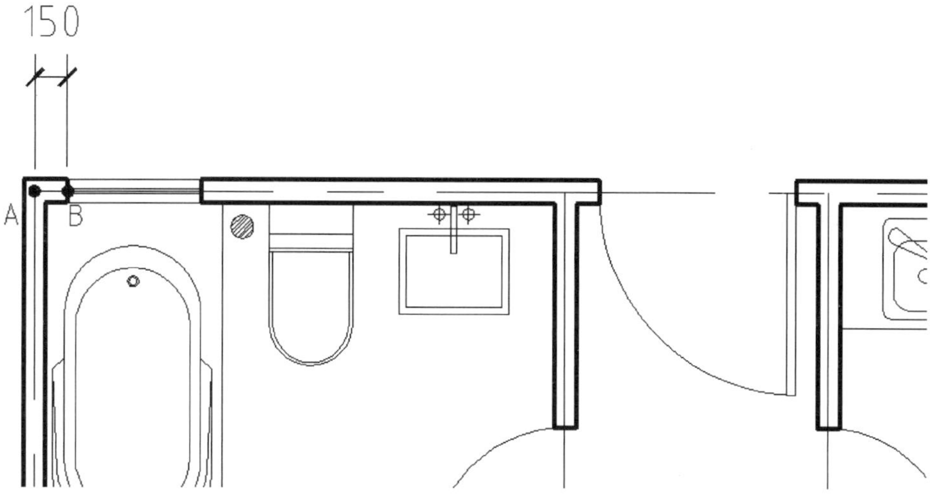

图 7-32

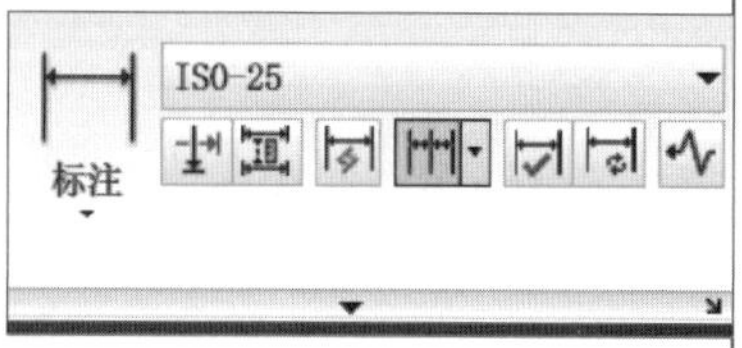

图 7-33

2. 连续标注

操作步骤

（1）命令执行方式有三种：

命令行：DIMCONTINUE

菜单：【标注】⇨【连续】

工具栏：单击【标注】工具栏上的按钮

（2）命令行提示如图 7-34 所示。

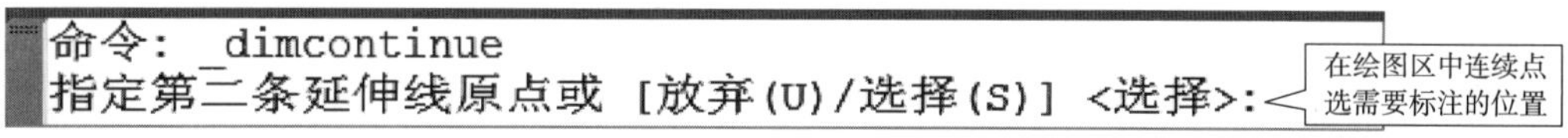

图 7-34

AUTOCAD 默认 B 点为标注的起始点，完成标注后按 ESC 键退出。结果如图 7-35 所示。图中标注的是建筑施工图的细部尺寸，可以清晰地指导工人砌墙的长度和门窗洞口的预留尺寸。

注意： 在使用【DIMCONTINUE】这个命令时，首先要标注一个相关的尺寸。比如本例当中的 AB 线段长度。

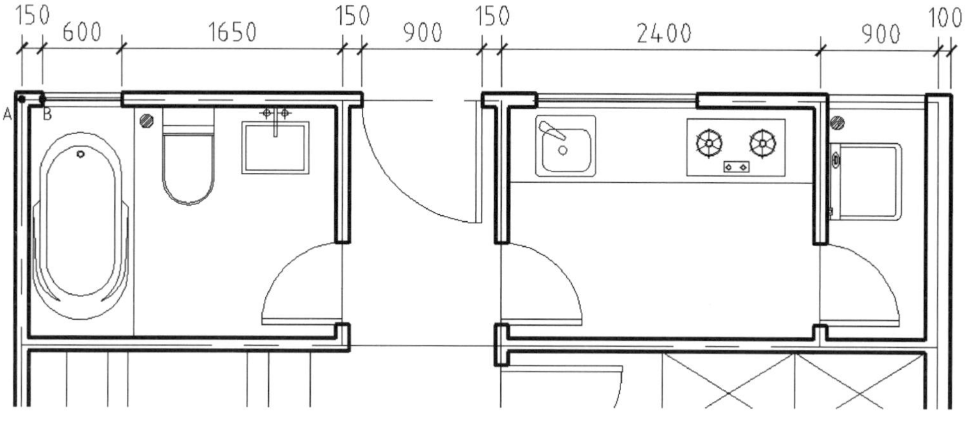

图 7-35

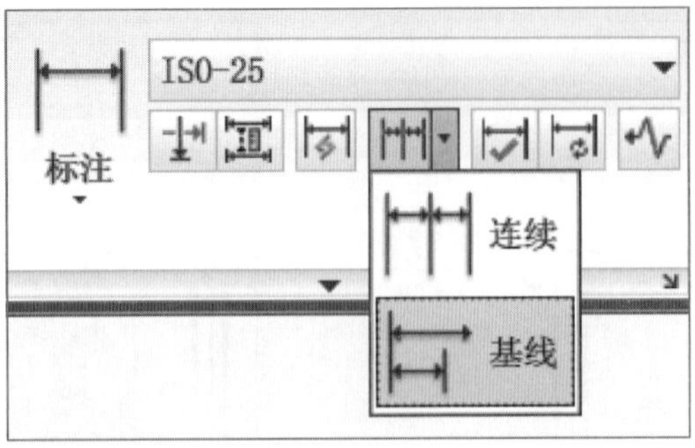

图 7-36

3. 基线标注

操作步骤

（1）命令执行方式有三种：

命令行：DIMBASELINE

菜单：【标注】⇨【基线】

工具栏：单击【标注】工具栏上的按钮，如图 7-36 所示。

（2）AUTOCAD 默认最后一个尺寸标注的第一条尺寸界线为起始标注点，命令行提示如图 7-37 所示。

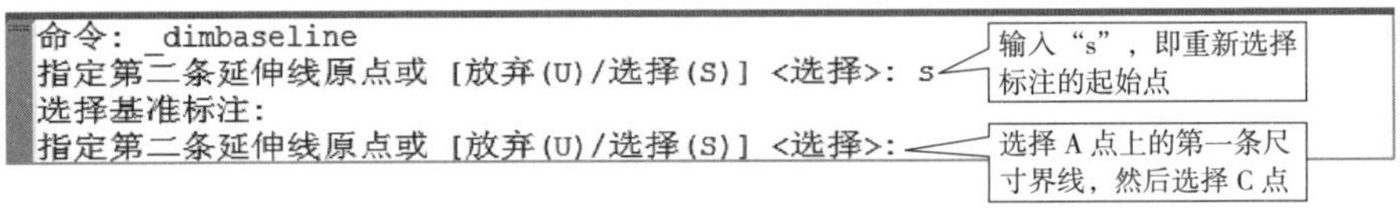

图 7-37

完成标注后按 ESC 键退出，结束基线标注命令。

（3）继续使用【连续标注】，依次标注出轴线间的尺寸，如图 7-38 所示。

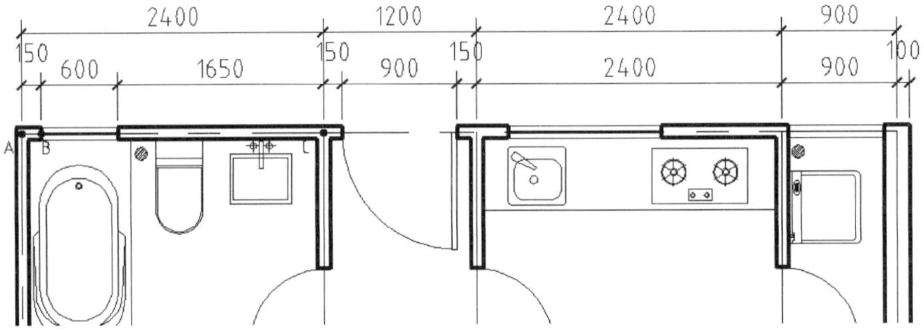

图 7-38

（4）重复步骤（5），标注出总尺寸，如图 7-39 所示。

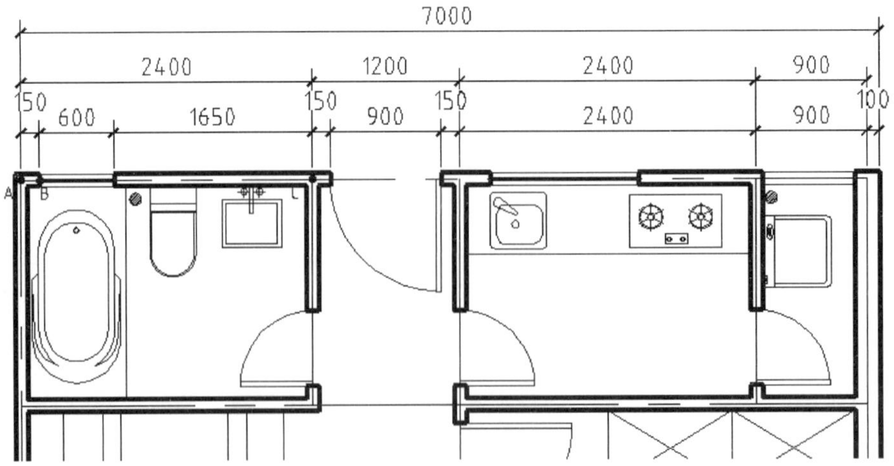

图 7-39

AUTOCAD2010 提供了很多尺寸标注方法，在这里还可以用【QDIM】（快速标注）命令来试一试。仍以上图为例。

4. 快速标注

操作步骤

（1）命令执行方式有三种：

命令行：QDIM ↵

菜单：【标注】⇨【快速标注】

工具栏：单击【注释】工具栏上的按钮，如图 7-40 所示。

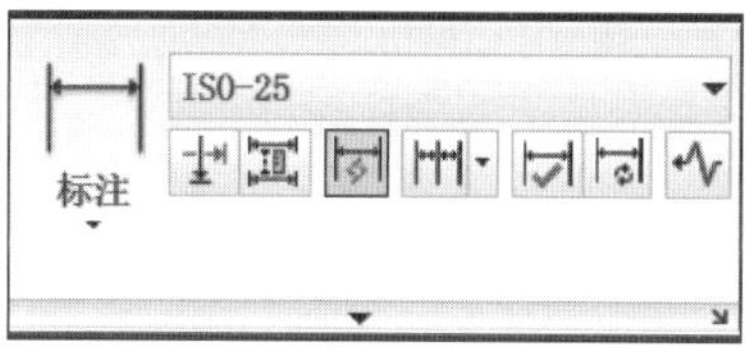

图 7-40

（2）命令行提示如图 7-41 所示。

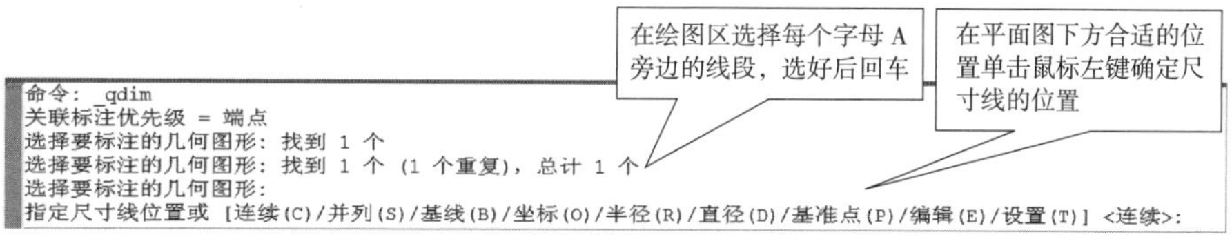

图 7-41

这样就标注出第一道细部尺寸了。如图 7-42 所示。

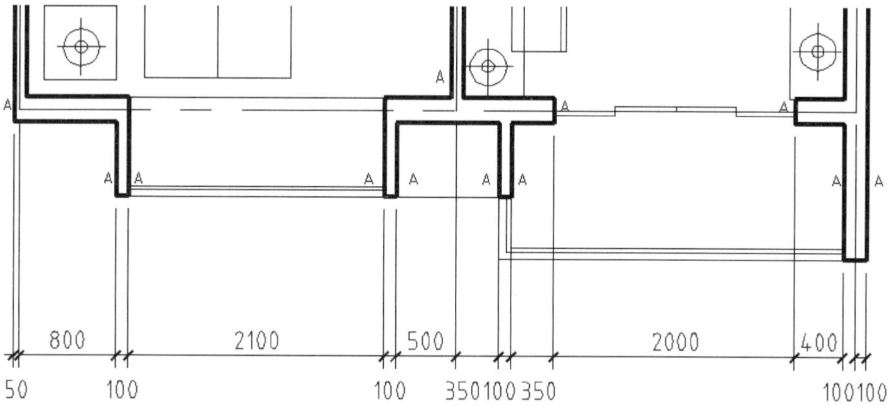

图 7-42

（3）重复步骤（2），标注出第二道轴线尺寸以及第三道总尺寸。如图 7-43 所示。

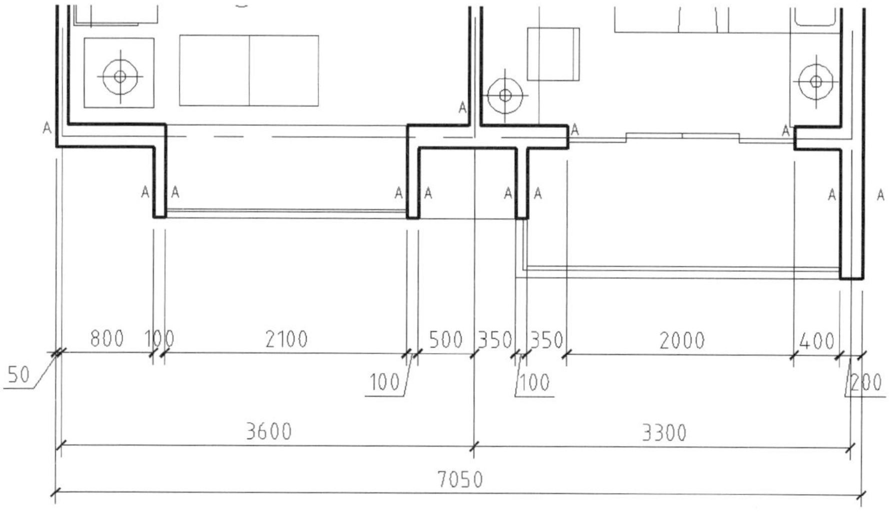

图 7-43

大家仔细看就会发现，如按照图 7-42 来标注，有些尺寸会覆盖在一起，看不清楚。方法很简单，就是通过捕捉夹点，将看不清楚的数值挪开，AUTOCAD 就会自动生成带引线的标注。完成尺寸标注后的图纸如图 7-44 所示。

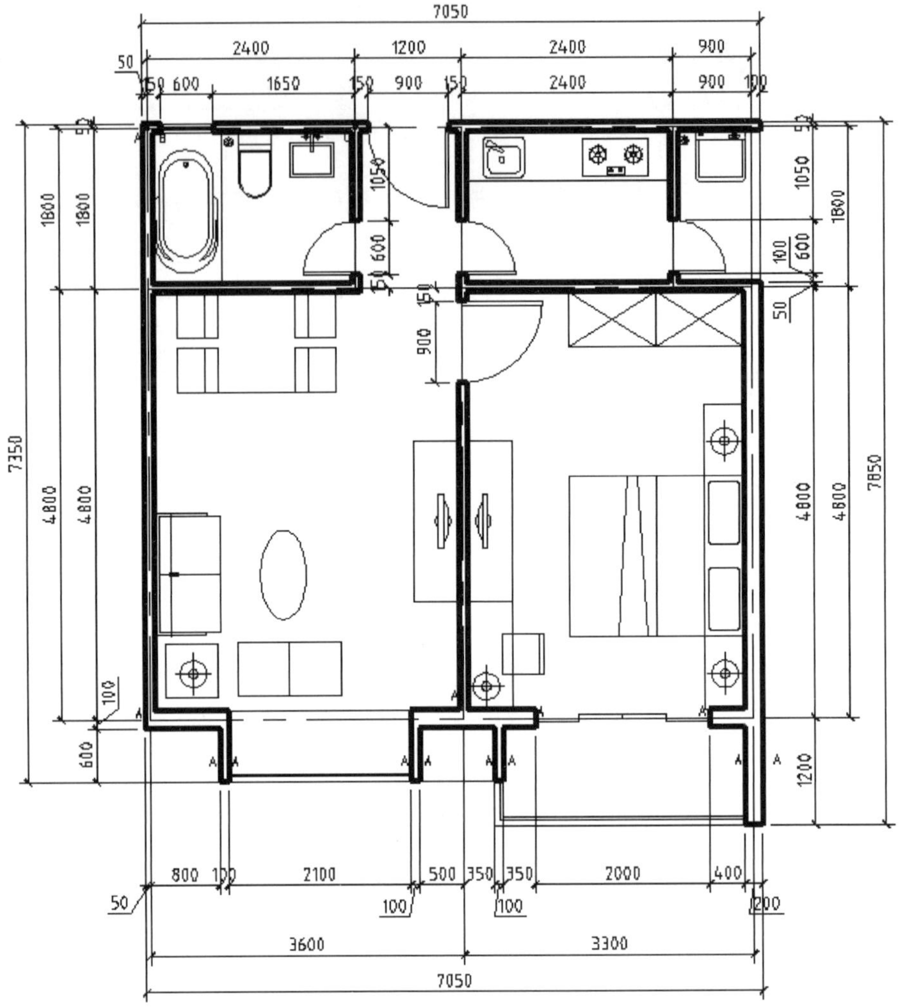

图 7-44

5. 对齐标注

实例 7-5：标注平行四边形的斜线尺寸

如图 7-45 所示，这是一个采用【DIMLINEAR】(线性标注) 标识的平行四边形，我们可以看到采用线性标注只能得到水平或垂直方向的尺寸。如果想标注斜线的长度，就需要【DIMALIGNED】(对齐标注) 这个命令。

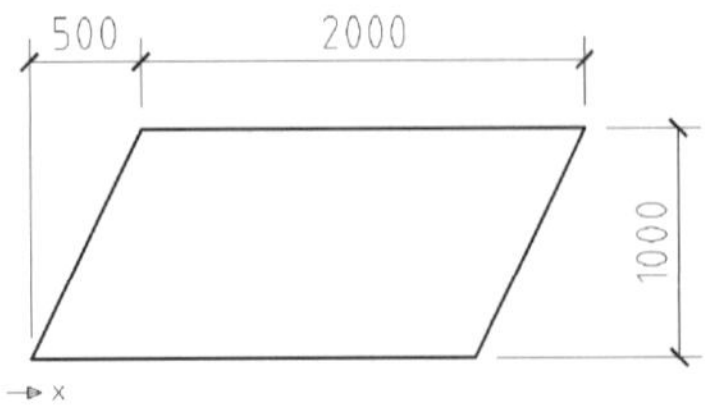

图 7-45

操作步骤

(1) 命令执行方式有三种：

命令行：DIMALIGNED ↵

菜单：【标注】⇨【对齐标注】

工具栏：单击【注释】工具栏上的 对齐 按钮

(2) 命令行提示如图 7-46 所示。

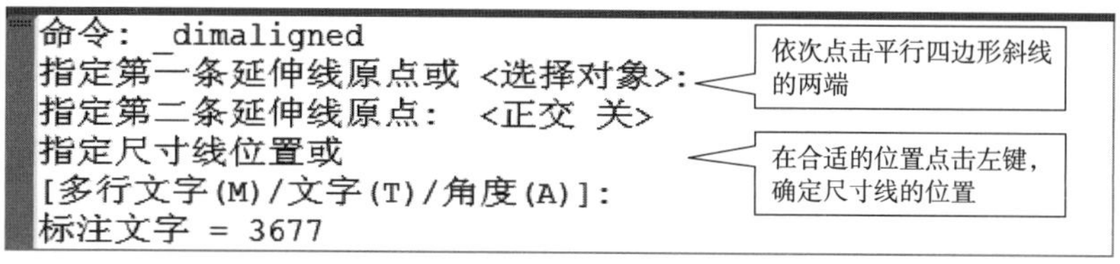

图 7-46

可以看到斜线测量长度已经标注完毕。对齐标注可以对任意方向的线段进行标注。

6. 直径和半径标注

实例 7-6：标注圆的直径和半径（图 7-47）

操作步骤

（1）绘制一个直径为 100 的圆。

（2）直径和半径尺寸样式的设置：

1）命令执行方式有三种：

命令行：DIMSTYLE

菜单：【标注】⇨【标注样式】

工具栏：单击【注释】按钮 ⇨ 单击按钮，如图 7-48 所示。

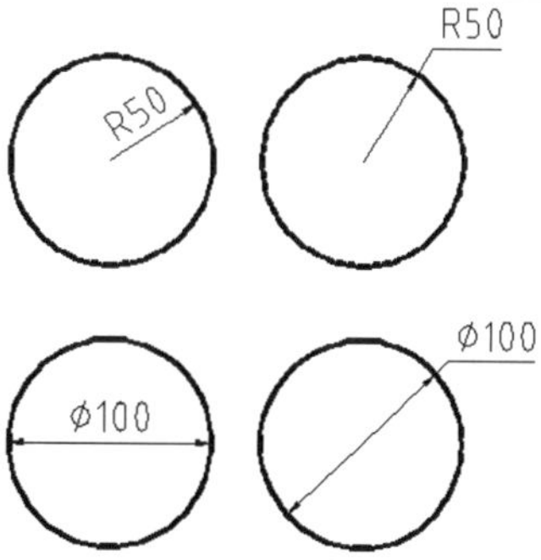

图 7-47

2）AUTOCAD 打开【标注样式管理器】对话框，单击【新建】，弹出【创建新标注样式】对话框，在【新样式名（N）】下文本框自动修改为“副本 ISO-25”，可看到是以“ISO-25”为基础样式的，在【用于】的下拉列表框中选择【半径标注】，单击【继续】按钮。

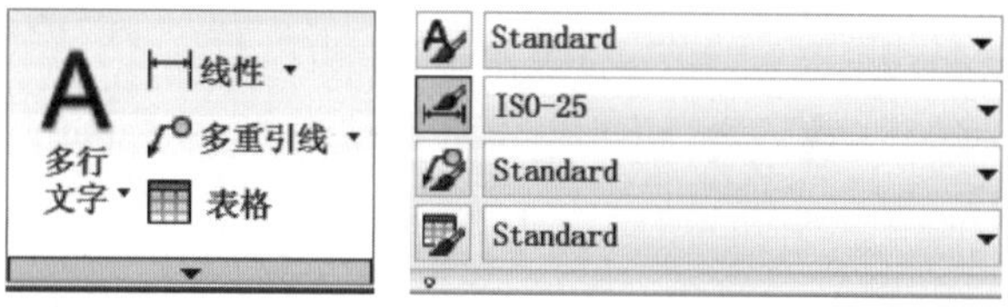

图 7-48

3）点击【调整】选项菜单，在【标注特征比例】选项组中选择【使用全局比例】，并在右边文本框内输入“5”；在【调整选项（F）】选项组中勾选【文字】复选框；在【文字位置】选项组中勾选【尺寸线旁边（B）】复选框。

4）点击【符号和箭头】选项菜单，在【箭头】选项组的【第一个（T）】下拉列表选择【实心闭合】；在【箭头大小（I）】文本框输入“1.5”，在【圆心标记】选项组中勾选【标记】复选框，在右侧文本框输入“1”。单击【确定】按钮，回到【标注样式管理器】主菜单。

5）在确保选中“半径”字样的前提下，单击【新建】，弹出【创建新标注样式】对话框，在【用于】的下拉列表框中选择【直径标注】，单击【继续】按钮。

6）重复步骤 C、D，单击【关闭】按钮，结束。

（3）直径和半径标注：

1）启用命令的方法还是 3 种，即下拉菜单、工具栏和键盘输入。最快捷的方式是直接单击【标注】工具栏上的半径按钮和直径。

2）选择需要标注的圆进行标注。

7. 角度和弧长标注

实例 7-7：标注角度和弧长（图 7-49）

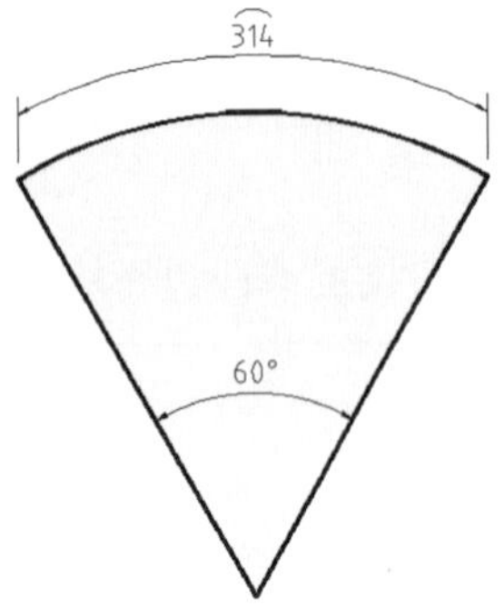

图 7-49

操作步骤

（1）单击【标注】工具栏上的 按钮，选择圆弧，将标注拖放在合适的位置即可。

（2）单击【标注】工具栏上的 按钮，根据命令行提示，用鼠标左键点击两条线段，将标注拖放在合适的位置即可。

7.3.4 引线标注

尺寸标注中出现带引线的标注，是由于尺寸样式设置时，在【调整】选项菜单的【文字位置】选项组中勾选【尺寸线上方，带引线】复选框。其实 AUTOCAD 本身也提供了引线标注的功能，广泛用于建筑施工图以及室内施工图中。在引线标注之前，需要先设置多重引线样式来控制引线外观。

图 7-50

1. 创建多重引线样式

操作步骤

（1）命令执行方式有三种：

命令行：MLEADERSTYLE

菜单：【格式】⇨【多重引线样式】

工具栏：单击【多重引线】工具栏上的 按钮，如图 7-50 所示。

（2）AUTOCAD 打开【多重引线样式管理器】对话框。单击【新建】按钮，弹出【创建新多重引线样式】对话框，用户可以在该对话框中对新样式重新命名，如图 7-51 所示。

（3）单击【继续】按钮，打开【修改多重引线样式：副本 STANDARD】对话框，点击【引线格式】选项菜单，在【箭头】选项组【符号（S)】下拉列表中选择【点】，【大小】文本栏输入“1”；点击【引线结构】选项菜单，在【基线设置】选项组【设置基线距离】文本框输入“5”，在【比例】选项组【指定比例】文本框输入“30”；点击【内容】选项菜单，在【文字选项】选项组【文字高度】文本框输入“3”，在【引线连接】选项组勾选【水平连接】，在【连续位置 - 左（E)】下拉列表中选择【第一行中间】，在【连续位置 - 右（R)】下拉下拉列表中选择【第一行中间】，单击【确定】按钮，单击【关闭】按钮结束，如图 7-52 ~ 图 7-54 所示。

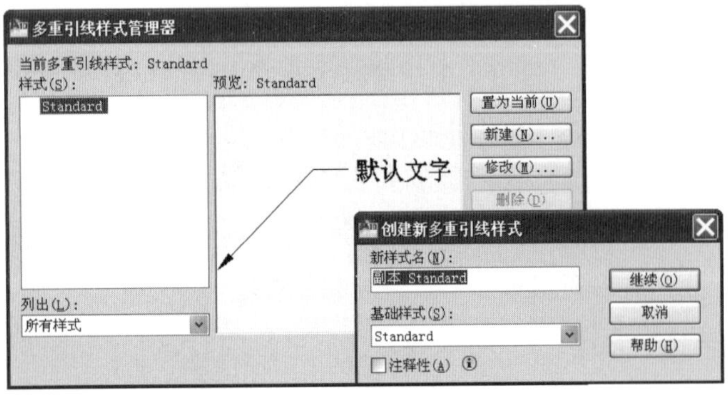

图 7-51

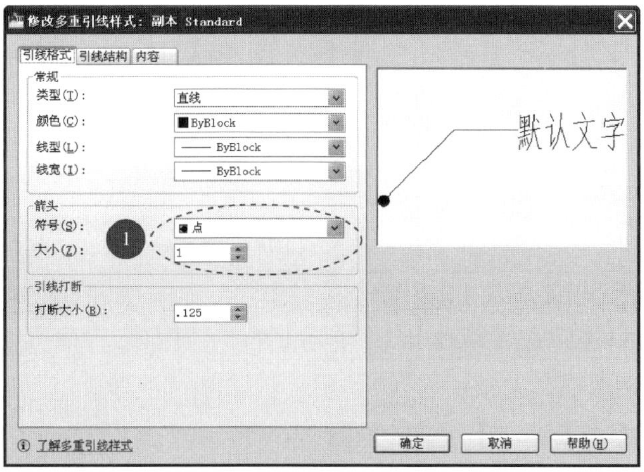

图 7-52

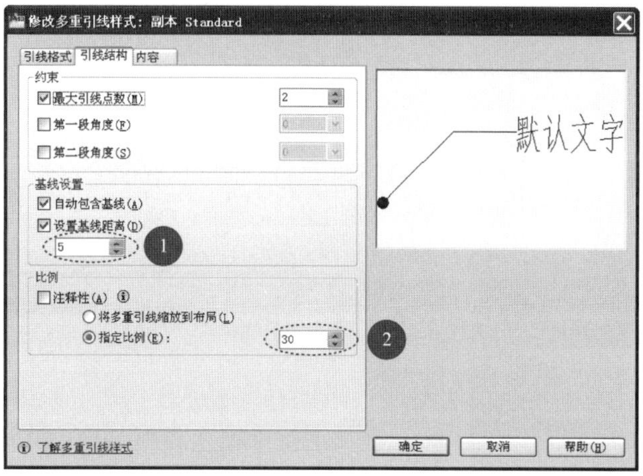

图 7-53

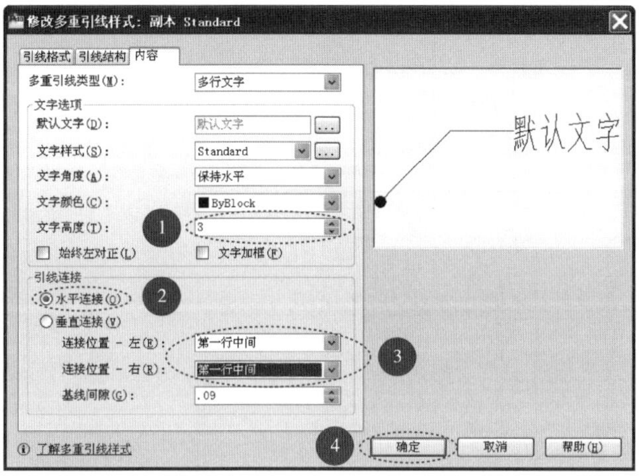

图 7-54

注 意

- 【箭头】选项组【符号（S）】下拉列表中有 21 种类型可以选用，建筑施工图和室内施工图常用的形式还有【实心闭合】或【无】。
- 【设置基线距离】：设定水平基线的固定长度，其真实长度是【设置基线距离】乘以【比例】选项组的【指定比例】。
- 【引线连接】选项组可以控制文字位于引线两侧时基线连接到多重引线文字的方式。

2. 多重引线标注及编辑

实例 7-8：给装饰施工立面图标注材料

这是一个卫生间的立面图，如图 7-55 所示，图上绘制有洗手台，镜子，毛巾架，淋雨花洒等卫生洁具，作为室内施工图来说还远远不够，还需要标注尺寸、材料、剖切符号等，这样才能指导施工。下面我们就用【MLEADER】(多重引线标注）这个命令来标识一下立面材料。

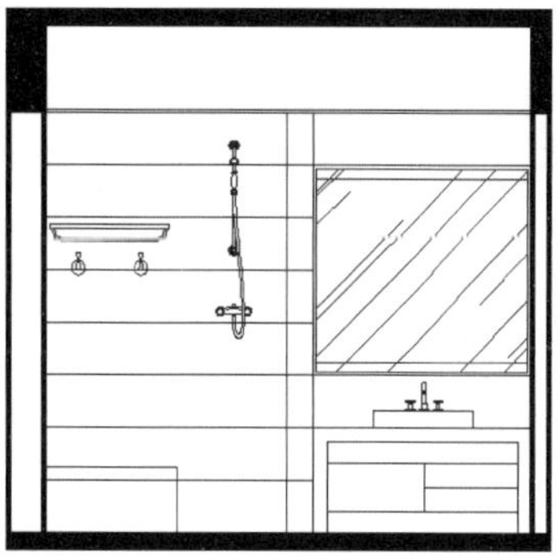

图 7-55

操作步骤

（1）命令执行方式有三种：

⌨ 命令行：MLEADER ↵

🖱 菜单：【标注】⇨【多重引线】

🖱 工具栏：单击【多重引线】工具栏上的按钮

（2）AUTOCAD 命令栏提示如图 7-56 所示。

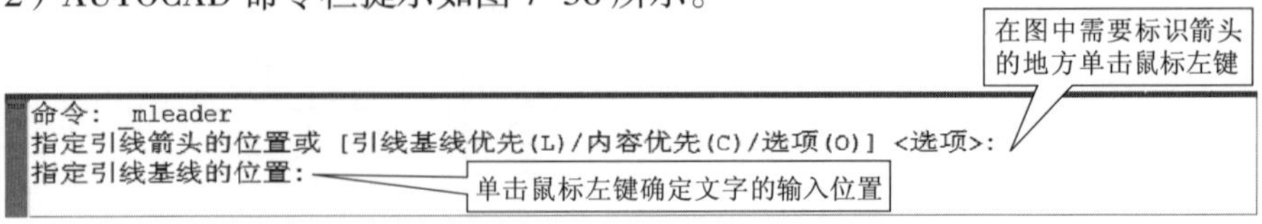

图 7-56

在文字框中输入材料名称，完成后单击【确定】按钮。如图 7-57 所示。

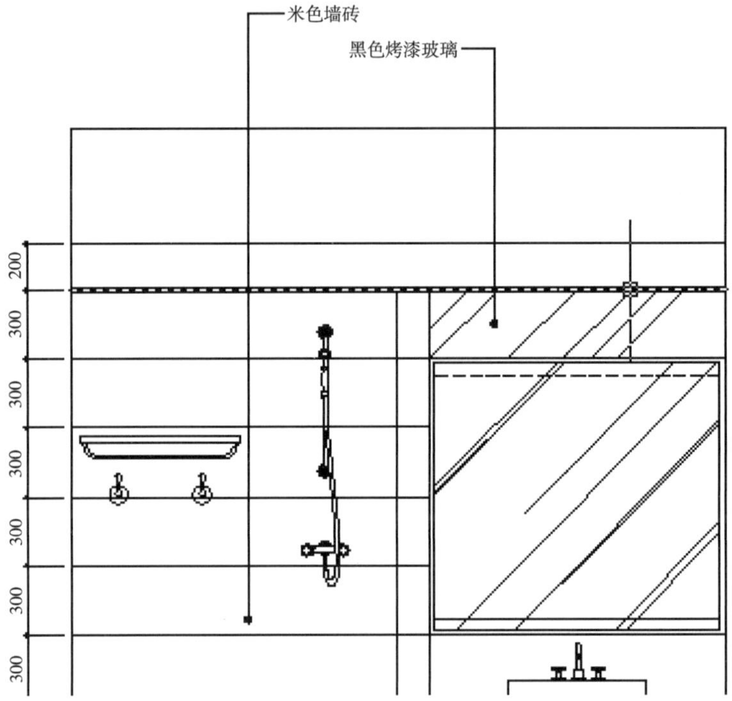

图 7-57

多重引线还提供了一些编辑功能，可以添加和删除引线，可以对齐和合并引线，下面通过实例来说明一些编辑命令的用法。

（1）对齐。

操作步骤

1）命令执行方式有两种：

⌨ 命令行：MLEADERALIGN ↵

🖱 工具栏：单击【多重引线】工具栏上的按钮

2）AUTOCAD 命令栏提示如图 7-58 所示。

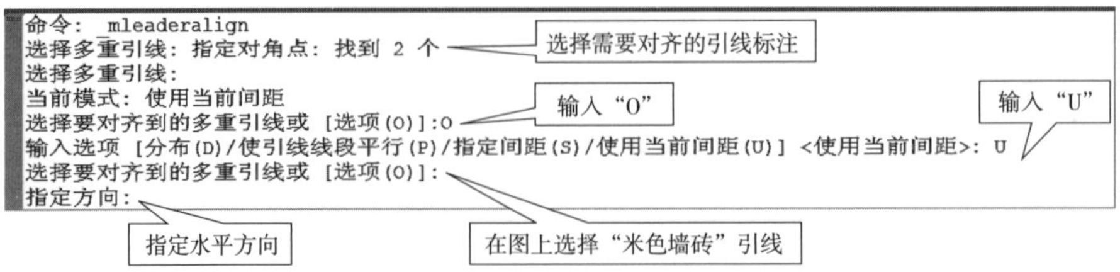

图 7-58

结果如图 7–59 所示。

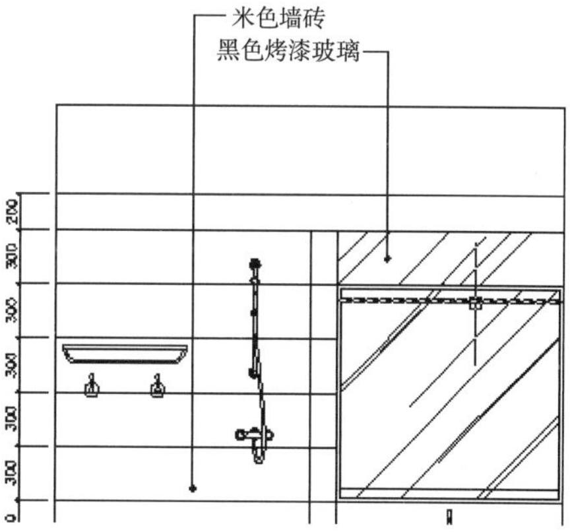

图 7-59

（2）添加。

操作步骤

1）命令执行方式有两种：

⌨ 命令行：AIMLEADEREDITADD ↵

🖱 工具栏：单击【多重引线】工具栏上的 [按钮图标] 按钮

2）AUTOCAD 命令栏提示如图 7–60 所示。

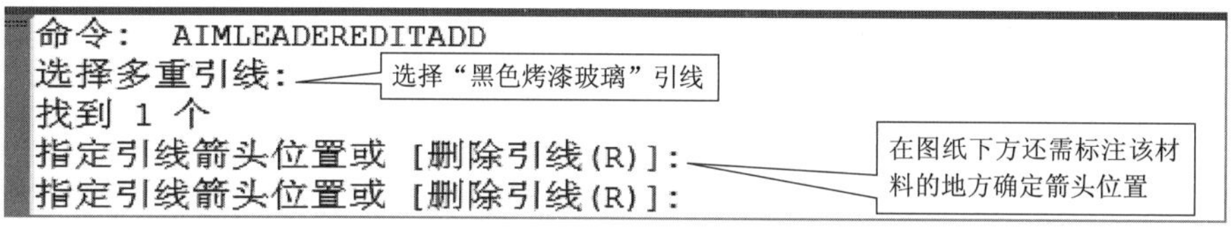

图 7-60

结果如图 7–61 所示。

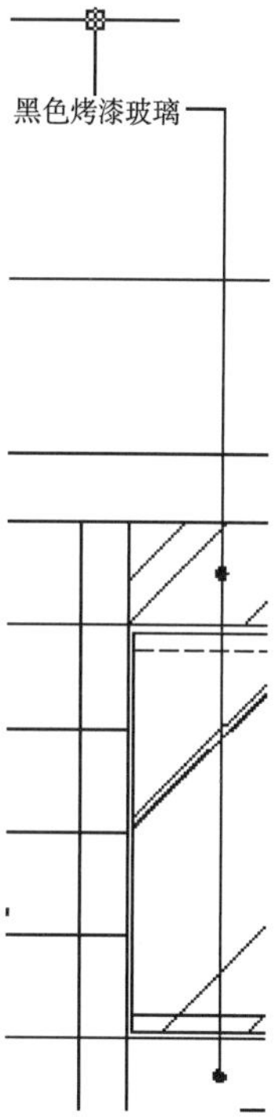

图 7-61

思考题

1. 为什么这里建议把各文字样式的文字高度设置为 0？与设置为一个固定高度（如 300）相比有什么好处？

2. 文字若显示为问号（？），应如何处理？

3. SHX 形文件字体和 TTF 字体有什么区别？如何定义？

4. 如何修改单行文字的定位点？

5. 如何绘制 ±0.000 标高？

6. 如何查找替换图中多个文字？

7. 有时绘制的文字变成竖向排列，是什么原因？如何处理成水平排列？

8. 在表格中如何插入图块？

9. 尺寸标注时如何调整标注样式？

10. 尺寸标注中如何设置尺寸精度不含小数位？如何设置角度精度含两位小数？

11. 如何在同一张图中标注两种比例的尺寸？

12. AutoCAD 2007 版以上的新功能“注释性”是什么含义？如何使用？有什么优点？

13. 为什么有时文字变成反向或倒置？如何处理成正常显示？如何在镜像时强制文字也镜像成反向或倒置？

14. 在标注样式中修改了文字高度，为何有时其尺寸标注的文字高度不变（特别小或特别大）？

第8单元 图纸样板与图纸标准

【教学目标】

1. 图纸样板：理解样板的功能与目的，掌握样板的利用和创建方法，掌握样板可包含的内容。
2. 图纸标准：理解标准的功能与目的，掌握标准的利用和创建方法，掌握标准可包含的内容。

【项目内容】

1. 图纸样板

（1）从一批同类专业图纸文件中提取需要重复定义的各类。

（2）按照某公司绘图规范来创建 DWT 图纸样板。

（3）利用该 DWT 样板开始绘图。

2. 图纸标准

（1）从一批同类专业图纸文件和某公司绘图规范来定义图纸标准所包含的内容。

（2）创建 DWS 图纸标准。

（3）用该 DWS 图纸标准来检验已绘制的图纸并转换使其符合标准。

【教学重点】

1. DWT 图纸样板与 DWS 图纸标准的异同。
2. DWT 图纸样板与 DWS 图纸标准的创建。
3. DWT 图纸样板与 DWS 图纸标准的利用。

【教学难点】

1. DWT 图纸样板与 DWS 图纸标准可以且应该包含的内容。
2. 对图层、线型与线型比例、标注样式、文字字体、布局等综合运用。

8.1 初识图纸样板 DWT

绘制步骤如下。

步骤 01 试选用不同的图纸样板 DWT 来开始新图形的绘制

从菜单栏点击【文件】⇨【新建】，提示对话框，如图 8-1 所示。

图 8-1

选定一个图纸样板文件，如 Tutorial-mArch.dwt（也可以是别的样板文件，但最好选择预览图中包含已经绘制图框、单位为米制的样板文件）。

步骤 02 查看新建文件中已定义的内容

（1）从菜单栏点击【格式】⇨【图层】，查看已定义的图层，如图 8-2 所示。

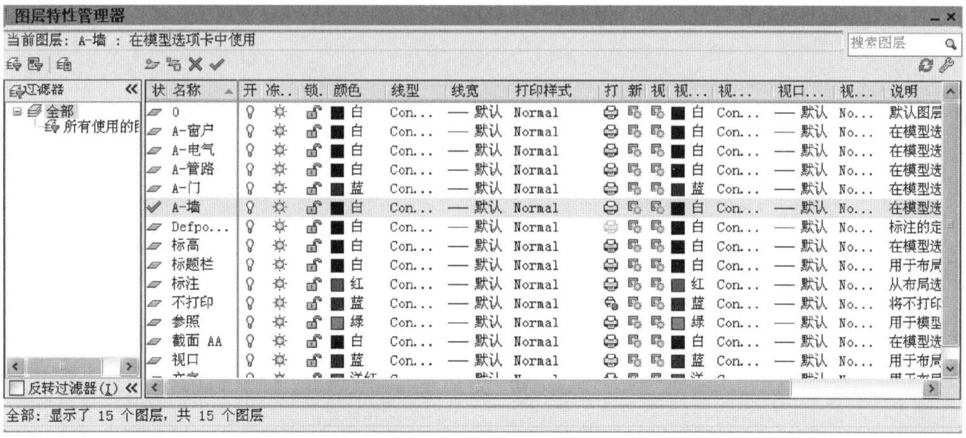

图 8-2

在图层特性管理器对话框中，可以一览已定义的各个图层。这个样板是为建筑绘制制定的，如图层已包含“A- 门”、色彩为蓝色、线型为实线、线宽为默认等。

显然，作为专业绘图，我们在工作中需要定义图层，但针对每张图都几乎是重复性的劳动，这样，我们可以把关于图层定义的所有信息都放进我们自己的图纸样板中。

为继续下面的讲解，请关闭图层管理器。

（2）点击菜单【格式】⇨【标注样式】。

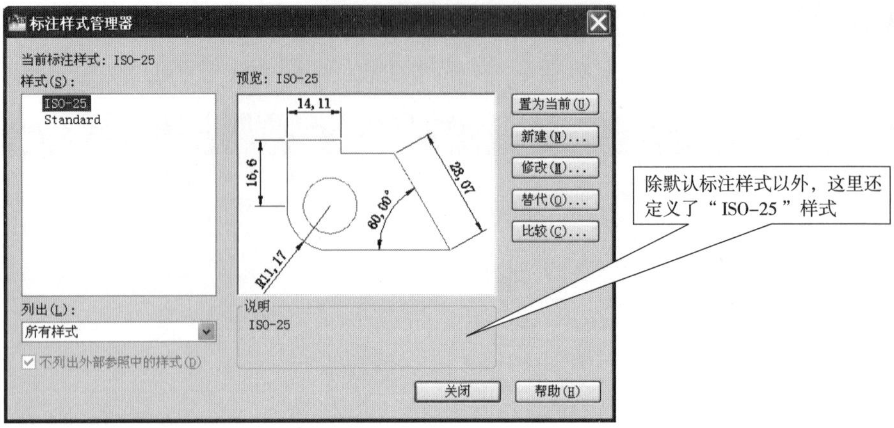

图 8-3

若有时间，可以点击“修改”来详细查看其定义的内容。也可把“ISO-25”置为当前样式，尝试标注几个尺寸线。

为继续下面的讲解，请关闭标注样式管理器。

（3）点击菜单【插入】⇨【块】，如图 8-4 所示。

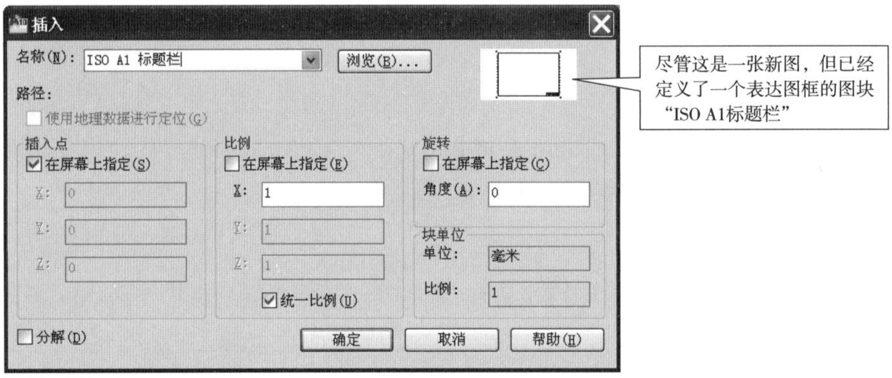

图 8-4

请点取“确定”尝试再图中插入该图块。如图 8-5 所示，发现我们重复插入了这个图框，也就是说这个图纸样板中已经插入了该图块。

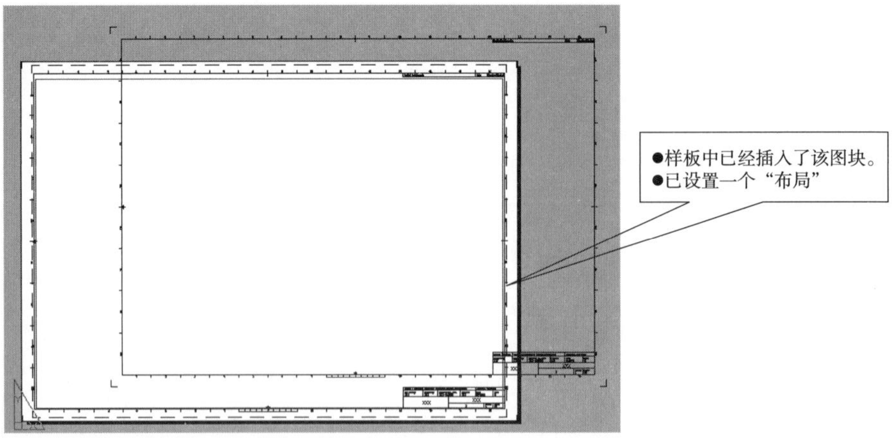

图 8-5

（4）点取菜单【文件】⇨【页面设置管理器】，如图 8-6 所示。

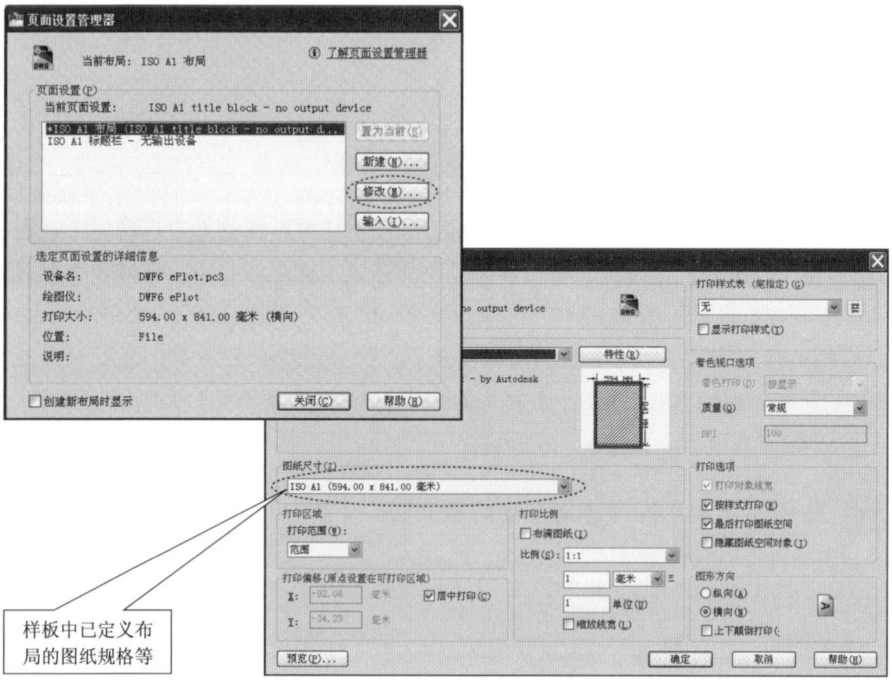

图 8-6

提 示

1. 关于图纸样板的概念：

- 图形样板文件通过提供标准样式和设置来保证用户创建的图形的一致性。
- 图形样板文件的扩展名为 .dwt。
- 如果根据现有的图形样板文件创建新图形并进行修改，则新图形中的修改不会影响图形样板文件。

2. 选择图形样板文件：

- 默认的图形样板（DWT）文件集与 AutoCAD 一起安装，用于创建二维和三维模型。多数默认图形样板以两种度量类型提供：英制和公制。使用其中一个默认图形样板时，需要确定是要在二维模型还是三维模型中进行工作，以及哪种测量类型最符合所从事的工作。
- 虽然默认样板提供了一种快速创建新图形的方法，但是，最好针对公司和创建的图形的要求创建图形样板。

3. 图纸样板可能包含的内容：

- 单位类型和精度
- 标题栏、边框和徽标
- 图层名
- 捕捉、栅格和正交设置
- 栅格界限
- 注释样式（标注、文字、表格和多重引线）
- 线型

4. 图纸样板的功能：

- 标准化。可以按照国家标准、行业标准、公司标准制作样板，使后续设计绘图符合上述标准。另外，也可根据不同项目的要求再细化制作项目标准。
- 消灭重复劳动，节省绘图时间。

8.2 制作图纸样板 DWT

提 示

1. 明确样板需要包含的内容和其各自标准，如：单位类型和精度、标题栏、边框和徽标、图层名、捕捉、栅格和正交设置、栅格界限、注释样式（标注、文字、表格和多重引线）、线型等。

2. 分别完成上述设置，就可存储为图纸样板。

3. 注意图纸样板所在的文件夹，注意保存和向其他计算机复制您的图纸样板文件。

实例 8-1：按表 8-1 所示标准创建图纸样板 DWT 文件

表 8-1　创建图纸样板 DWT 文件标准

项　目	标准要求						说　明
单位类型	毫米						
精度	三位小数						改精读指 list 和 dist 命令时显示的精度，而非尺寸标注的精度
图层	图层名	色彩	线型	线宽			用途
	WALL	白色（255）	Continuous	0.6mm			墙。图层名也可用汉字，下同
	DOORWIN	青色（4）	Continuous	0.25mm			门窗
	AXIX	红色（1）	DashDot	0.15mm			轴线
	DASH	黑 / 白色（7）	Dashed2	0.15mm			绘制虚线
	STAIR	黄色（2）	Continuous	0.25mm			楼梯台阶
	DIM	绿色（3）	Continuous	0.15mm			尺寸
	TEXT	白色（255）	Continuous	0.25mm			文字标注
	HATCH	深灰色（251）	Continuous	0.15mm			用于绘制示意性填充图案等
	OtherZ	洋红色（6）	Continuous	0.25mm			其他投影中实线，如栏杆
	OtherX	蓝色（5）	Continuous	0.15mm			其他标注细实线，如剖断线
捕捉	50						指间距捕捉
栅格	300						300 为标准建筑模数
图形界限	关闭						图形界限对设计绘图有作茧自缚之嫌，建议关闭
标注样式	DIM1_1						1 ： 1 绘图时符合国标绘图的标注
	DIM1_100						从 1 ： 1 基础上扩展的 1 ： 100 样式
	DIM1_50						从 1 ： 1 基础上扩展的 1 ： 50 样式
	DIM1_20						从 1 ： 1 基础上扩展的 1 ： 20 样式
文字样式	样式名	小字体	大字体	高度	宽度	倾角	用途
	DIMTXT	Simplex.shx	Gbcbig.shx	0	0.75	0	用于标注尺寸、细节文字标注等
	ST	宋体		0	1	0	图名等
	HT	黑体		0	1	0	工程名等
线型比例	2000						设置全局线型比例因子
图框图签	标准 A1 图框与图签，按 1 ： 1 比例						图框和图签所有文字和线条绘制在 0 层，线条粗细按国标。然后做成图块插入

创建图纸样板的步骤：

（1）从菜单栏点击【文件】⇨【新建】，选择 ACAD.DWT 或 ACADISO.DWT 样板创建新图。

（2）按上表内容详细设置所有相关项目。

（3）在所有项目设置完成后，【文件】⇨【另存为】，选择存储类型为 *.DWT 后缀的样板文件，如图 8–7 所示。

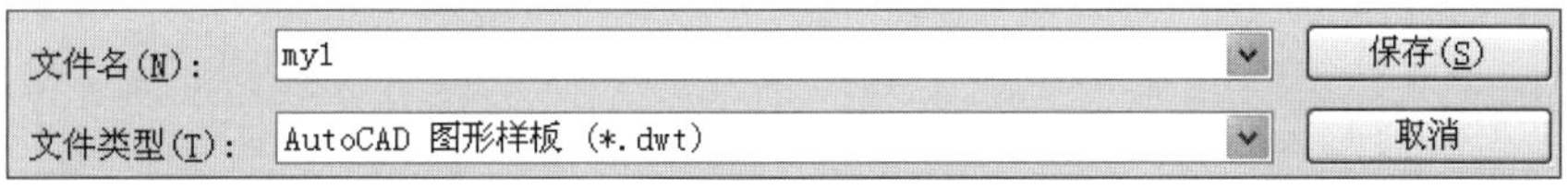

图 8–7

（4）键入样板文件名，如：my1，点“保存”。

（5）在下图的对话框中输入备注文字，如图 8–8 所示。

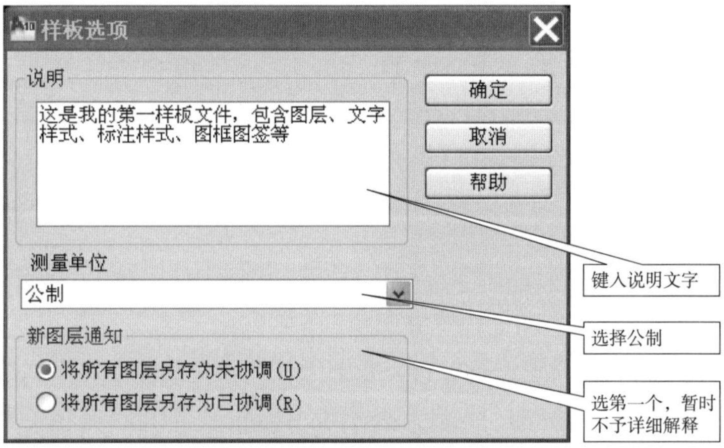

图 8–8

（6）模板创建完成，以后创建新图时就可以使用新样板了。

提 示

1. 刚创建的图纸样板文件在何处？

两种方式查找所在文件夹：

● 在新建文件，提示选择样板文件时，查看样板文件夹路径。

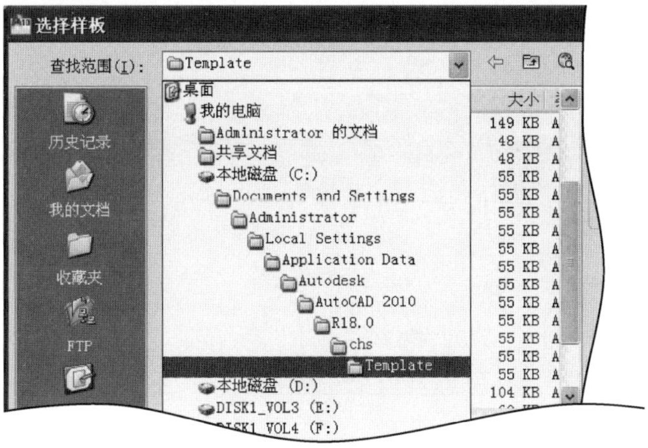

● 在选项对话框中查看。【工具】➪【选项】，查看“文件”选项卡中的“样板设置”。如下：

2. 在创建样板过程中不能轻易使用 PURGE 命令，即不能执行【文件】➪【图形实用工具】➪【清理】，否则有可能在保存样板文件之前清理掉上述所有设置。

实例 8-2：从已绘制的图来创建图纸样板 DWT 文件

从实例 8-1 我们可以联想，若已有一张图纸，其本身的各项定义和绘图非常规范（即满足国标、地区或行业标准，且满足公司绘图标准），即可将其相关因素拿来制作图纸样板。

下面从附图光盘中提供的范例文件（样板案例文件 -1.dwg）开始。

创建图纸样板的步骤：

（1）从菜单栏点击【文件】➪【新建】，选择 ACAD.DWT 或 ACADISO.DWT 样板创建新图。

（2）打开设计中心【工具】➪【选项板】➪【设计中心】，或用快捷键 Ctrl+2 快速打开。

图 8-9

（3）在设计中心中，依此打开标注样式、表格样式、布局、块、图层、文字样式、线型等，把其中每一个您需要的格式定义或标准图块拖入上面第一步创建的新图。

如：打开标注样式，分别把“SC_1_100_B”、“SC_1_150_B”、“SC_1_50_B”这三个定义不同标注比例的样式拖入正在制作的样板文件中。

如：打开图层，把我们绘图需要的“墙线、轴线、柱子、墙体、门窗、标注”等图层定义拖入。

再如：打开文字样式，把“标注文字样式”、“图框文字样式”等定义拖入。

再如：打开块，把图框“A1”图块拖入。

再如：打开线型，把 DASH、DASHED2、DASHDOT 等线型拖入。

关闭设计中心。

（4）在正在制作的样板文件中，按实例 8-1 的方法再补充其他定义，如格栅间距、小数显示精度等。

（5）在所有项目设置完成后，【文件】⇨【另存为】，选择存储类型为 *.DWT 后缀的样板文件，命名存盘为“MY2”，并可再补充键入说明文字。

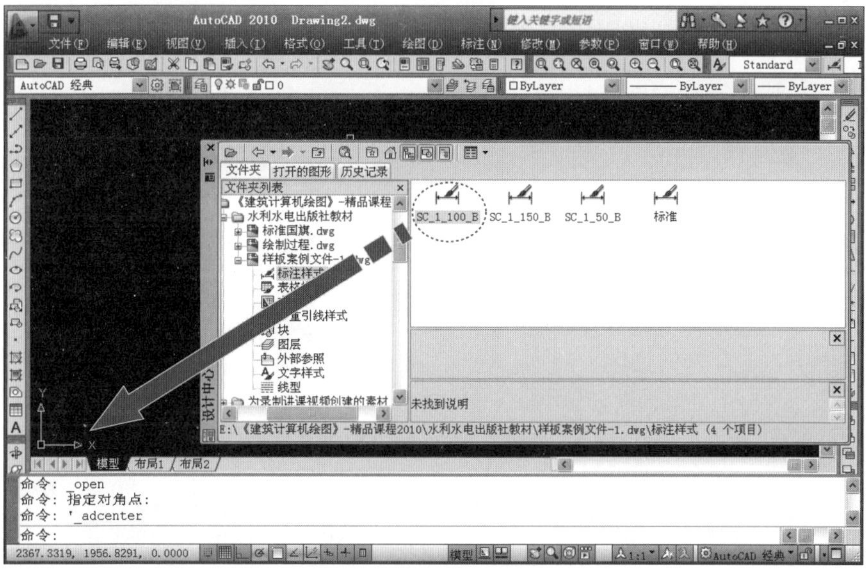

图 8-10

8.3 图纸标准 DWS

1. 图纸标准的概念

为维护图形文件的一致性和规范性，可以创建标准文件以定义常用属性。标准可以包含图层、文字样式、线型、标注样式。

任何上述内容的 DWG 图都可以另存为后缀为 DWS 的图纸标准文件。

当然，既然作为标准，我们制作的 DWS 标准文件中的上述各项定义应该符合相关规范和公司内部绘图标准。

2. 图纸标准的用途

DWT 图纸模板是在绘图之前提供一个符合规范的定义，这里的 DWS 图纸标准是对已绘制的图纸进行标准审核与修订。

在合作环境下，许多人都致力于创建一个图形，所以标准特别有用。如：公司规定墙体图层定义为“WALL”，而某为设计师定义为“QIANG”，显然不符合标准。通过标准检查就可以用 DWS 标准文件中规定的“WALL”去代替“QIANG”图层，且其色彩、线型等也一并符合了公司标准。

实例 8-3：建立一个 DWS 标准文件

前面说过，标准文件可以包含图层、文字样式、线型、标注样式这 4 类特性的定义，那么，要建立 DWS 标准文件就需要打开一张新图，分别定义一系列符合标准要求的图层、文字样式、线型、标注样式。

这里为了提高效率，我们直接用上一节创建的 DWT 图纸模板来创建新图，就立刻包含了图层、文字样式、线型、标注样式这四项的标准定义。

步骤 01 【文件】⇨【新建】，选择“MY2.dwt”图纸样板。

步骤 02 查看新图中是否包含了标准需要的内容，若确信上一节定义的图纸模板正确无误，本步骤可省略。本案例中应包含如图 8-11、图 8-12 所示文字样式、标注样式、线型和图层，请分别用相应命令查询。

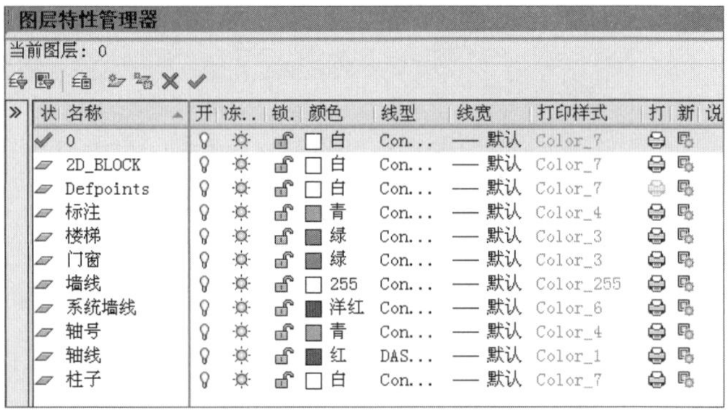

图 8-11

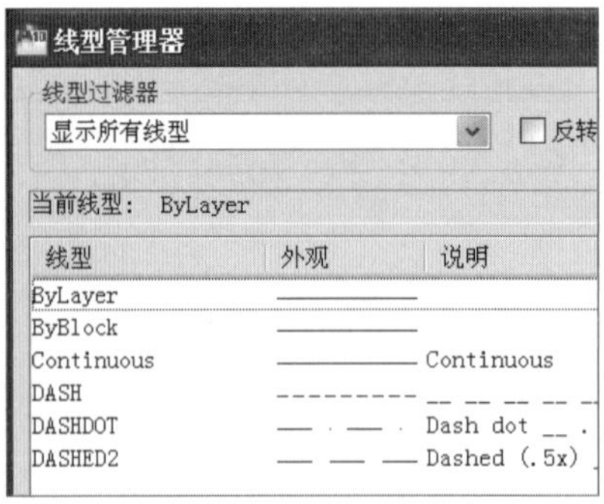

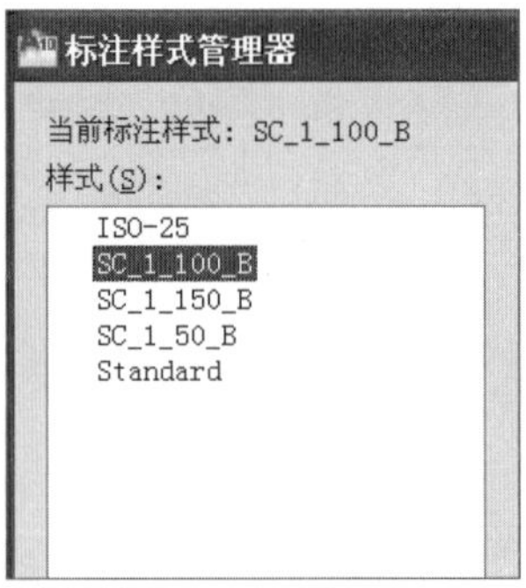

图 8-12

步骤 03 另存为后缀为 DWS 的标准文件。文件名：“我的图纸标准 -1.dws”。

用标准审核并修订图纸

步骤 04 打开一个图形文件，如：检查图纸标准案例 .dwg。分别查看图层、字体、标注样式等格式。如图 8-13 所示，发现该图中图层、文字样式等定义非常混乱，而标注样式也不符合上述标准的要求。

图 8-13

步骤 05 配置标准。即为该图指定一个图纸标准。【工具】⇨【CAD 标准】⇨【配置】。点取对话框中的“+”，选择“我的图纸标准 -1.DWS”。如图 8-14 所示。

图 8-14

然后“确定”，以确认将该图纸标准与本图相关联。

步骤 06 审核图纸并修订。【工具】⇨【CAD 标准】⇨【检查】。对需要修改或替换的内容，逐个点取“修复”，直至完成全部校核，如图 8-15 所示。

弹出对话框中如下，其内容可能略有不同。

有两种与标准不符合的情形：

（1）格式名称相同，但该格式的定义细节不同。如图层名相同，但色彩不同。

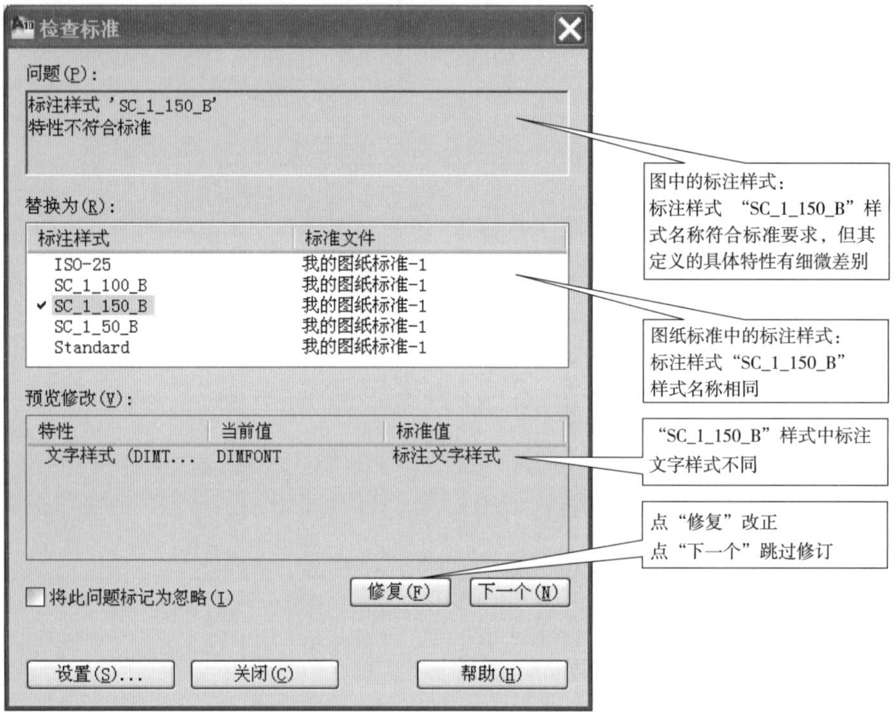

图 8-15

（2）图纸标准中没有待修订的图中格式名称。如标注样式“Default_100”在标准中未定义，需要用标准中相同内容、但名称不同的标注样式“SC_1_100_B”代替。

请按表 8-2 替代不符合标准的所有定义：

表 8-2　替代不符合标准的所有定义

序号	类型	工程图中不符合标准的定义	替代标准
1	标注样式	DEFAULT_100	SC_1_100_B
2	图层	公共标注	标注
3		3	标注
4		1	标注
5		87	标注
6		6	标注
7		XIAIHUI	标注
8		立面门窗	门窗
9		DIM	标注
10		ASC_COM	标注

续表

序号	类型	工程图中不符合标准的定义	替代标准
11	线型	0	CONTINIOUS
12	文字样式	DIMFONT	标注文字样式
13		COMPLEX	门窗与图名文字
14		ROMAS	门窗与图名文字
15		HZTXT3	标注文字样式
16		TK	图框文字样式
17		MC	门窗与图名文字
18		4	标注文字样式
19		DIM_FONT	标注文字样式
20		COMP	门窗与图名文字
21		H	门窗与图名文字
22		HZ	标注文字样式
23		HZ1	标注文字样式
24		GPSXW	标注文字样式
25		STF	标注文字样式

步骤 07 完成检查后，请将该图另存为“检查图纸标准案例－完成检查 .dwg”。请再次用各格式命令查看文字样式、标注样式、图层、线型等，注意其变化（图 8-16）。

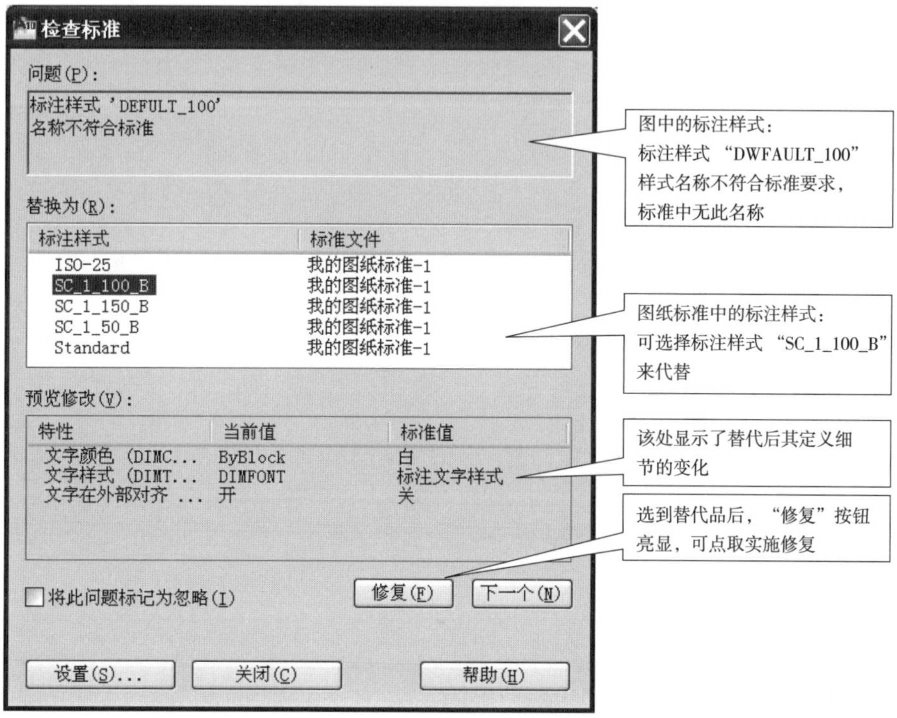

图 8-16

思考题

1. 为什么这里建议把各文字样式的文字高度设置为 0，和设置为一个固定高度（如 300）相比有什么好处?

2. 设置标注样式时，DIM1_1 与 DIM1_100 有什么区别与关联？若将来打印在同一张图纸中需要绘制不同比例，又需要怎样设置标准样式？

3. 若标注的尺寸数值显示了多余的小数位，应如何改进？

4. 图纸绘制的虚线和点划线若不能正常显示和打印（如显示和打印为实线），该如何调整？

5. 图纸样板和图纸标准的异同？

6. 如何清理已绘制的图中冗余的图层、字体样式等？

第9单元 布局与打印设置

【教学目标】

1. 掌握多比例多视角布置图纸；即通过多种方式进行对比和多视角的布图，分别掌握其方法，并了解其适应面和优缺点。
2. 掌握打印设置，做到能正确设置比例、规格、线条粗细、线型等，并掌握模拟打印和输出位图图像和其他矢量格式的方法。

【项目内容】

1. 多视角布图——提供三维建筑模型，按要求在图纸空间进行多视角布图。
2. 提供信息楼梯间详图（未标注尺寸），要求多比例布图：
（1）按传统手绘方式绘图与布图。
（2）模型空间绘图与布图。
（3）模型空间绘图与标注、图纸空间布图。
（4）模型空间绘图、图纸空间布图与标注图纸标准。
3. 对上述项目成果进行图像输出和打印输出模拟。

【教学重点】

1. 多比例布图的各种方法与其要点。
2. 不同比例绘图（布图）时的尺寸标注方法。

【教学难点】

1. 图纸空间和视口的概念。
2. 多比例尺寸标注的方法及不同比例标注样式设置。
3. 色彩依赖打印样式与图层命令打印样式的关系与运用。
4. 打印线条粗细控制的多种方法。

9.1　布局的概念与运用

1. 布局的概念

这里不精确描述布局的概念，而通过案例观察来理解。

打开 AutoCAD 典型范例文件（光盘：\案例\第 9 单元\hotel Model.dwg），在 AutoCAD 界面中，请点取“模型”“布局”（或“布局 1”等），切换屏幕的显示。

图 9-1

图 9-2

可以理解为“布局”就是预览打印和排版的纸张。这个纸张所代表的纸面二维空间就是“图纸空间”。

比 喻

1. 模型空间：默认的黑色背景能绘制任意三维图形的空间，好比真实的世界或联欢晚会的表演现场。

2. 布局：针对同一晚会现场的多种版式海报。

3. 图纸空间：每一张海报的版面就是书写文字和粘贴照片的空间，这个二维空间就是图纸空间。

4. 视口：海报中的照片框，但这里的相片框相当于可直播演出现场的液晶屏幕。

2. 布局的运用——多种多样的排版

（1）如何在同一张图纸上打印一个三维模型的多个角度视图？

（2）如何在同一张图纸上布置多个不同比例的详图？

（3）如何将已绘制各种管线的总平面图按要求分别打印出如道路平面图、热力管网平面图、电力管线平面图、供水排水平面图等？

（4）显示的和打印出的图纸常有差异，常常浪费绘图纸，如何“所见即所得”地绘图，避免浪费绘图纸和打印时间？

解决方案

以下的解释只是解决问题的思路，具体的命令将在后面详解。

（1）问题 1“如何在同一张图纸上打印一个三维模型的多个角度视图？”的解决方案如下：

1）按照常规的方法在模型空间建立三维模型。

2）切换到【布局】，进入图纸空间，如同一张准备印刷海报的白纸。

3）绘制视口，调整视口大小位置，调整视口内模型的观察角度。如同到现场拍摄好照片，然后把各种大小的相片粘贴到海报上。可以用剪刀剪切相片为各种形状，视口同样可为各种形状。

4）回到图纸空间，如同在海报上绘制文字标题说明等。

（2）问题 2“如何在同一张图纸上布置多个不同比例的详图？”的解决方案基本如上，仅在视口内观察时，如同拍摄照片时推拉镜头 ZOOM 放大或缩小。

（3）问题 3“如何将已绘制各种管线的总平面图按要求分别打印，如道路平面图、热力管网平面图、电力管线平面图、给水排水平面图等？”的解决方案如下：

1）按照常规的方法在模型空间绘制各种管线和相关道路建筑和标注等，注意，不同的管线绘制在不同的图层上。

2）切换到【布局】，进入图纸空间，如同准备一张实际大小的白图纸 A0 或 A1 等。

3）在图纸空间，按标准图纸大小绘制图框、图签等，并标注有关文字。

4）绘制视口，其视口大小位置为图框 内部，调整视口内模型空间的观察角度和比例。

5）控制视口内各图层的显示开关（在所在视口冻结）。

6）再次创建另一个布局，控制视口内各图层的显示开关，显示需要的图层。

提 示

以上比喻和举例未讲解任何具体命令，是为了让您更简单、清晰地认识图纸空间、布局和视口，而不为复杂的计算机绘图命令和术语所干扰。

9.2 三维设计多视角布图

实例 9–1：在同一张图纸上打印一个三维模型的多个角度视图

步骤如下：

（1）在模型空间建立（或打开 \sample\9–1.dwg）三维模型如图 9–3 所示。

图 9–3

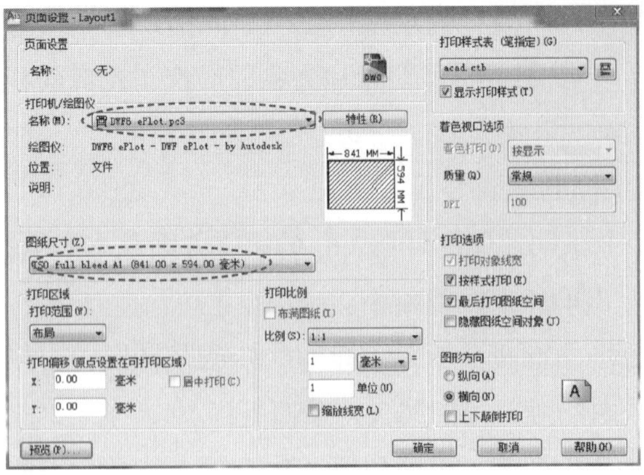

图 9-4

（2）从模型空间切换到【布局】——确定纸张大小。在模型空间中创建图形之后，左击【布局 1】(Layout1）选项卡，显示包含模型图形的单一视口和【页面设置】对话框如图 9-4 所示。

若未显示如下对话框，可选择【文件】⇨【页面设置管理器】⇨【修改】。

可以在对话框中指定打印机、打印样式和页面设置。本例为第一次创建布局，暂时不考虑其他复杂的参数设置，仅修改打印机类型和打印纸张尺寸操作如下：

打印机类型选择 DWF6wPlot.pc3（CAD 网络图形格式的虚拟打印机，支持所有大小的纸张)，纸张可选择 A1（841mm × 594mm)。

确认后，屏幕显示一张空白的图纸。若图纸中存在一个矩形视口（可能很小，在图纸左下角)，先删除它。

（3）在布局中创建浮动视口——贴照片。

菜单:【视图】⇨【视口】⇨【一个视口】

命令行: -VPORTS ↵（或 MVIEW）

然后在图纸上单击代表矩形视口对角线上两点，创建一个视口。重复 VPORTS 命令，可创建多个视口。目前，视口内显示的图形暂时未调整。

提 示

可以先绘制辅助线，然后通过捕捉创建精确尺寸的视口。

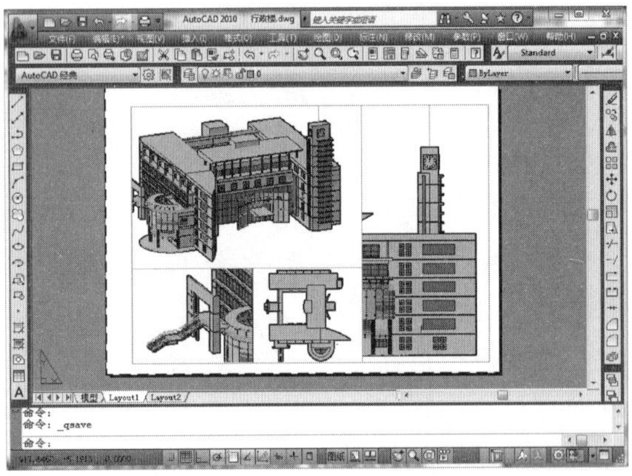

图 9-5

（4）调整视口内三维模型显示方式。通过鼠标在布局图纸空白区域或视口内双击，可以激活相应视口，且在图纸空间和模型空间来回切换。

依次双击各个视口，进入模型空间，通过“三维视图”有关命令，调整显示角度和显示方式。

相关命令有 VPOINT、VIEW、3DORBIT、ZOOM、PAN、SHADE、HIDE 等。结果如图 9-5 所示。

提 示

AutoCAD 自带的范例有很多使用布局较好的图形，在 SAMPLES 文件夹中，如 EXPO Headquarters model.dwg、Opera.dwg 和 Campus.dwg 等。

9.3 多比例绘图与布图

实例 9-2：如图 9-6 所示，在同一张图纸上布置多个不同比例的详图

操作步骤如下：

步骤 01 打开范例文件并观察

在模型空间建立（或打开 \sample\9-2.dwg）如图 9-7 所示。注意图上标注的一些特性。

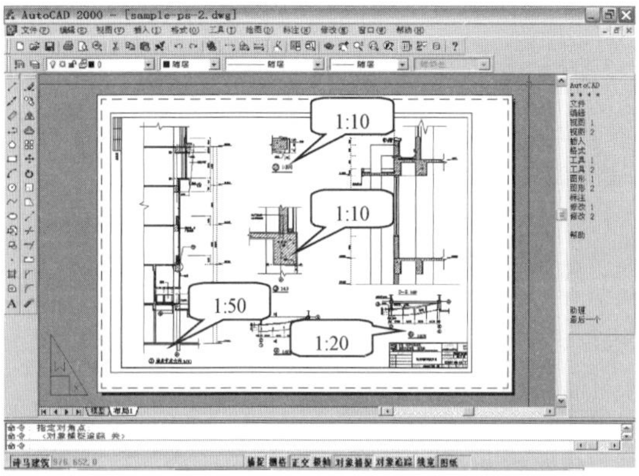

图 9-6

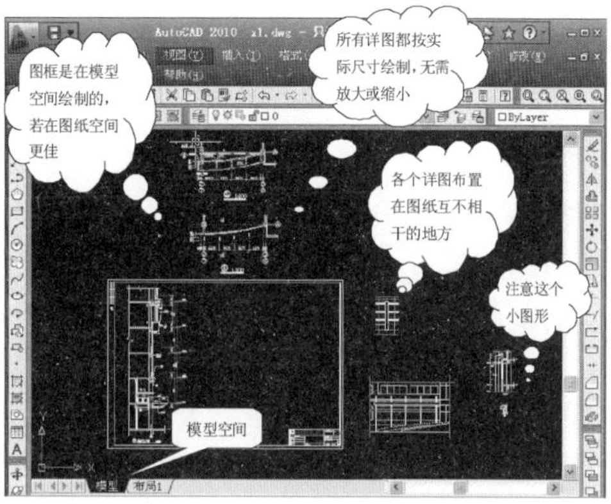

图 9-7

提 示

1. 按比例绘图有多种方式，一种就是如传统在纸张上手工绘图一样，每绘制一更线条都需要把实际代表的构件长度按绘图比例转换成图纸上的长度；在 CAD 中较常用的方法就是本例介绍的方法，即按 1∶1 绘制实体，在布局时考虑布图比例，而布局中的图纸又和真实图纸大小一样。

2. 为了打印出标注文字和标注符号大小一致、符合规范的图纸，对标注性内容需要按比例调整其大小。详细请观察本案例的各标注尺寸和其样式。

步骤 02 创建一个新布局并调整纸张尺寸

示例图中已有最终的布局（布局 1）。现在我们参照此布局再练习创建一个相似的布局（布局 2）。

右击【布局 1】选项卡上，弹出快捷菜单，选中【新建布局】，即可创建【布局 2】。

单击【布局 2】选项卡，弹出快捷菜单，选中【页面设置管理器】，修改布局 2，在对话框中更改图纸尺寸为“ISO Full Bleed A1（841mm × 574mm）”，确认后屏幕出现已包含一个视口的新图纸。若没有该尺寸图纸可选，说明您的当前默认打印机不支持该大型纸张，请在本对话框的“打印机 / 绘图仪名称”中选择一个虚拟打印机 DWF6 ePlot.pc3，该打印机可以打印输出 DWF（网络图形格式）文件，方便以精悍的文件在网络上传输和显示设计成果，且支持各种规格的图纸输出。DWF 格式文件亦能被打印到真实打印机上。

步骤 03 创建一个视口

删除原有的一个视口，然后重新创建视口。

–VPORTS ↵

在弹出的对话框中选择“单个”，然后确定。

指定视口的角点或[开（ON）/关（OFF）/布满（F）/消隐出图（H）/锁定（L）/对象（O）/多边形（P）/恢复（R）/2/3/4]<布满>:

<布满 Fit> ↵

屏幕显示如图 9–8 所示，因选用【布满】选项，视窗大小同国标 A1 图，左下角坐标为（0，0），右上角坐标为（841，574）。

步骤 04 调整该视口的显示

鼠标双击图纸内部，进入模型空间，注意左下角的图标变化。

在模型空间内执行：

命令行：ZOOM ↵

指定窗口角点，输入比例因子（nX 或 nXP），或[全部（A）/中心点（C）/动态（D）/范围（E）/上一个（P）/比例（S）/窗口（W）]<实时>: W ↵

指定第一个角点：——捕捉图框左上角

指定对角点：——捕捉图框右上角

屏幕显示如图 9–8 所示。

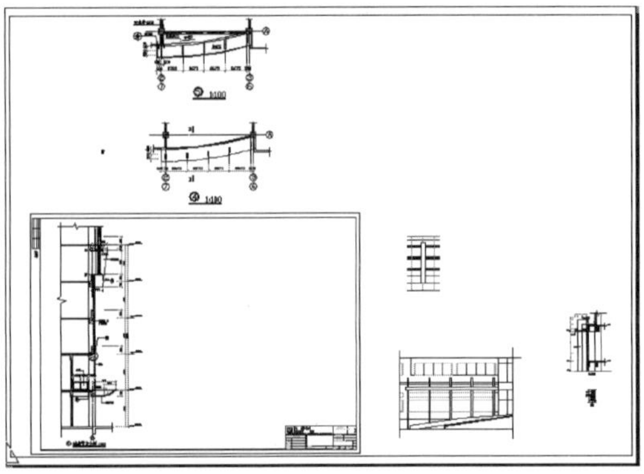

图 9–8

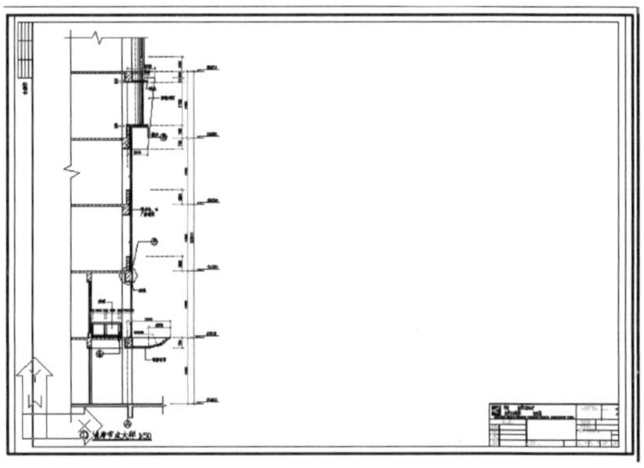

图 9–9

步骤 05 继续创建视口，布置详图 4（图 9–9）

首先举例创建详图 4 的视口。执行 VPORTS 命令创建一个视口，其位置大小如图 9–10 所示（不需精确）。双击视口内部，进入模型空间，执行 ZOOM 命令，大体显示详图 4。

现在精确调整详图 4 的比例。

命令行：ZOOM ↵

指定窗口角点，输入比例因子（nX 或 nXP），或[全部（A）/中心点（C）/动态（D）/范围（E）/上一个（P）/比例（S0/ 窗口（W）]<实时>：0.01XP ↵

进入图纸空间，选中第二个视口，用夹点方式调整视口大小，使其他详图不在此处显示。

注 意

0.01XP——即指视口内的物体相对于图纸空间缩小 100 倍显示，XP 为固定符号，意思为乘以图纸空间（Paperspace）的打印比例。通常布局的打印比例为 1:1。图纸空间单位除以模型空间单位即可得到此比率。

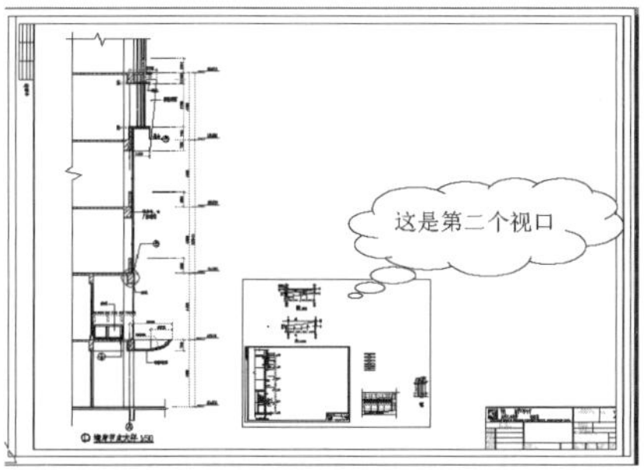

图 9-10

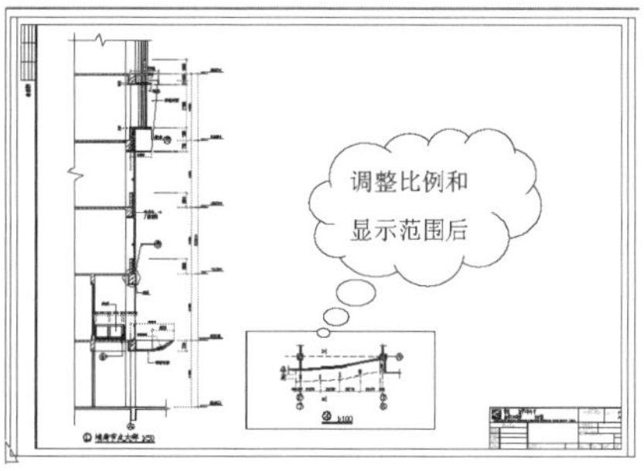

图 9-11

重复以上操作，继续创建视口，完成其他详图的布置。

步骤 06 隐藏不必要的矩形视口框

创建新图层 VP1，在图纸空间，将所有视口物体改到 VP1 图层上，关闭此图层的显示。大功告成。

提 示

每一个详图的比例已设置合适，如何避免不小心被常规的 ZOOM 等操作改变？

解决方法是将视口的特性之一【显示锁定】改为“开”。

操作步骤如下：

- 在布局中选择要锁定比例的视口。
- 在【工具】菜单中选择【对象特性管理器】。
- 在【特性】窗口中选择【显示锁定】，然后选择【确定】。

注 意

- 修改视口的缩放比例仅影响图纸空间的对象。
- 如果打开视口比例锁定，则在该视口中大多数查看命令将无效，如 VPOINT、DVIEW、3DORBIT、PLAN 和 VIEW。

9.4 视口图层显示与关闭

本节学习如何将已绘制各种管线的总平面图按要求分别打印出如道路平面图、热力管网平面图、电力管线平面图、供水排水平面图。

实例 9-3：在总平面图的基础上分别绘制绿化、景观、交通平面分析图，如图 9-12 所示

步骤 01 打开 \sample\9-3.dwg，在模型空间 ZOOM 观察图形，看图形重叠如何。若不采用图纸空间布局，通过在打印时分别控制开关，同样可以达到目标，但缺点是每次打印的状态（范围、图层、比例、线型粗细、色彩等样式）需重新设置。

图 9-12

步骤 02 创建第一个布局，用来布置交通与消防分析图。

单击【布局 1】选项卡，在【页面设置】对话框中设置图纸规格为“ISO expand A1（841 × 574）”，确认后屏幕出现已包含一个视口的新图纸。

删除原有的一个视口，然后重新创建视口。

命令：-MVIEW↵

指定视口的角点或 [开（ON）/ 关（OFF）/ 布满（F）/ 消隐出图（H）/ 锁定（L）/ 对象（O）/ 多边形（P）/ 恢复（R）/2/3/4]< 布满 >：< 布满 Fit>↵

通过 ZOOM 将图框充满视口。

步骤 03 创建第二个布局，用来布置绿化分析图。

菜单：【工具】⇨【向导】⇨【新建布局】

命令行：LAYOUTWIZARD ↵ 按下页系列图形中的参数设置后，创建完成【布局 2】。

步骤 04 复制【布局 2】到【布局 3】，如图 9.12、图 9-13 所示。

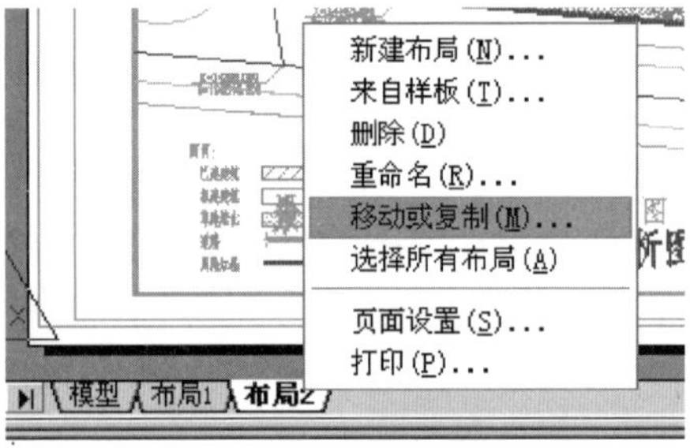

图 9-13

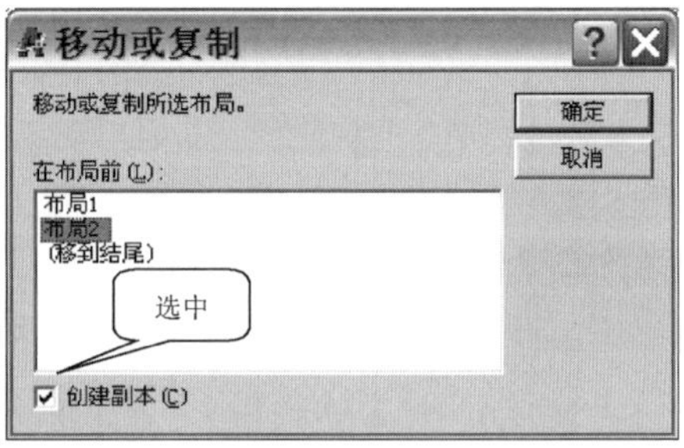

图 9-14

创建了【布局 2】一个副本【布局 2（2）】，将其更名为【布局 3】。同样，复制【布局 4】。

步骤 05 控制各布局内图层显示状况。

鼠标单击【布局 1】选项卡，激活此布局上的视口，执行命令 LAYER，在活动视口内冻结“绿化布置图”和“景观分析图”两个图层。

步骤 06 重复以上步骤：

布局 2：冻结“景观分析图”和“交通与消防布置图”，如图 9-15 所示；

布局 3：冻结“绿化分析图”和“交通与消防布置图”如图 9-15 所示。

图 9-15

建筑设计CAD

9.5 创建非矩形视口

9.5.1 砖铺视口

在模型空间（TILEMODE=1）只能用 VPORTS 命令创建视口，视口仅能够为矩形，且不能重叠，如同贴瓷砖一般，如图 9–16 所示。

9.5.2 浮动视口

在图纸空间，视口不仅能够为矩形，还可以为其他任意形状，且能重叠，如同海报上贴照片一般，如图 9–17 所示。

创建命令：MVIE W 或 VPORTS。

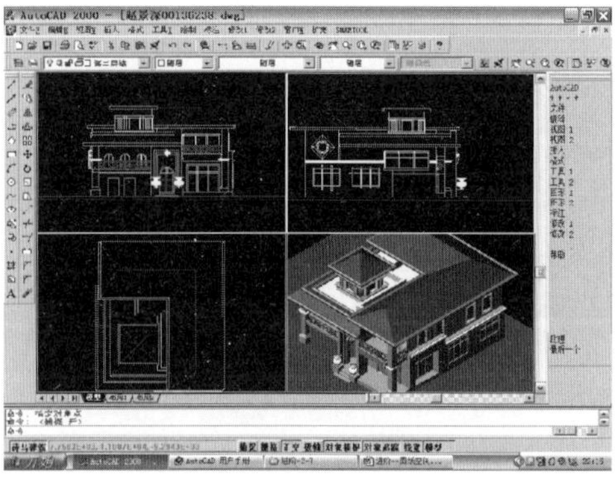

图 9–16

图 9–17

9.5.3 非矩形视口

要创建非矩形视口，可以在图纸空间先绘制多段线、圆、样条曲线、椭圆、面域等封闭曲线，然后执行创建视口命令，视口将与此曲线关联。

（1）新建非矩形视口：

菜单：【视图】⇨【视口】⇨【多边形视口】（绘制一条多边形曲线创建视口）或【视图】⇨【视口】⇨【对象】（选择一条多边形曲线、圆等创建视口）

命令行：–VPORTS（或 MVIEW）↵

O（对象）↵ 选择一条多边形曲线、圆等创建视口

P（多边形）↵ 绘制一条多边形曲线创建视口

（2）更改矩形视口为多边形视口：

命令行：VPCLIP ↵

选择要剪裁的视口：（选择）

选择剪裁对象或 [多边形（P）/ 删除（D）]< 多边形 >：

——输入 D 以删除视口剪裁边界，即该多边形视口为矩形视口。

——输入 P（绘制多边形），指定点或选择多边形曲线、圆等对象，以定义新的视口边界。

（3）使用夹点可编辑多边形视口。

9.6 配置打印机

在 AutoCAD【页面设置】对话框中【打印设备】显示当前计算机上可用打印机列表，如图 9-18 所示。

Windows 控制面板中的“AutoCAD 打印机管理器”和“Windows 系统打印机”均是 AutoCAD 打印输出的打印机。

严格地说“AutoCAD 打印机管理器”中的各种打印机仅是对 Windows 系统打印机的一个指向链接，但添加了 AutoCAD 关于打印方式的默认定义。

通过“添加打印机向导”可以将现有的系统打印机和非 Windows 打印机的配置保存在相应的 pc3 文件中。非 Windows 打印机可帮助输出到高精度的其他文件格式，如 DWF 网络图形格式、TGA、TIFF 等光栅文件格式、postscript 文件等。

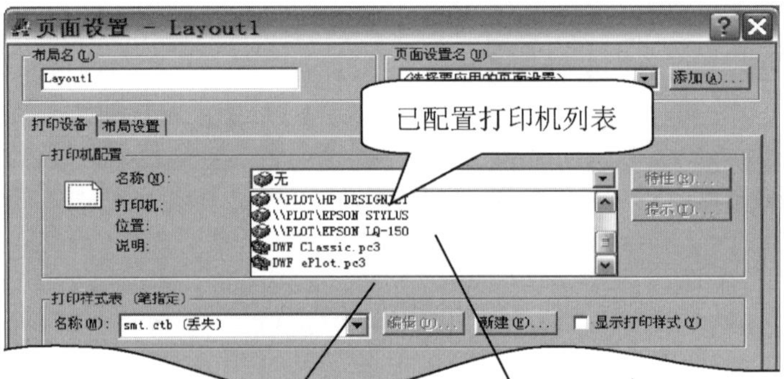

图 9-18

AutoCAD 打印机管理器

图 9-19

Windows 系统打印机

图 9-20

1. 打印样式表的功能与优点

通过打印样式表可实现：黑白、灰度、彩色等方式打印（不论图形线条为何色彩）；打印线条的粗细（按颜色或按线条自身宽度）；实心填充样式，如实心、棋盘、交叉等 100% ~ 5% 灰度填充；线型、线条连接、线条段点等式样。

打印样式表有以下优点：

（1）打印样式可按与图形颜色相关或图层图块命名相关的两种方式。如：

1）不同颜色的线条有不同的打印方式。

2）不同图层上的物体有不同的打印方式。

3）不同图块物体有不同的打印方式。

4）甚至针对每个物体都有打印样式特性。

（2）通过附着打印样式表到【布局】和【模型】选项卡，可永久保持其打印样式。

（3）通过附着不同的打印样式表到布局，可以创建不同外观的打印图纸。

（4）命名打印样式可以独立于物体的颜色使用。可以给物体指定任意一种打印样式，不管物体的颜色是什么。

【示例一】颜色相关打印样式

图 9-21（a）所示建筑图以不同色彩图层绘制，线条无宽度，通过颜色相关打印如图 9-21（b）所示。

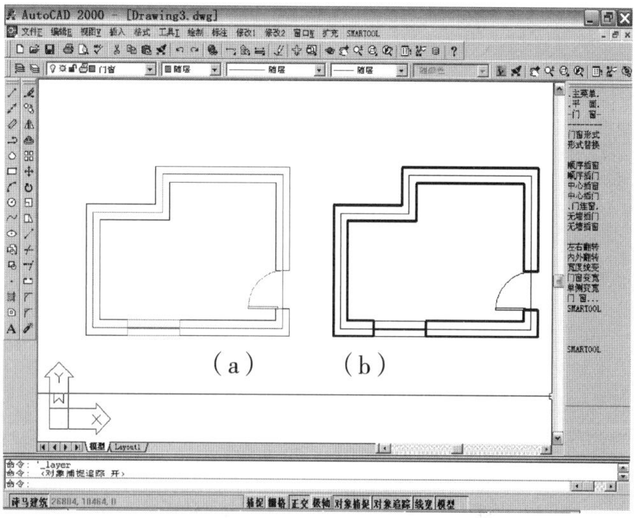

图 9-21

【示例二】命名打印样式（实体相关打印样式）

您手头有一个分阶段完成的建筑项目，则您可能会使用以下过程：

创建一个打印样式表，该表为项目不同阶段所影响的物体定义不同的打印样式，例如“阶段 1”和“阶段 2”。“阶段 1”的物体以红色打印，而“阶段 2”的物体则指定为淡显。

使用【特性】窗口（或 PROPERTIES 命令）把“阶段 1”打印样式指定给第一阶段的物体，把“阶段 2”打印样式指定给第二阶段的物体。

试创建另一个与这两种打印效果不同的打印样式表。

2. 打印样式表详解

菜单：【文件】⇨【页面设置】（图 9-22）

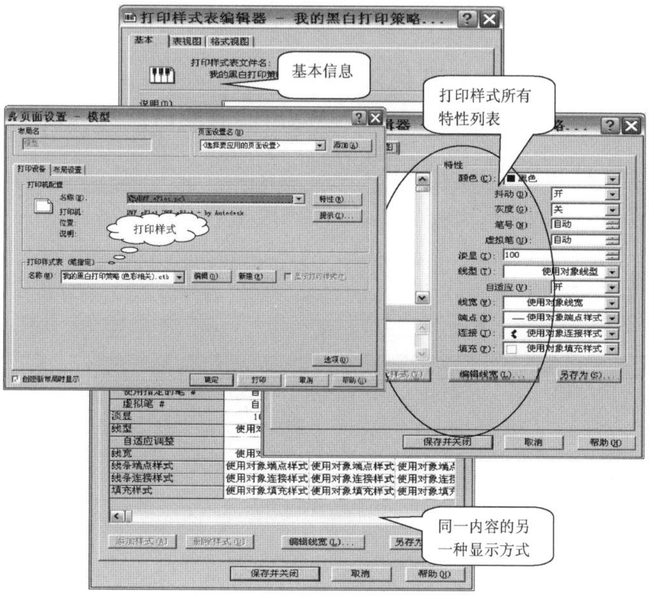

图 9-22

⌨ 命令行：PAGESETUP ↵

🖱 快捷菜单：右键单击【模型】或【布局】选项卡 ⇨【页面设置】

图中任何物体可按照其颜色或命名打印出表 9–1 列出的特性。

表 9–1　　　　打印样式表特性说明

特　性	意　义	建　议
颜色	打印到纸张上的颜色，可以是物体本身的颜色，也可以是其他颜色	1. 彩色打印，建议用“使用对象颜色”，实现“所见即所得”； 2. 黑白打印用“黑色”
颜色抖动	彩色打印机墨水仅 4~6 种色彩。为丰富色彩，需采用墨滴混合，在抖动方式用点图案模拟颜色	1. 对分辨率较低的打印机开启抖动，可能会打印出错误或模糊的线型； 2. 打印矢量线条，建议关闭抖动
颜色灰度	如果选择了“转换为灰度”，AutoCAD 将物体的颜色转换为深浅变化的灰度	1. 前提是：当前使用的打印机支持灰度； 2. “颜色”设置为“黑色”时，灰度不起作用
颜色笔号	对应笔式绘图仪的实际笔设置	建议设置为“自动”
颜色虚拟笔	对应非笔式绘图仪的虚拟笔设置	
淡显	可以选择颜色强度设置，以确定 AutoCAD 打印时的用墨量，有效的淡显值为 0 至 100	1. 选择 0 将颜色淡至白色，选择 100 则颜色最浓； 2. 如大块涂黑物体可淡显
线型	如果指定打印样式线型，指定的打印样式线型在打印时将替代物体原有的线型设置	建议使用“对象线型”，实现“所见即所得”
线型自适应	“自适应调整”设置调整线型的缩放比例以完成线型图案	建议开启
线宽	默认的打印样式线宽设置为“使用对象线宽”。如果指定了打印样式线宽，指定的打印样式线宽在打印时将替代物体的线宽设置	1. “线宽”指 lineweight。任何物体都可设置 lineweight，而不是指 pline（多段线）的宽度； 2. 本身具备宽度的物体如 PLINE、SOLID、TRACE 等打印效果不受此设置影响
端点	AutoCAD 提供如下直线端点样式选项：柄形、方形、圆形和菱形	1. 对于图纸上较细的线条（如 1mm），此设置意义不大； 2. 建议设置默认值
连接	AutoCAD 提供如下直线连接样式选项：斜接、斜角、圆形和菱形	1. 对于图纸上较细的线条（如 1mm），此设置意义不大； 2. 建议设置缺省值
填充	用实心、棋盘形、交叉线、菱形等方式来模拟不同的打印灰度	1. 填充样式仅适用 SOLID、PLINE、TRACE 和 3DFACE； 2. 如大块涂黑物体可填充淡显

3. 颜色相关打印样式

物体的颜色控制其打印效果，不同颜色物体可能有不同的打印效果。也可以通过改变物体的颜色来改变用于该物体的打印样式。

颜色相关打印样式表以 .ctb 为文件扩展名保存。

就像 AutoCAD 早期版本中使用了笔指定，AutoCAD 用物体颜色来控制笔号、线型和线宽，如图 9–23 所示。

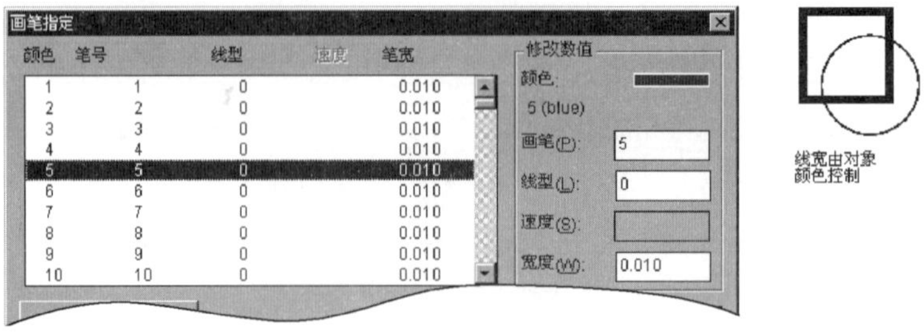

图 9–23

这种使用物体颜色的方式限制了颜色在图形中的使用。把颜色关联到画笔就不能发挥线宽、线型与颜色不相关的灵活性。按照默认规定，AutoCAD 通过创建颜色相关打印样式表继续使用物体的颜色来控制输出效果。在【打印】和【页面设置】对话框中有一个输入笔设置的向导，如图 9–24 所示。

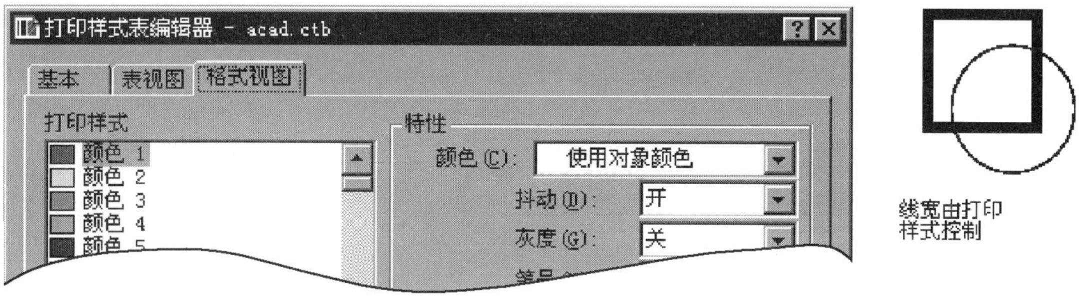

图 9–24

系统的默认方式为“颜色相关打印样式”。

缺 点

一种颜色在一张图纸上只能有一种打印样式，不够灵活。

4. 命名相关打印样式

命名打印样式可以独立于物体的颜色使用。可以给任意物体指定任意一种打印样式，不管物体的颜色是什么。因为打印样式同色彩、图层等一样均是物体的属性，如图 9–25 所示。

命名打印样式表以 .stb 为文件扩展名保存。

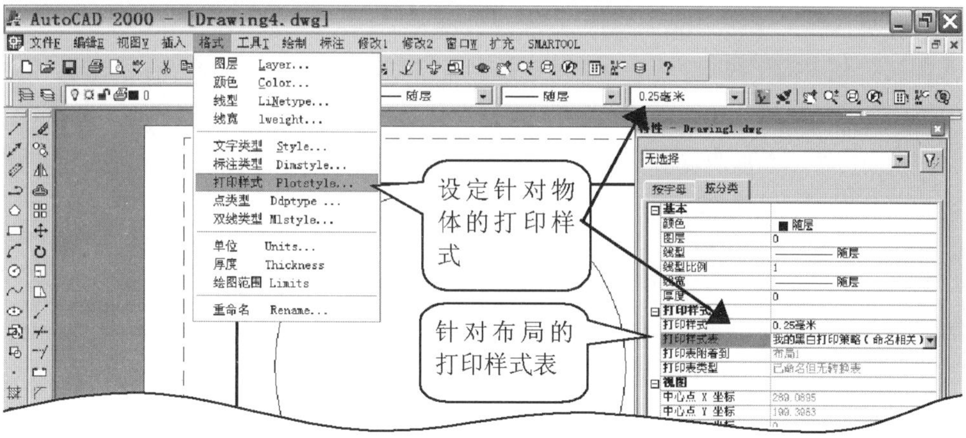

图 9–25

优 点

- 每一个物体都可以单独设置打印样式，而不论其颜色、图层、图块等属性如何。例如选中物体后，可在物体特性栏目内修改【打印样式】，如图 9–26 所示。
- 针对图块可以设置打印样式，优先权低于图块内的单个线条的打印样式。方法同上。
- 针对图层可以设置打印样式，优先权低于单个线条和图块的打印样式，如图 9–27 所示。

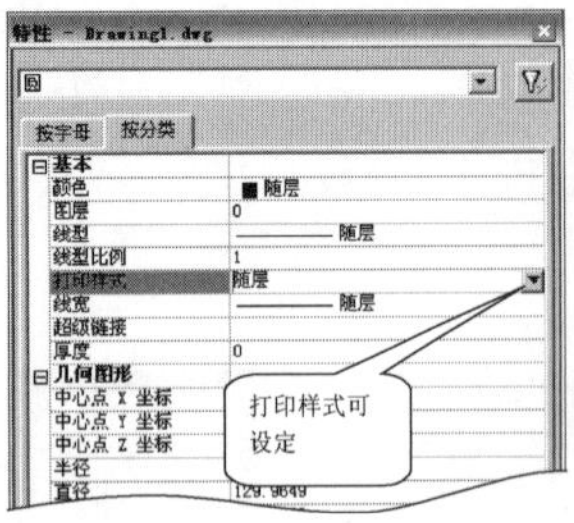

图 9-26

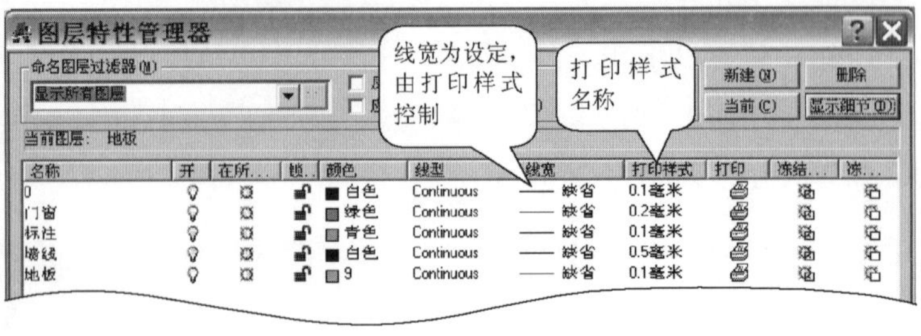

图 9-27

缺 点

屏幕显示与打印结果可能相差较大，不够直观。

对此可以开启【页面设置】⇨【打印设备】⇨【打印样式表（笔指定）】⇨【显示打印样式】来达到直观的效果，但会降低计算机速度。

思考题

1. 如何在同一个 DWG 图纸文件中标注多种比例的尺寸？如何在同一个图框内标注多种比例的尺寸？

2. 如何设置布局内视口中图形的精确显示比例？如何锁定布局内已调整好的图形比例？

3. 如何设置图层，让其在不同的视口中有不同的显示？

4. 控制打印时线条宽度有哪几种方法？如何预览打印效果？

5. 如何打印图纸为光栅图像？一般 A3 幅面的光栅图像需要多大的图形分辨率？

6. 如何将彩色线条打印成黑色？如何将图中的实心填充图案打印成浅灰色？

7. 什么是视口？模型空间中的视口和布局中的视口有什么区别？

8. 如何绘制多边形视口？

9. 如何隐藏布局中的视口边框线条？

10. 若图纸需要委托打印公司去打印图纸，如何保证打印符合要求？若多次打印，如何保证每次打印的效果相同？

第10单元 三维建模

【教学目标】

1. 掌握三维建模的基本步骤。
2. 掌握三维视觉样式查看方法。
3. 了解基本实体的绘制方法。
4. 了解三维实体的编辑。
5. 通过实例感受UCS坐标系在三维建模中的应用。
6. 通过实例学会完整三维模型的建模方法。

【项目内容】

1. 小楼三维模型的绘制。
2. 三维模型的观察。
3. 三维实体的绘制。
4. 三维实体的编辑。
5. 别墅三维模型的建模。

【教学重点】

1. 通过二维平面建立三维模型的方法。
2. 实体编辑中并集和差集的灵活运用。
3. 建立三维模型的基本步骤。

【教学难点】

完整三维模型的建模，如墙体、窗户、平台、楼梯等各部分的建模和组合方法。

10.1 项目导入1：小楼三维模型的绘制

三维模型具有良好的直观性，在建筑设计中常用来作为设计参考图和效果图，下面结合一栋小楼的三维模型实例讲述维模型设计方法。

10.1.1 绘制轴线网

（1）打开 AutoCAD2010 程序。

单击图层特性图标打开选择图层特性管理器选项卡，系统弹出“图层特性管理器”对话框，在对话框中单击“新建”按钮，新建图层“轴线”，线形选择“点画线”，其他设置采用默认设置，然后双击新建的图层或单击轴线图层再点击对号按钮，使得当前图层是“轴线”。单击“关闭”按钮退出对话框，如图 10-1 所示。

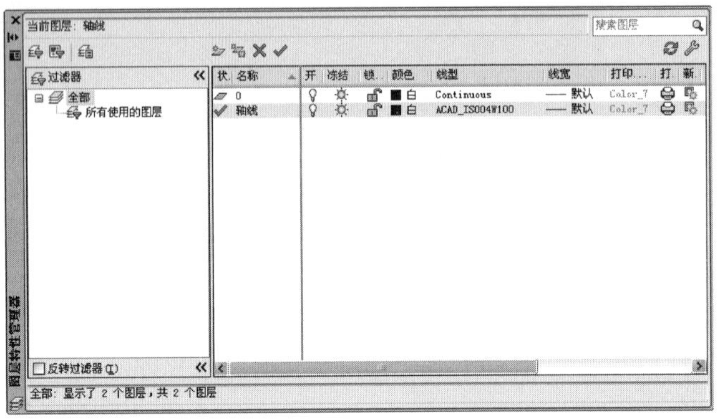

图 10-1

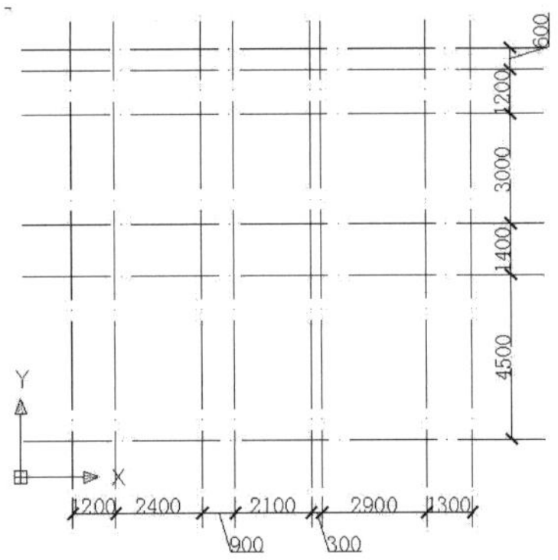

图 10-2

（2）首先打开“正交”模式。打开绘图工具栏，选择直线命令图标，绘制一条水平线和一条竖直线。

（3）打开修改工具栏，选择偏移命令图标，让水平线连续分别往上偏移 4500，1400，3000，1200 和 600 得到水平方向的辅助线。打开修改工具栏，选择偏移命令图标，让竖直构造线连续分别往右偏移 1200，2400，900，2100，300，2900，1300，得到竖直方向的辅助线。它们和水平辅助线一起构成正交的辅助轴线网。这样得到底层的辅助轴线网格，如图 10-2 所示。

10.1.2 绘制平面墙体

绘制平面墙体应用到“多线”命令比较方便。墙厚 240 绘制平面墙体的步骤如下：

（1）单击图层特性图标，打开选择图层特性管理器选项卡，系统弹出“图层特性管理器”对话框，在对话框中单击“新建”按钮，新建图层“240 厚外墙”，设置采用默认设置，然后双击新建的图层或单击轴线图层再点击✔，使得当前图层是“240 厚外墙”。单击“关闭”按钮退出对话框，如图 10-3 所示。

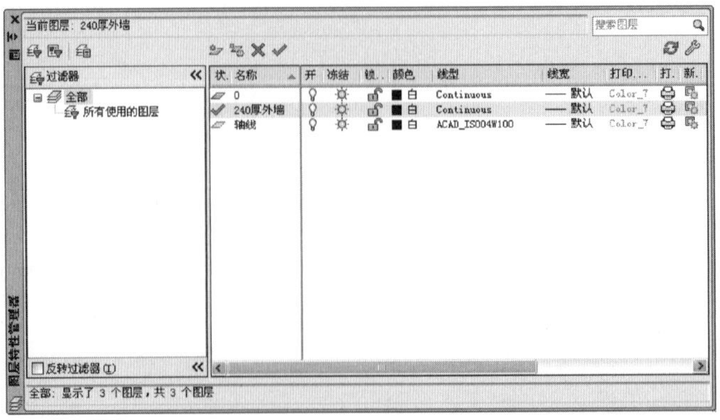

图 10-3

（2）调用下拉菜单命令“格式”｜“多线样式”，在弹出的“多线样式”对话框中，单击“新建”按钮，在打开的“创建新的多线样式”，对话框中输入样式名“240外墙”，单击“继续”按钮，系统打开“新建多线样式”对话框，在“封口”选项组，选择起点，终点的封口样式，这里勾选直线选项。在“图元”选项组其中的元素偏移量设为 0.5 和 -0.5 即可，如图 10-4 所示。

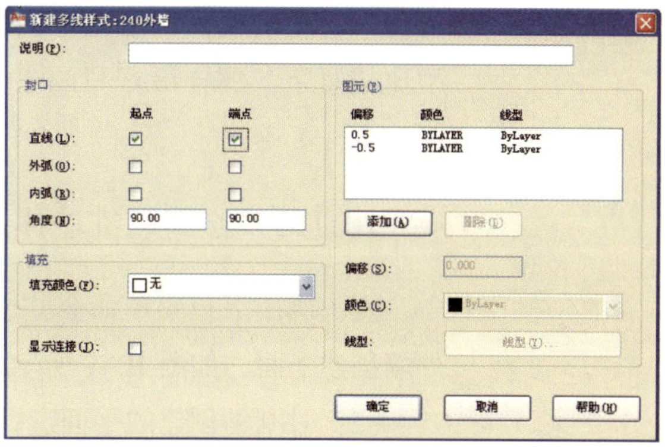

图 10-4

（3）单击“确定”按钮返回“多线样式”对话框。把多线名称是“240 外墙”的多线样式置为当前，然后单击“确定”按钮完成 240 厚墙体多线的设置。

（4）在命令栏输入“ML”调用多线命令（或调用下拉菜单命令“绘图”｜“多线”），根据命令提示把对齐方式设为“无”，把多线比例设为“240”，注意多线样式为“240 外墙”，这样完成多线样式的调节。然后绘制多线，根据轴线网格绘制如图 10-5 所示的墙体平面多线图。

（5）放大刚刚绘制的一部分墙体多线图，发现使用多线绘制的墙体是不连贯的。实际上连接着的墙体都应该是连贯的，需要把墙体连贯起来。

（6）双击刚刚绘制的墙体，打开“多线编辑工具”，对多线进行编辑，如图 10-6 所示。

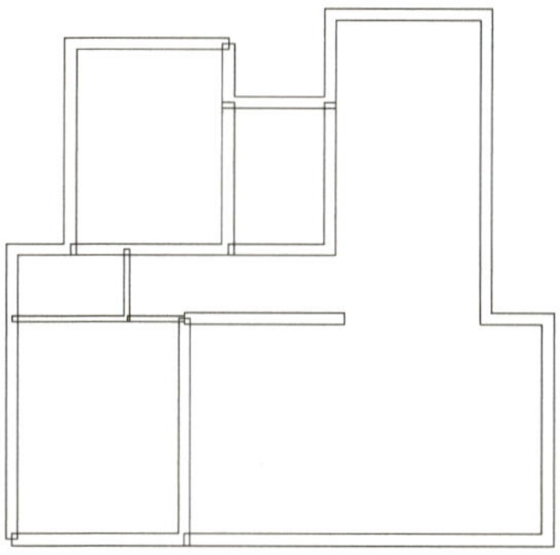

图 10-5

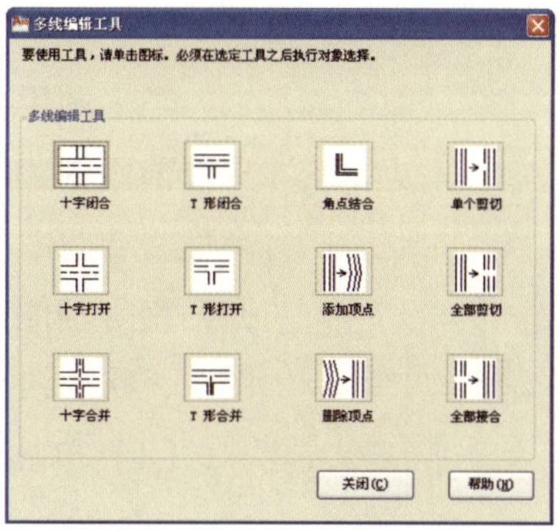

图 10-6

（7）结果如图 10-7 所示。可以看得出来，修剪后的墙体光滑连贯，但仍有部分墙体存在多余线条。

（8）打开修改工具栏，选择分解图标，然后选择所有的对象作为分解操作的对象，这样就能把全部的多线分解掉，分解的结果是得到许多直线。对直线进行修剪。很快就可以把当前显示的多余线条全部修剪掉，结果如图 10-8 所示。可以看得出来，修剪后的墙体光滑连贯。

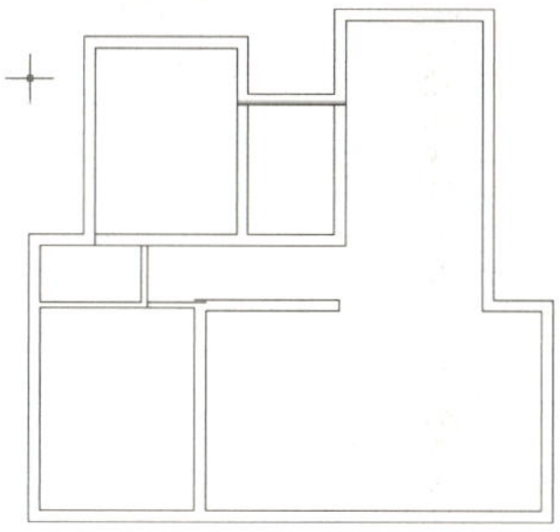

图 10-7

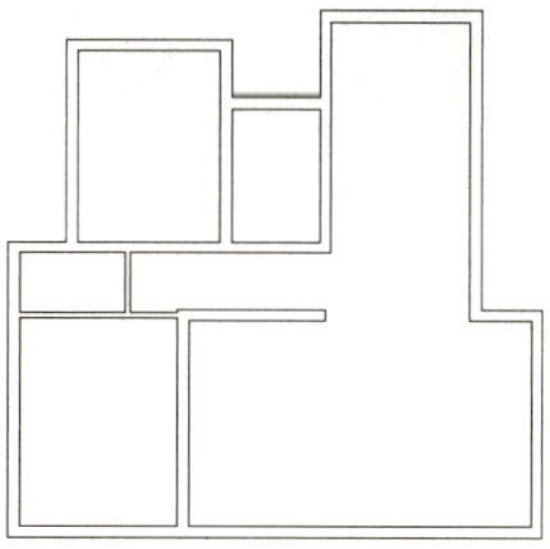

图 10-8

本次画出墙体的全部平面图，实际上有用的也就只是最外层的墙体。如果绘制的模型比较复杂，那样最好只画出一个外层即可。在后面的建模中，仅对最外层的墙体进行拉伸。

10.1.3　绘制三维墙体

（1）调用下拉菜单命令“绘图”｜“建模”｜“平面曲面”（或点击图标），在外墙创建平面，如图 10-9 所示。

（2）对刚刚创建的平面进行镜像，得到这个单元的另一部分，如图 10-10 所示。

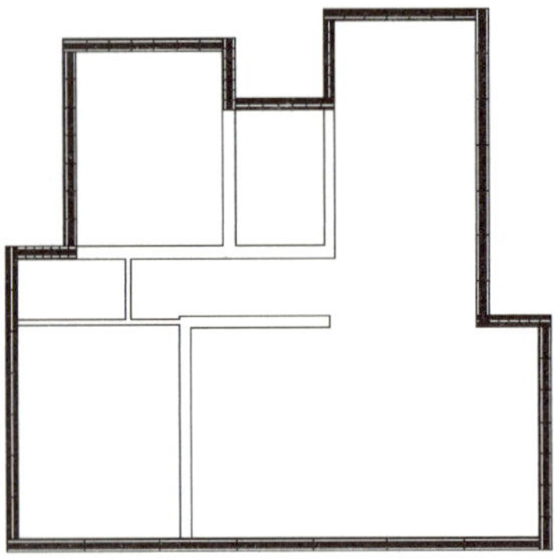

图 10-9

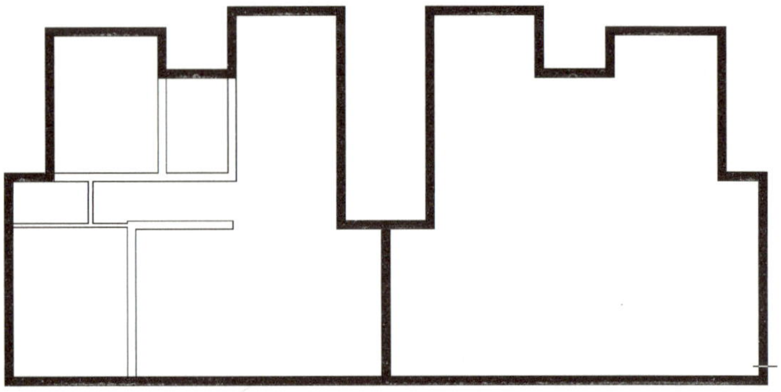

图 10-10

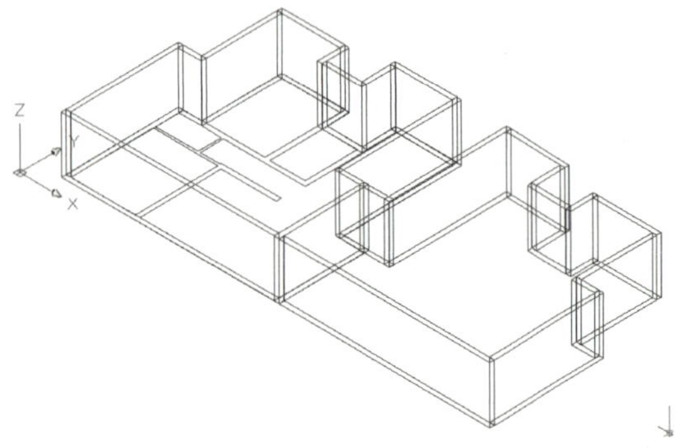

图 10-11

（3）调用下拉菜单命令“绘图”｜“建模”｜“拉伸”，选择前面创建的平面作为拉伸对象，根据命令提示设置拉伸高度为 2900，其他采用默认设置。就能绘制出一个实体。返回西南等轴侧视图（调用下拉菜单命令“视图”｜“三维视图”），绘制结果如图 10-11 所示。

（4）单击图标后，墙体的样式，如图 10-12 所示。

（5）单击“修改”｜“实体编辑”｜“并集”，或单击图标，把外墙合并成一个整体，如图 10-13 所示。

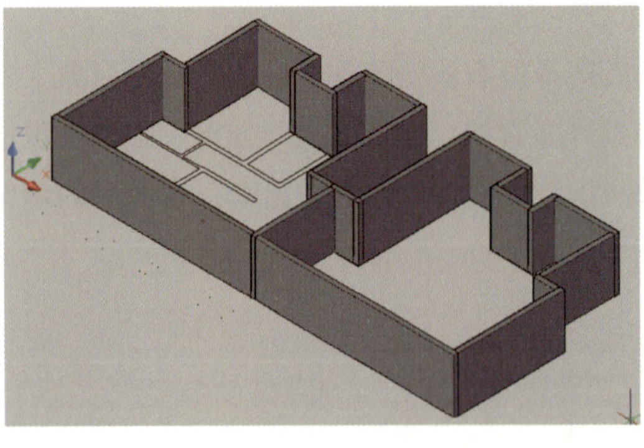

图 10-12

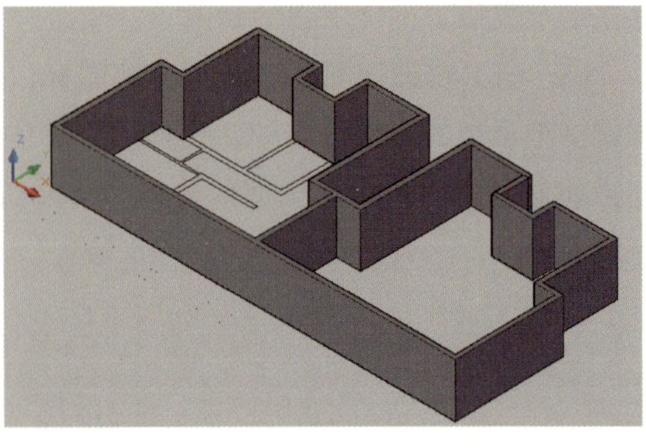

图 10-13

10.1.4　绘制正面台阶

绘制台阶线先要绘制出台阶平面图，然后对平面图进行拉伸就能得到台阶三维实体，最后对台阶进行布置即可。绘制台阶的具体步骤如下：

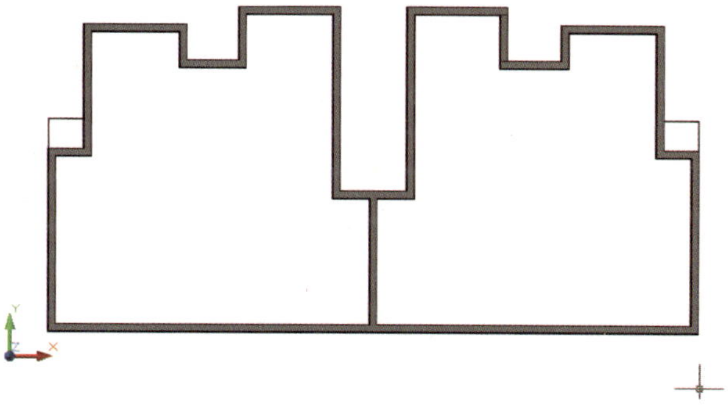

图 10-14

（1）单击图层特性图标，打开选择图层特性管理器选项卡，系统弹出“图层特性管理器”对话框，在对话框中单击“新建”按钮，新建图层“台阶”，设置采用默认设置，然后双击新建的图层或单击轴线图层再点击对号按钮，使得当前图层是“台阶”。单击“关闭”按钮退出对话框。

（2）打开绘图工具栏，选择矩形命令图标▭，绘制一个 1200×1000 规格的矩形，绘制结果如图 10-14 所示。绘制这个左边矩形，可以选中右下角点作为矩形的第一个角点，然后系统提示需要输入第二个角点时，输入“-1200，1000”即可得出第二个角点，从而完成矩形的绘制。绘制这个右边矩形，可以选中左下角点作为矩形的第一个角点，然后系统提示需要输入第二个角点时，输入“1200，1000”即可得出第二个角点，从而完成矩形的绘制。

（3）打开修改工具栏，选择偏移命令图标，根据系统提示输入偏移距离为 300，选中刚才绘制的矩形作为偏移对象，连续往外偏移两次，就能得到外边的两个矩形，绘制结果如图 10-15 所示。

（4）打开修改工具栏，选择修剪图标，修剪掉多余的线条，只保留漏在外边的台阶线条，得到台阶的平面图，绘制结果如图 10-16 所示。

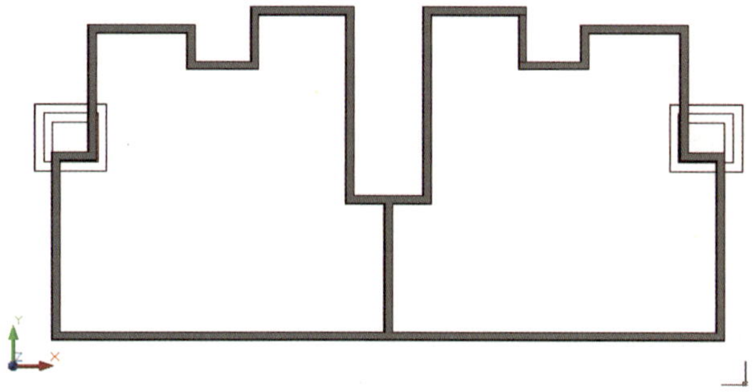

图 10-15

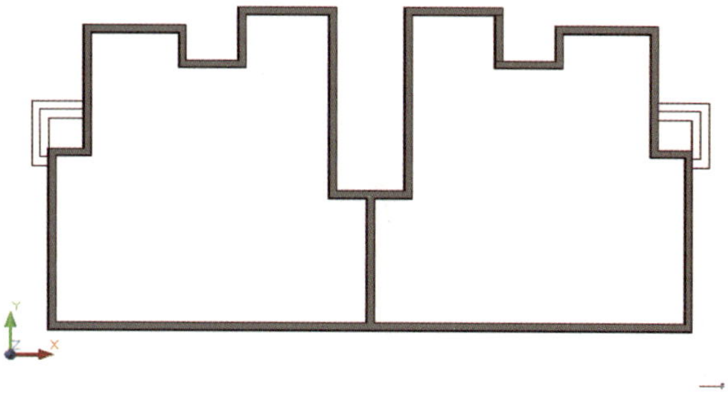

图 10-16

（5）调用下拉菜单命令“绘图”|“建模”|“平面曲面”（或单击图标 平面曲面），在外墙创建平面。单击东北等轴侧视图（调用下拉菜单命令“视图”|“三维视图”），绘制结果如图 10-17 所示。

（6）调用下拉菜单命令“绘图”|“建模”|“拉伸”，选择前面绘制最外面的平面曲面作为拉伸对象，根据命令提示设置拉伸高度为 150，其他采用默认设置。就能绘制出最外边的台阶实体。

（7）调用下拉菜单命令“绘图”|“建模”|“拉伸”，选择前面绘制中间的平面曲面作为拉伸对象，根据命令提示设置拉伸高度为 300，其他采用默认设置。就能绘制出中间一个台阶实体。

（8）调用下拉菜单命令“绘图”|“建模”|“拉伸”，选择前面绘制最里边的平面曲面作为拉伸对象，根据命令提示设置拉伸高度为 450，其他采用默认设置。就能绘制出

最里面的一个台阶实体。就这样绘制出了 3 个台阶实体，其三维模型如图 10–18 所示。

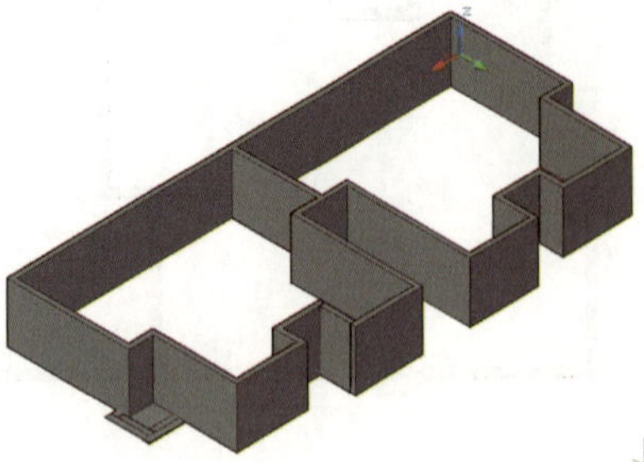

图 10-17

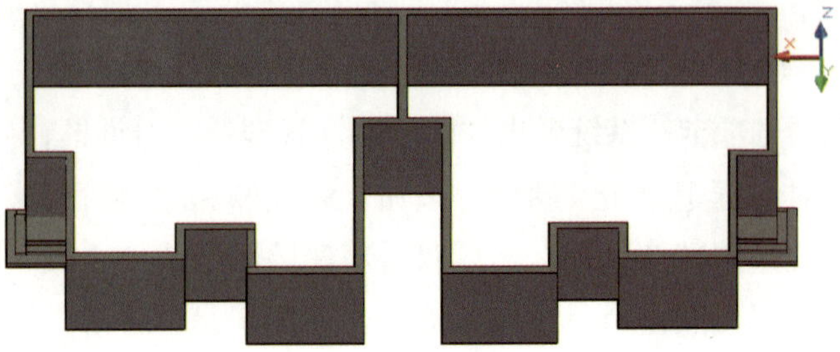

图 10-18

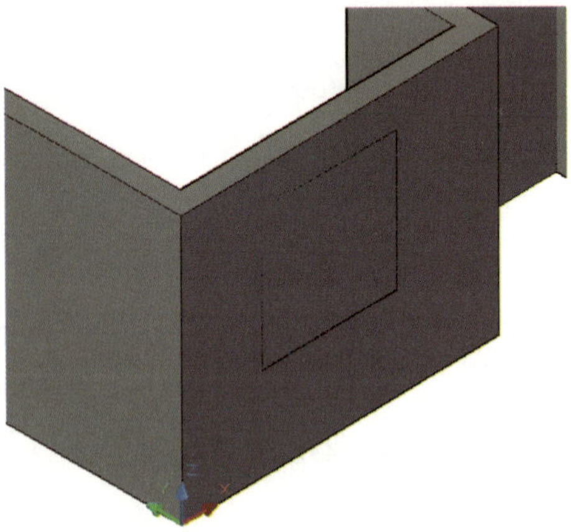

图 10-19

10.1.5 绘制门窗

绘制窗户的具体步骤如下：

（1）建立 UCS 坐标系，效果如图 10–19 所示。

（2）打开绘图工具栏，选择长方体命令图标，在平面图的一个开间的墙的正中间绘制一个 1500×240×1500 的长方体。

命令如下：

命令：BOX

指定第一个角点或 [中心（C）]:900,0,1000

指定其他角点或 [立方体（C）/ 长度（L）]:@1500，240，1500

（3）调出修改工具栏，选择复制命令图标，根据需要把窗洞复制到其他各个开间复制结果如图 10–20 所示。

（4）打开修改工具栏，选择移动命令图标，选择这些窗洞实体作为移动对象，随便选择一个点作为基点，然后输入相对坐标“:@900，0，1000”（@150，0，1000；@0，0，1000）移动这些实体，如图 10–21 所示。

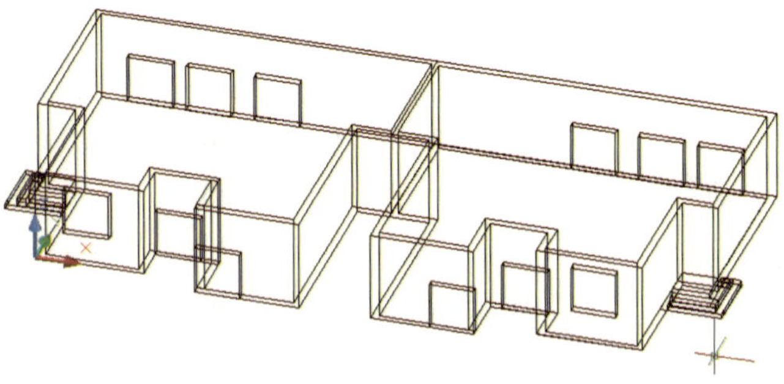

图 10-20

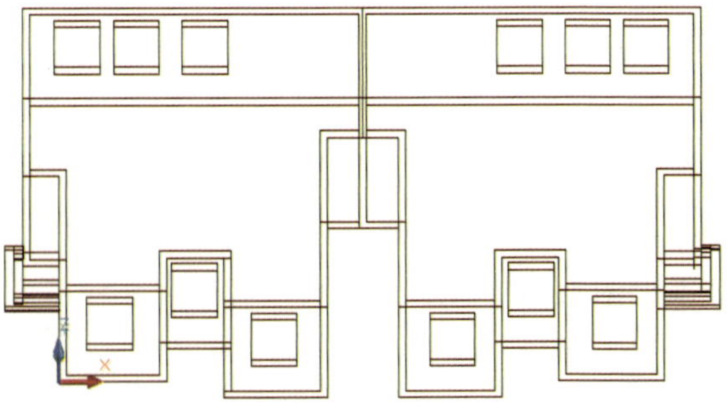

图 10-21

（5）调用下拉菜单命令“修改”｜“实体编辑”｜“差集”，然后根据命令提示选择墙体实体作为母体并确认，然后根据命令提示选择全部的窗体实体作为要减去的子体即可。这样就会通过布尔运算求差得到带有窗洞的墙体。这样就在墙体的相应位置上开出了窗洞，如图 10–22 所示。

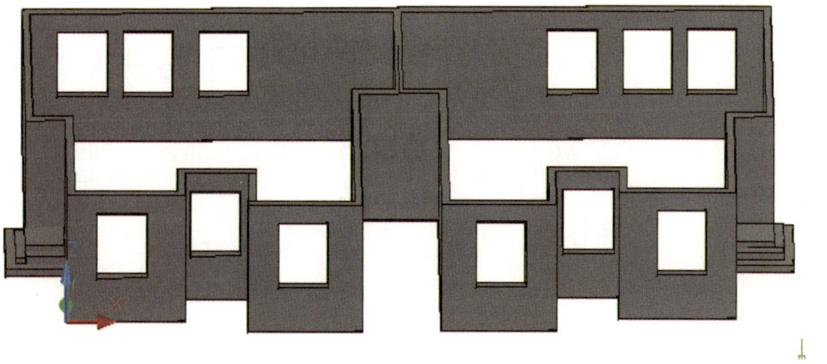

图 10-22

10.1.6　绘制其他层三维模型

小楼一共有 6 层，其他层和底层的情况基本上一样。可以使用三维阵列命令得到其他层。具体的步骤如下：调用下拉菜单命令“修改”｜“三维操作”J｜“三维阵列”

命令如下：

命令 : 3DARRAY

选择对象 : 找到 1 个

输入阵列类型 [矩形（R）/ 环形（P）]< 矩形 >:

输入行数（---）<1>:1

输入列数（|||）<1>:1

输入层数（…）<1>:6

指定层间距（…）:2900

结果如图 10-23 所示。

图 10-23

10.1.7　绘制侧门

（1）打开绘图工具栏，选择矩形命令图标，在侧面出口的正中间绘制一个 1000×240×2000 的长方体。然后调用下拉菜单命令“修改”｜“三维操作”｜“三维移动”，选择前面绘制的立方体移动到台阶上，就能绘制出一个门洞实体。

（2）调用下拉菜单命令“修改”｜“实体编辑”｜“差集”，然后根据命令提示选择墙体实体作为母体并确认，然后根据命令提示选择门洞实体作为要减去的子体即可。这样就会通过布尔运算求差得到带有门洞的墙体，这样就在墙体的相应位置上开出了门洞，如图 10-24 所示。

图 10-24

10.1.8　绘制顶层楼板

（1）打开绘图工具栏，选择多段线命令图标，使用多段线绕着外墙的中轴线一圈。打开修改工具栏，选择偏移命令图标，将刚才绘制的多段线往外偏移 500 得到一条多段线，结果如图 10–25 所示。

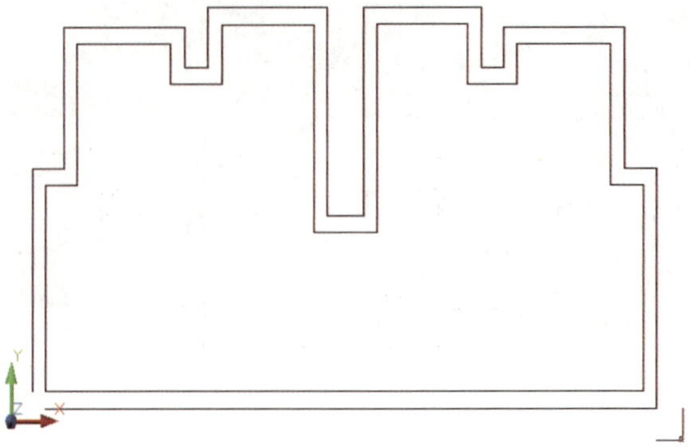

图 10–25

其中所选中的多段线就是偏移得到的多段线。

（2）调用下拉菜单命令“绘图”｜“建模”｜“平面曲面”（或点击图标 平面曲面），以多段线为边创建平面。点击东北等轴侧视图（调用下拉菜单命令“视图”｜“三维视图”），绘制结果如图 10–26 所示。

（3）调用下拉菜单命令“绘图”｜“建模”｜“拉伸”，选择刚才绘制的外边的封闭多段线作为拉伸对象，根据命令提示设置拉伸高度为 120，其他采用默认设置。就能绘制出一个楼板实体。绘制结果如图 10–27 所示。

图 10–26

图 10–27

（4）打开修改工具栏，选择移动图标，选择楼板实体作为移动对象，随便选择一点作为移动的基点，采用相对坐标“@0，0，17400”把楼板移动到顶部。这样就完成了小楼的绘制，如图 10–28 所示。

调用下拉菜单命令“视图”｜“消隐”，最终绘制结果如图 10–29 所示。

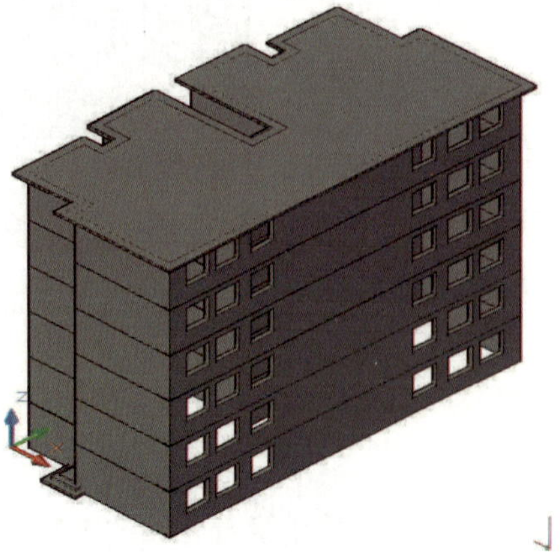

图 10–28

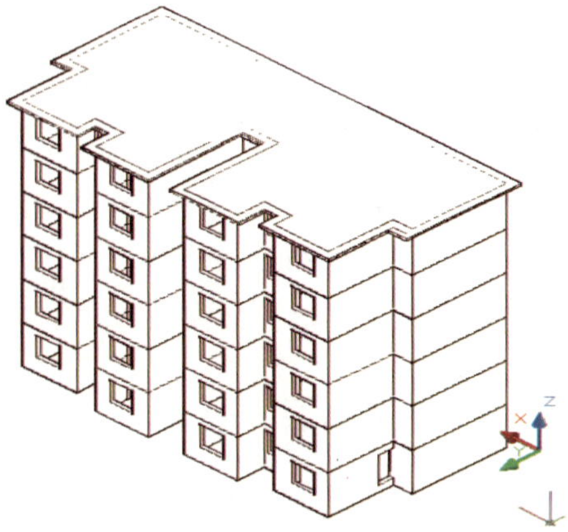

图 10–29

10.1.9 绘制底板

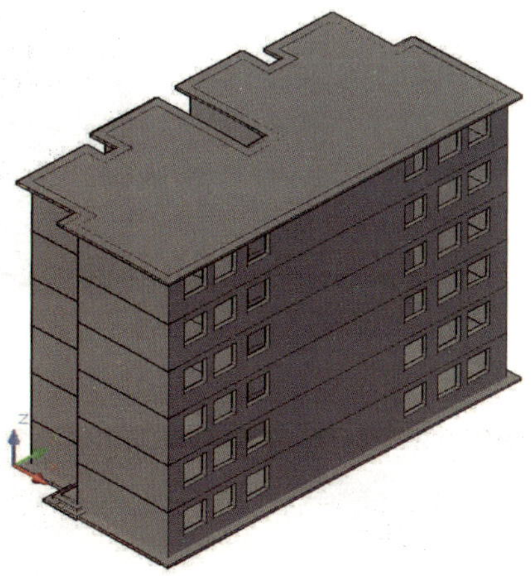

图 10-30

（1）小楼底板和顶层的情况基本上一样。可以使用三维阵列命令得到其底板。具体的步骤如下：调用下拉菜单命令“修改” | “三维操作” | “三维阵列”。

命令如下：

命令 : 3DARRAY

选择对象 : 找到 1 个

输入阵列类型【矩形（R）/ 环形（P）】< 矩形 >:

输入行数（---）<1> : 1

输入列数（|||）<1> : 1

输入层数（…）<1> : 2

指定层间距（…）: -17400

绘制结果如图 10-30 所示。

（2）在三维实体的绘图中，常常需要从不同角度的视图来观察绘制结果。平时所做的绘图工作多在一个视图中完成和观察，而多视图效果在绘制三维图形中具有很大的作用。点击“视图” | “视口” | “四个视口”，可以给建筑图设置“前视”、“后视”，“右视”和“西北等轴侧”4 个视图消隐后的效果如图 10-31 所示。

这样，就把主立面图、背立面图、右立面图以及三维效果图都在一个屏幕中显示，便于参考和进行操作。

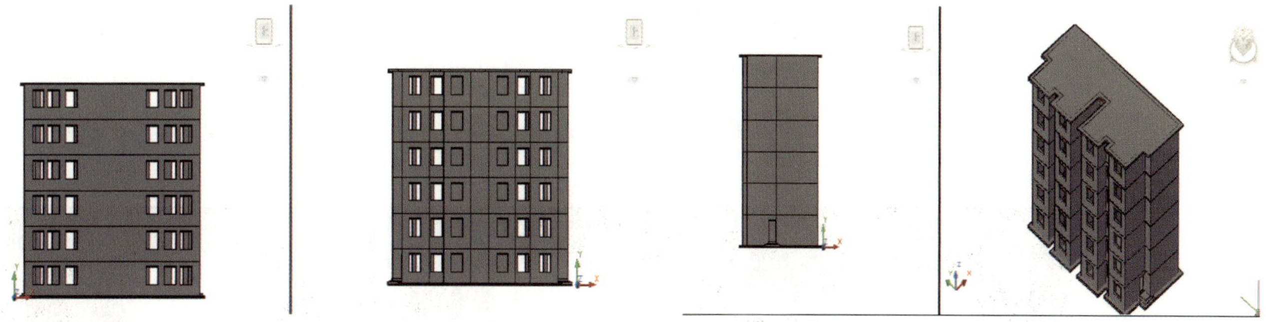

图 10-31

10.2 知识点 1 : 观察三维模型

在 AutoCAD 中，使用“视图”菜单下的“缩放”、“视图”菜单下的“平移”子菜单中的命令可以缩放或平移三维图形，以观察图形的整体或局部。其方法与观察平面图形的方法相同。此外，在观测三维图形时，还可以通过旋转、消隐及着色等方法来观察三维图形。

10.2.1 消隐图形

在绘制三维曲面及实体时，为了更好地观察效果，可选择“视图”菜单下的“消隐”命令（HIDE），暂时隐藏位于实体背后而被遮挡的部分如图 10-32 所示。

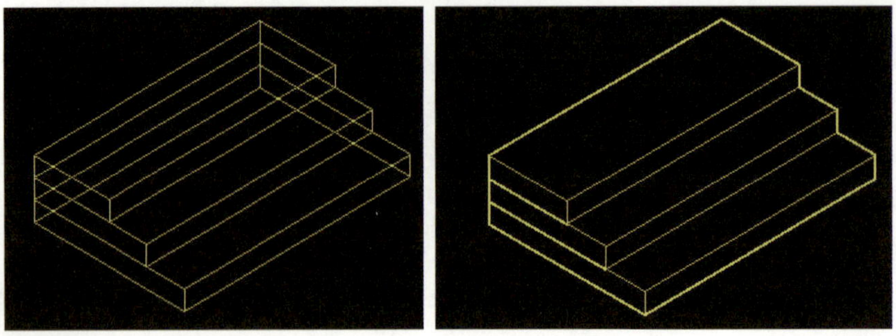

图 10-32

图 10-33

10.2.2 着色图形

在 AutoCAD 中，使用“视图”菜单下的“着色”子菜单中的命令，可生成“二维线框”、“三维线框”、“消隐”、“平面渲染”、“体渲染”、“带边框平面渲染”和“带边框体渲染”多种视图。例如，选择“视图”—“着色”—“平面着色”命令，以图形的线框颜色着色图形，如图 10-33 所示。

10.2.3 着色工具栏

 可在立体表面涂上单一颜色，还可根据立体面所处方位的不同而表现出对光线折射的差别。

（1）二维线框：显示用直线和曲线表示边界的对象。

（2）三维线框：显示用直线和曲线表示边界的对象，这是 UCS 为一个着色的三维图标。

（3）消隐：显示用三维线框表示的对象，同时消隐表示后向面的线。

（4）平面着色：用于在多边形面之间着色对象，但平面着色的对象不像体着色的对象那样细致、光滑（图 10-34）。

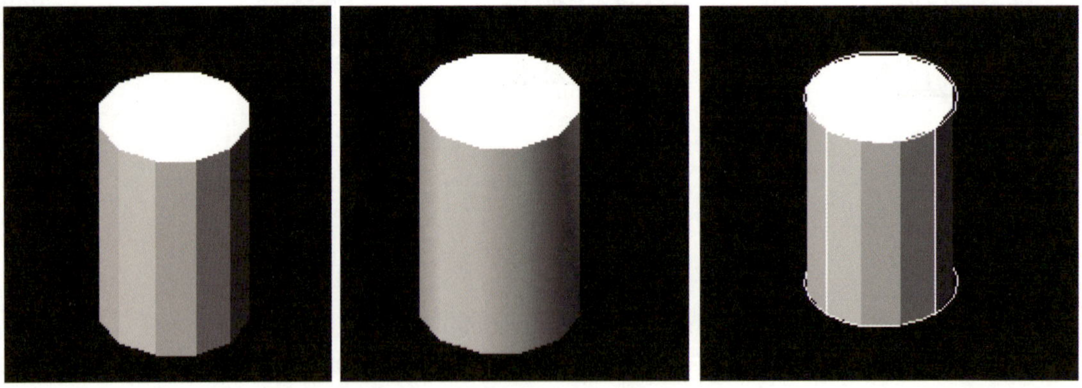

平面着色　　体着色　　带边框平面着色

图 10-34

（5）体着色：用于对多边形平面之间的对象进行着色，并使其边缘平滑，给对象一个光滑，具有真实感的外观。

（6）带边框平面着色：合并平面着色和线框选项。

（7）带边框体着色：合并体着色和线框选项。

10.2.4 “三维动态观察器”和“三维连续观察器”

（1）选择“视图”菜单下“三维动态观察器”命令（BDORBIT）或单击中的三维动态观察按钮，可通过单击和拖动的方式，在三维空间动态观察对象。移动光标时，其形状也将随之改变，以指示视图的旋转方向（图 10–35）。

（2）单击中的三维连续观察按钮，是鼠标拖动的方向就是旋转的方向，鼠标拖动的快与慢就是模型旋转速度的快与慢（图 10–36）。

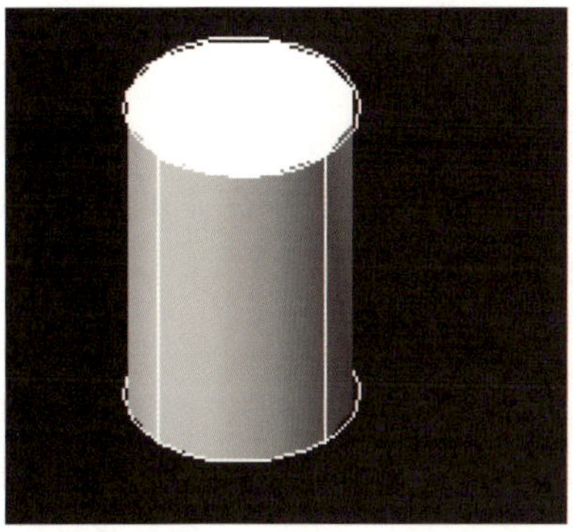

图 10–35

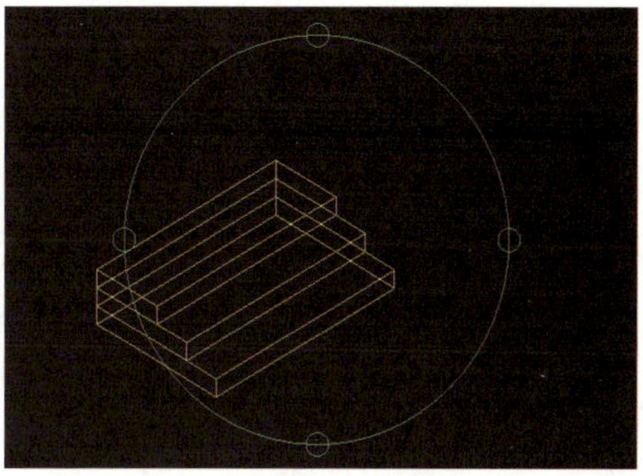

图 10–36

10.3 知识点 2：绘制三维实体

10.3.1 绘制基本实体

在 AutoCAD 中，使用“绘图”—“建模”子菜单中的命令，或使用“建模”工具栏，可以绘制长方体、球体、圆柱体、圆锥体、楔体及圆环体等基本实体模型，如图 10–37 所示。

（1）选择“绘图”—“实体”—“长方体”命令（BOX），或在“实体”工具栏中单击“长方体”按钮，都可以绘制长方体，此时命令行显示如下提示。

指定长方体的角点或 [中心点（CE）] <0，0，0>:

图 10–37

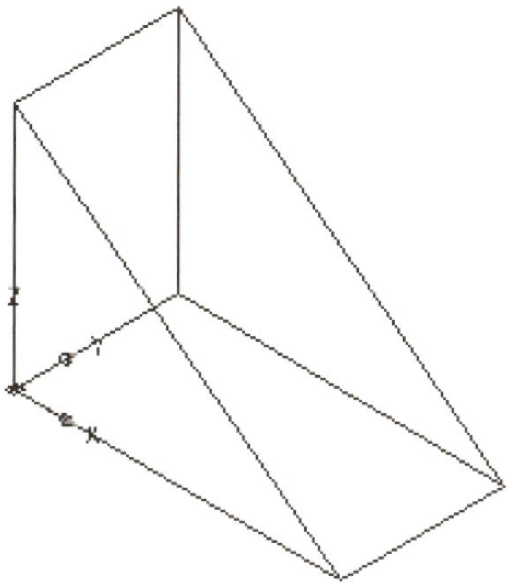

图 10–38

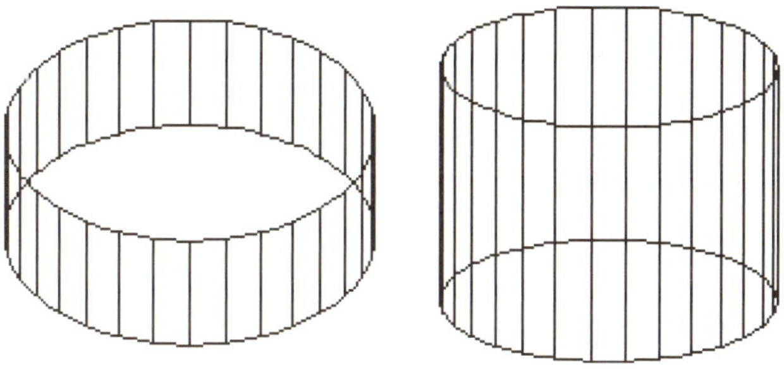

图 10–39

在创建长方体时，其底面应与当前坐标系的 XY 平面平行，方法主要有指定长方体角点和中心两种。

（2）选择“绘图”—“实体”—“楔体”命令（WEDGE），或在“实体”工具栏中单击“楔体”按钮，都可以绘制楔体。由于楔体是长方体沿对角线切成两半后的结果，因此可以使用与绘制长方体同样的方法来绘制楔体，如图 10-38 所示。

（3）选择“绘图”—“实体”—“圆柱体”命令（CYLINDER），或在“实体”工具栏中单击“圆柱体”按钮，可以绘制圆柱体或椭圆柱体。

（4）选择“绘图”—“实体”—“圆锥体”命令（CONE），或在“实体”工具栏中单击“圆锥体”按钮，即可绘制圆锥体或椭圆形锥体。

（5）选择“绘图”—“实体”—“球体”命令（SPHERE），或在“实体”工具栏中单击“球体”按钮，都可以绘制球体。

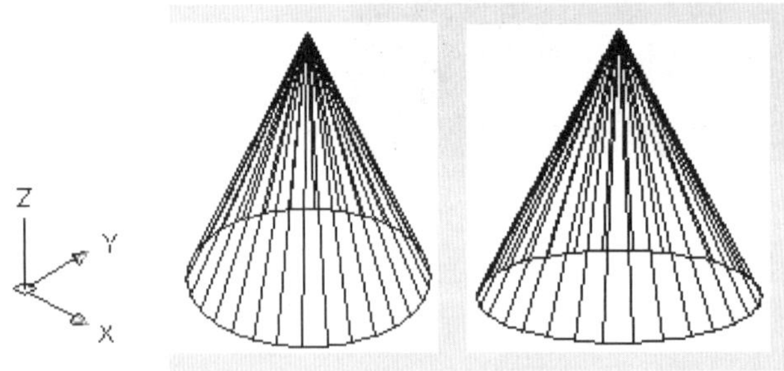

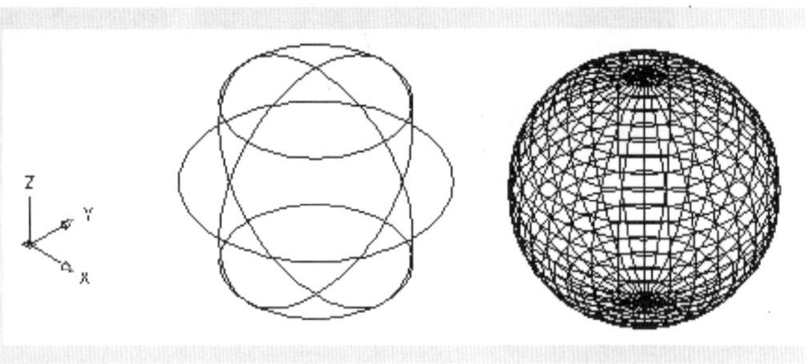

图 10-40　图 10-41

（6）选择“绘图”—“实体”—“圆环体”命令（TORUS），或在“实体”工具栏中单击“圆环体”按钮，都可以绘制圆环实体，此时需要指定圆环的中心位置、圆环的半径或直径，以及圆管的半径或直径。

10.3.2　通过二维图形创建实体

在 AutoCAD 中，选择“绘图”—“实体”—“拉伸”命令（EXTRUDE），可以将 2D 对象沿 Z 轴或某个方向拉伸成实体。拉伸对象被称为断面，可以是任何 2D 封闭多段线、圆、椭圆、封闭样条曲线和面域，多段线对象的顶点数不能超过 500 个且不小于 3 个，如图 10-42 所示。

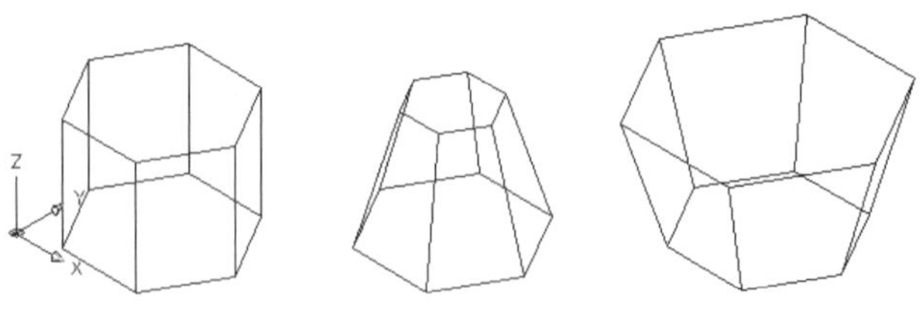

图 10-42　拉伸倾斜角度为0°　拉伸倾斜角度为15°　拉伸倾斜角度为-10°

对二维线进行拉伸方法：

（1）在命令栏中输入快捷键为 EXT。

（2）指定拉伸的高度。

（3）指定拉伸的倾斜角度。

（4）确定。

使用“绘图”|“实体”|“旋转”命令，将二维对象绕某一轴旋转生成实体。用于旋转的二维对象可以是封闭多段线、多边形、圆、椭圆、封闭样条曲线、圆环及封闭区域。三维对象、包含在块中的对象、有交叉或自干涉的多段线不能被旋转，而且每次只能旋转一个对象，如图 10-43 所示。

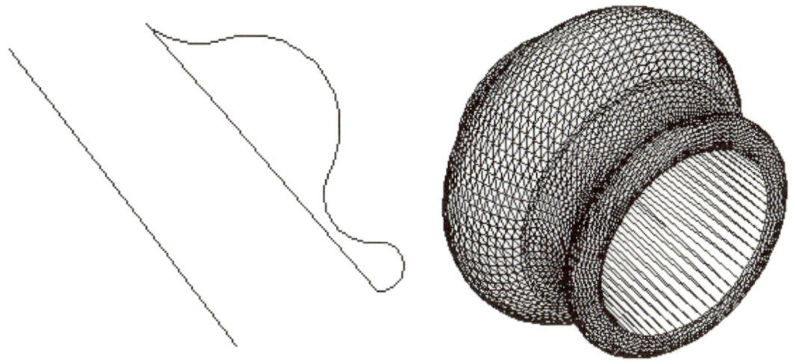

图 10-43

10.4 知识点 3：三维实体的编辑

在 AutoCAD 中，可以对三维实体进行并集、差集、交集布尔运算来创建复杂实体。

并集运算：并集是指将两个实体所占的全部空间作为新物体。

差集运算：指 A 物体在 B 物体上所占空间部分清除，形式的新物体（A-B 或 B-A）。

交集运算：指两个实体的公共部分作为新物体。

（1）选择“修改”—“实体编辑”—“并集”命令（UNION），或在“实体编辑”工具栏中单击“并集”按钮，可以实现并集运算，如图 10-44 所示。

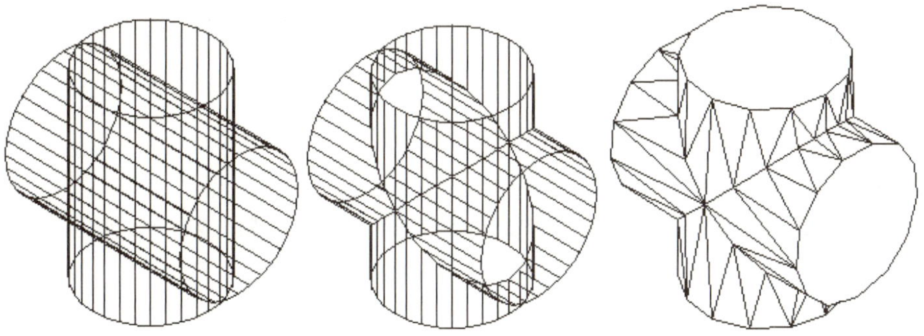

图 10-44

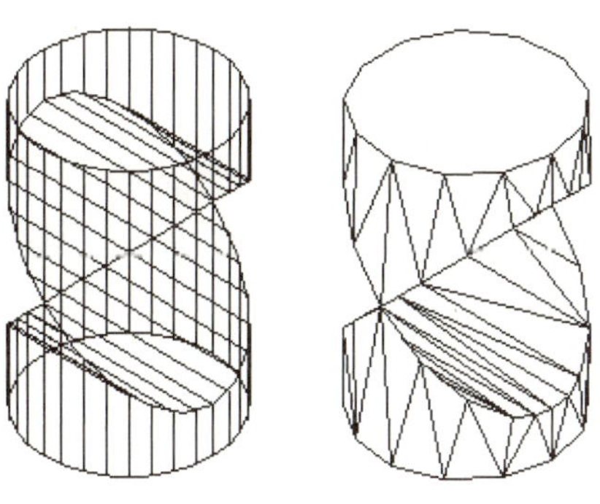

图 10-45

使用并集的步骤：

1）从“修改”菜单中选择“实体编辑”或单击中的按钮。

2）为并集选择一个面域。

3）选择另一个面域。

4）可以按任何顺序选择要合并的面域。继续选择面域，或按 ENTER 键结束命令。

（2）选择“修改”—“实体编辑”—“差集”命令（SUBTRACT），或在“实体编辑”工具栏中单击“差集”按钮，可以实现差集运算，如图 10-45 所示。

使用差集的步骤：

1）从“修改”菜单中选择“实体编辑”或单击中的按钮。

2）选择一个或多个要从其中减去的面域，然后按 ENTER 键。

3）选择要减去的面域，然后按 ENTER 键。

即：已从第一个面域的面积中减去了所选定的第二个面域的面积。

（3）选择“修改”—“实体编辑”—“交集”命令（INTERSECT），或在“实体编辑”工具栏中单击“交集”按钮，可以实现交集运算，如图 10-46 所示。

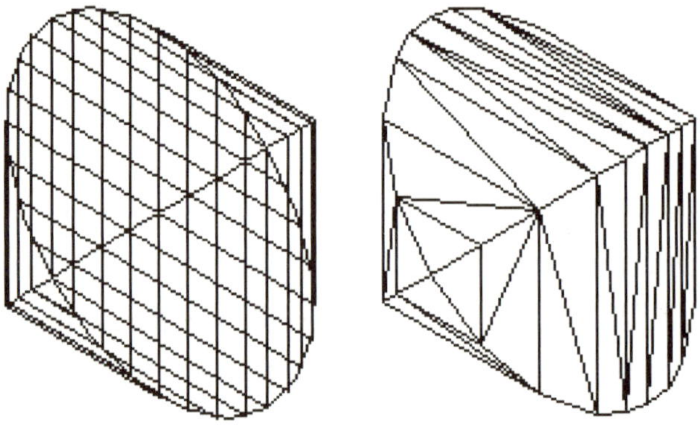

图 10-46

使用交集的步骤：

1）从“修改”菜单中选择“实体编辑”或单击中的按钮。

2）选择一个相交面域。

3）选择另一个相交面域。

4）可以按任何顺序选择面域来查找它们的交点继续选择面域，或按 ENTER 键结束命令。

10.5 项目导入 2：别墅三维建模

创建三维建筑若从制作效果图的角度来说，大致需以下步骤：

（1）AutoCAD 建成三维模型。

（2）模型导入 3ds Max 进行灯光和材质的处理。

（3）用 3ds Max 自带渲染器或 VRay 等外挂渲染器进行渲染出图。

（4）用 Photoshop 进行调整图面效果、添加配景等后期处理。

（5）转换 JPG 格式出图。

从 AutoCAD 建模来说，不论 AutoCAD2004 还是 AutoCAD2010 从建模型来说命令大致相同。

针对于建筑效果图建模，是将建筑的立面和屋顶按实际的尺寸建出各自的模型，然后

图 10-47

组合成为三维建筑模型。下面我们来创建图 10–47 所示的别墅三维模型。

步骤 01 打开 AutoCAD，开启建模菜单，准备绘图（建议用 AutoCAD2010 经典工作空间）：

（1）打开软件新建文件后，单击界面右下方的工作空间的按钮切换到 AutoCAD 经典（图 10–48），将“工具选项板”和“平滑网格”操作面板关闭。

图 10-48

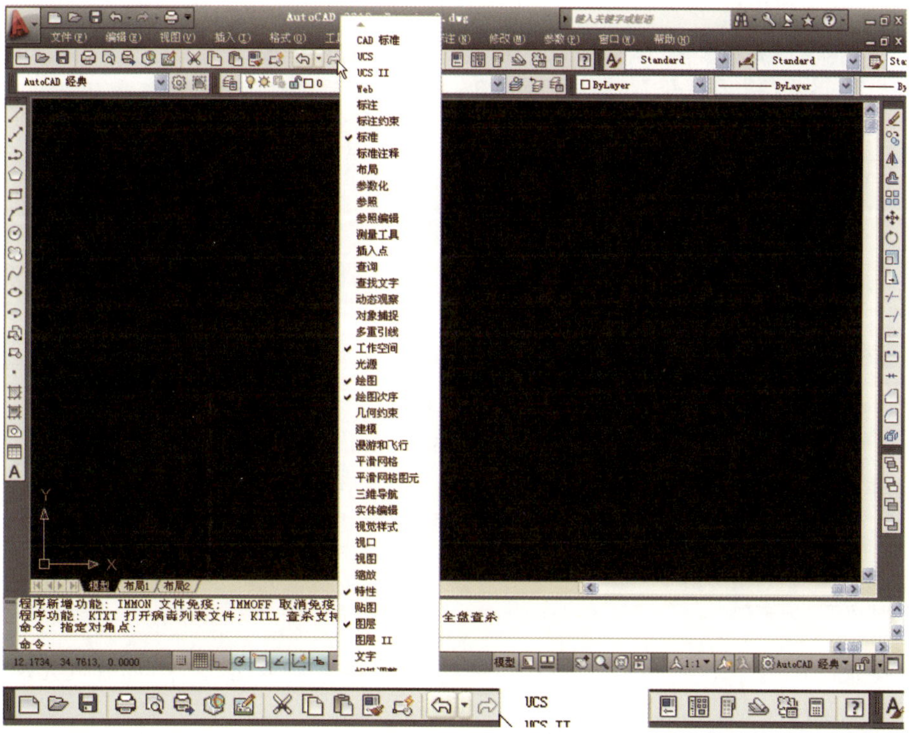

图 10-49

（2）将鼠标放在如图 10–49 所示的快捷菜单栏，然后单击右键，出现 CAD 各种工具栏，其中选择“UCS”、“实体编辑”、“视觉样式”、“视图”、“动态观察”五项工具栏。

步骤 02 设定图形界限，选择立面，开始建模

（1）打开调用 DWG（10–）—别墅模型方案。

（2）根据图纸的尺寸，设定图纸尺寸为 50000mm × 30000mm。在命令行输入“LIMITS”并回车。出现指定左下角点坐标，回车指定默认，然后出现指定右上角点坐标，输入“50000，30000”，打开网格，输入 Z（ZOOM），再输入 E（范围），作图区域显示在窗口中，如图 10–50 所示。

（3）自定效果图视角，选择东立面和北立面为建模对象，如图 10–51 所示。

（4）保存文件，开始建模。

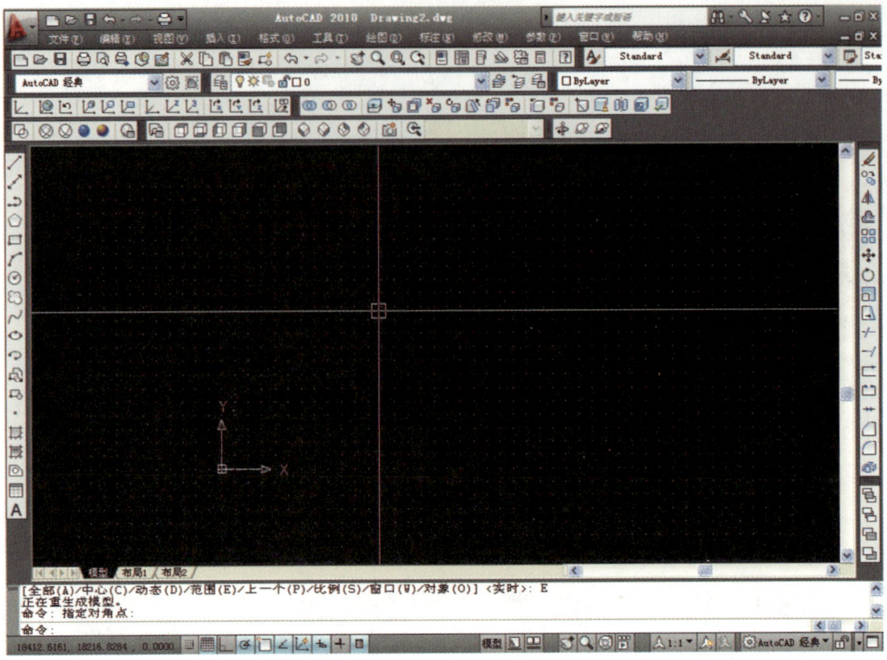

图 10-50

（a）　　（b）

图 10-51
（a）别墅东立面；（b）别墅北立面

由于建筑的勒脚、阳台、线脚、屋顶等构件需要贯穿多个立面，因而我们先建立建筑的主体，主要是墙体。

步骤 03 东立面主体的建模

（1）建墙体。

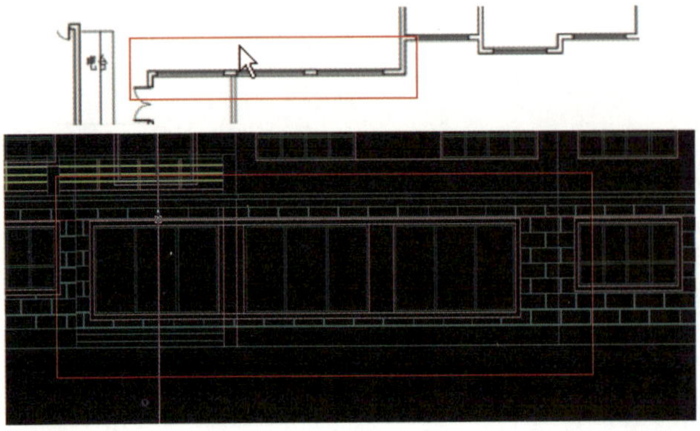

图 10-52

1）由于建好的模型需要在 3ds Max 贴材质，因而图层需按建筑构件名建立。从设计图中我们可以建立“模型—墙基”、“模型——层墙”、“模型—二层墙”、“模型—线脚”等图层。

2）该设计图中立面错落有致，会给建模带来较大的工作量。我们先确定基准面（如图 10-52 所示选用中段墙），其他的面建好后根据基准面进行组合。

3）选择“模型——层墙”图层，点矩形图标或在命令行中输入“REC”命令（图 10-53），捕捉基准面。在命令行输入“EXT”拉伸基准面，厚度为墙厚 240mm。点“视觉样式”中的“真实视觉样式”显示已创建墙体，如图 10–54 所示。

命令：EXTRUDE

当前线框密度：ISOLINES=4

选择要拉伸的对象：找到 1 个

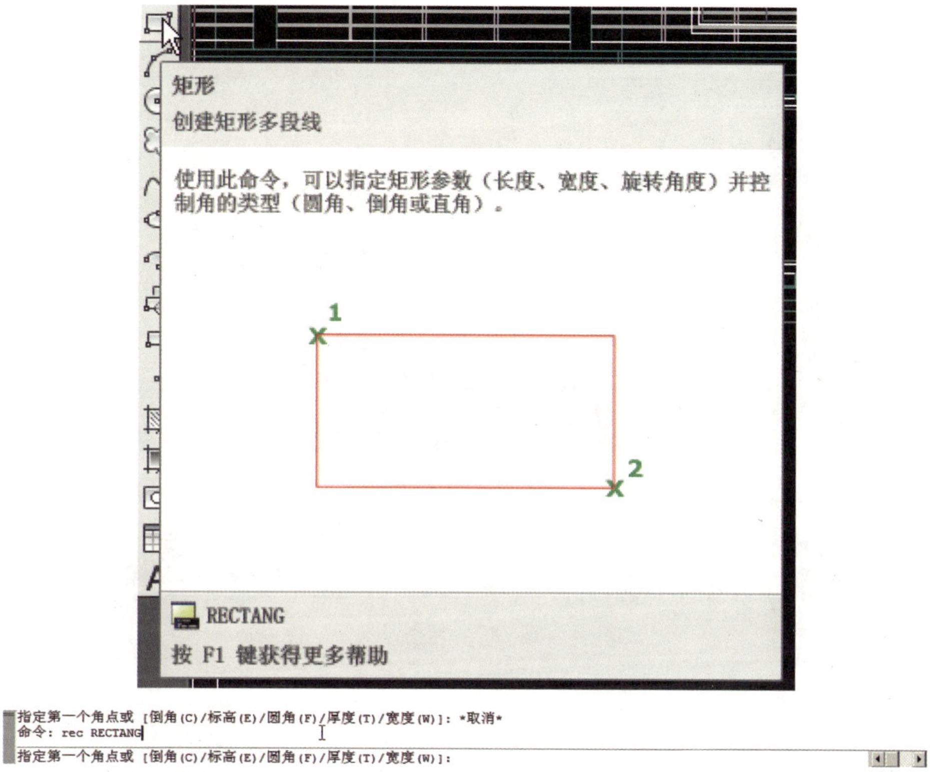

图 10–53

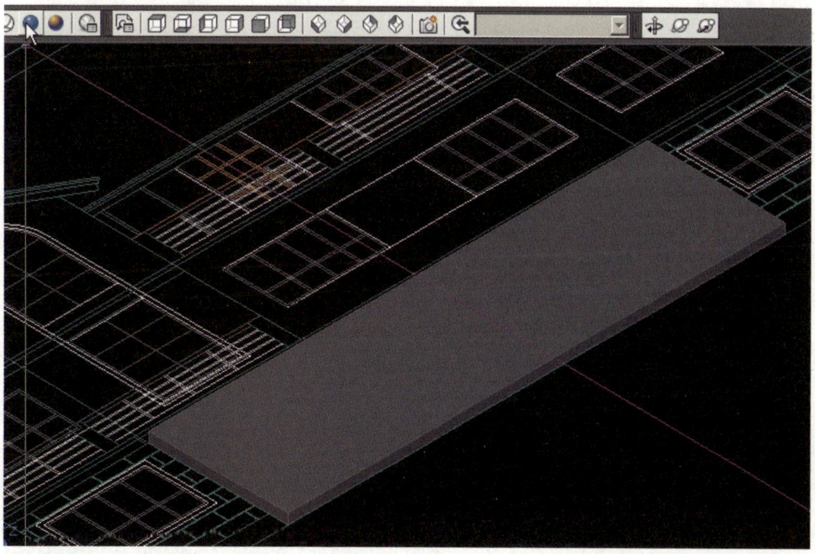

图 10–54

选择要拉伸的对象：

指定拉伸的高度或 [方向（D）/ 路径（P）/ 倾斜角（T）]：240

（2）开门窗。

1）点视图中“俯视”命令，显示俯视图，便于下一步建模。

2）点“视觉样式”中的“二维线框”，显示二维线框，用矩形捕捉基准面窗框，拉伸窗框 500mm（>240mm，因为需和墙体求差集挖出窗洞）。在西南等轴测视图中，点“实体编辑”栏中的“差集”命令，先选取基准墙体实体，点回车键，再选择窗框实体，挖出窗洞，如图 10-55 所示。

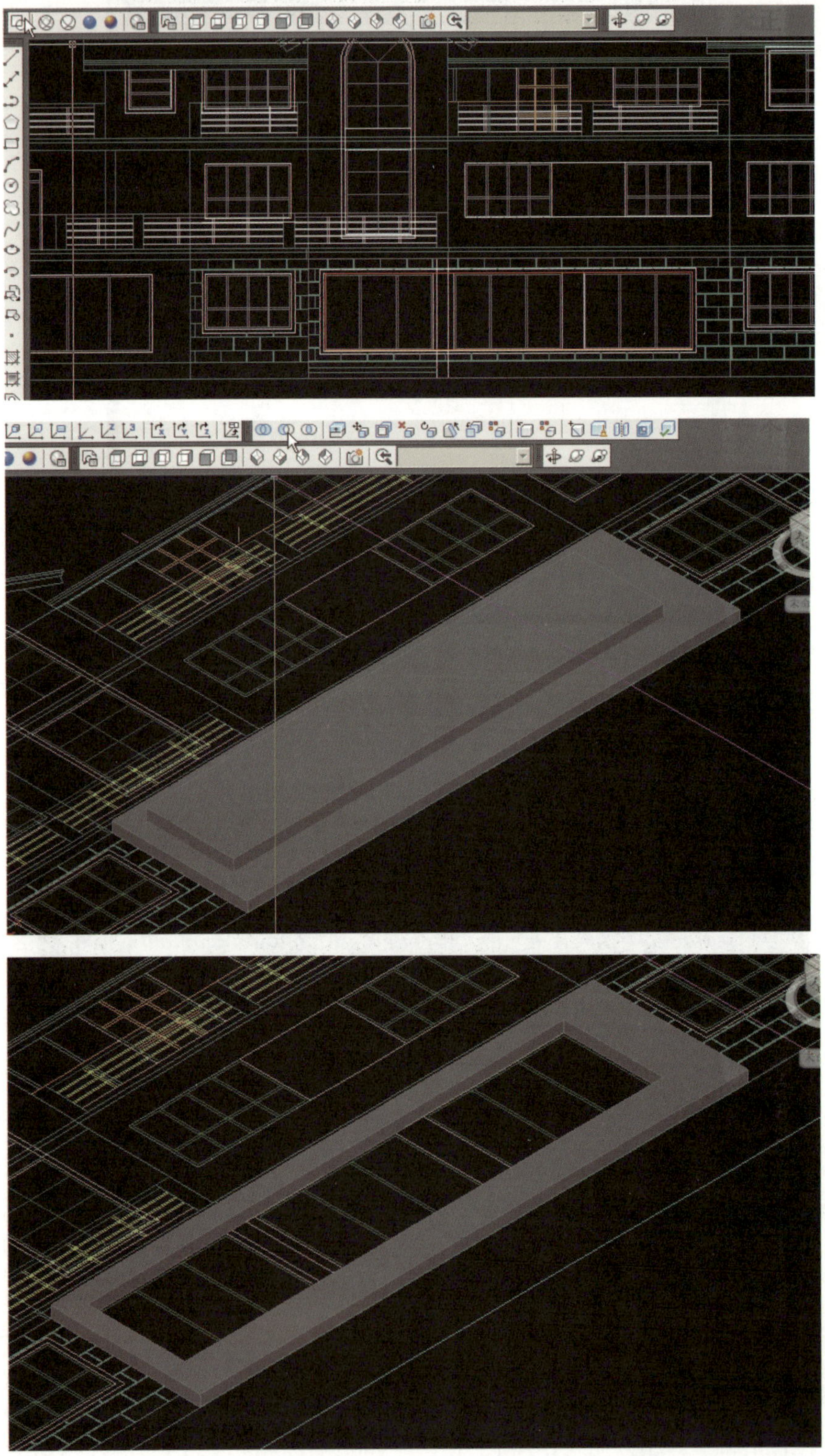

图 10-55

（3）建玻璃、窗框、窗间墙和窗套。

1）选择“模型—玻璃”图层，仍然用矩形命令，拉出窗户，设定玻璃厚度为 10mm。玻璃一般在墙体中间：在西南等轴测图中，选择移动命令，点玻璃实体，指定基点为中点，然后移动窗户到墙体的中点，玻璃建成，如图 10–56 所示。

2）选择“模型 – 窗框”图层，用矩形命令，拉出窗框。设定窗框厚度为 50mm。将窗框移动到墙体中点，同样建成其他窗框，如图 10–57 所示。

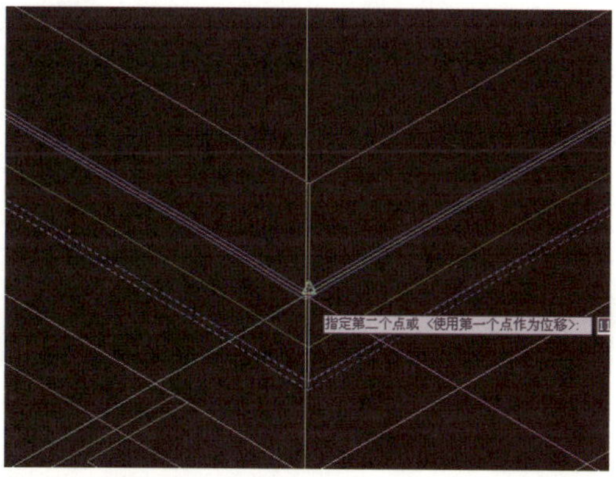

图 10–56

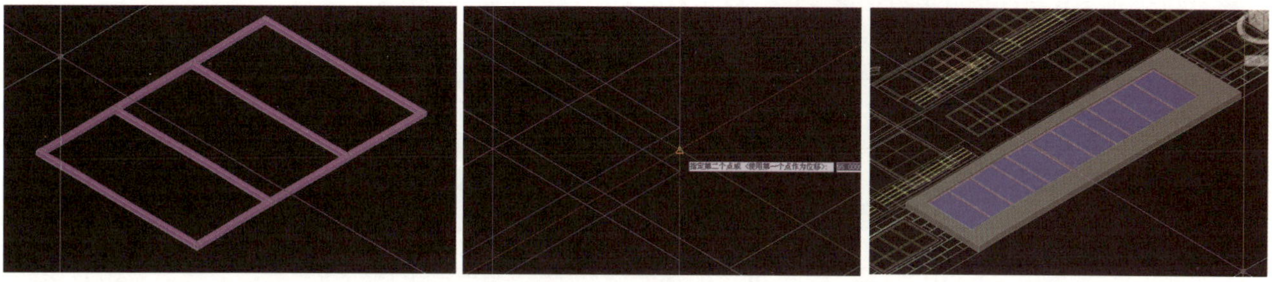

图 10–57

3）选择“模型—窗间墙”图层，用矩形命令，拉出窗间墙。根据设计，窗间墙比基准墙薄 60mm，那么拉伸窗间墙为 180mm，如图 10–58 所示。

4）选择“模型—窗套”图层，同样用矩形命令，拉出窗套。设定窗套厚度为 100mm，如图 10–59 所示。因窗在墙体外，步骤如下：

①选择“修改”命令行中移动命令或在命令行输入“M”快捷键，选择已建好的窗套实体，按回车键。

命令：M

MOVE

选择对象：找到 1 个

选择对象：找到 1 个，总计 2 个

选择对象：找到 1 个，总计 3 个

选择对象：找到 1 个，总计 4 个

选择对象：

指定基点或 [位移（D）] < 位移 >:

②指定窗框一角为移动基点，在命令行中输入相对坐标。我们看出移动的时候只需在 Z 轴上向上移动一个墙厚（240mm），因而在命令行输入“@0，0，240”，如图 10–60 所示。

③图 10–61 所示为已建好的基准墙。

图 10–58

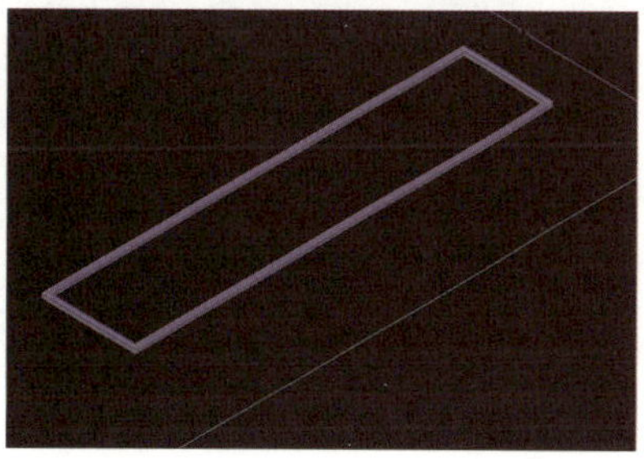

图 10–59

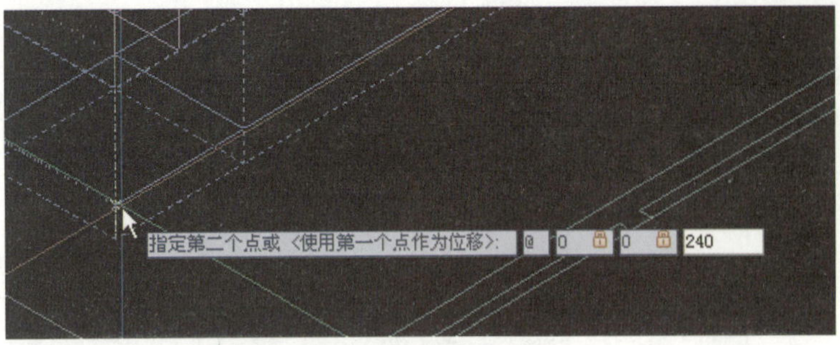

图 10-60

图 10-61

（4）墙体组合。

1）按以上方法建立第二段（东南角）墙体（图 10-62）。

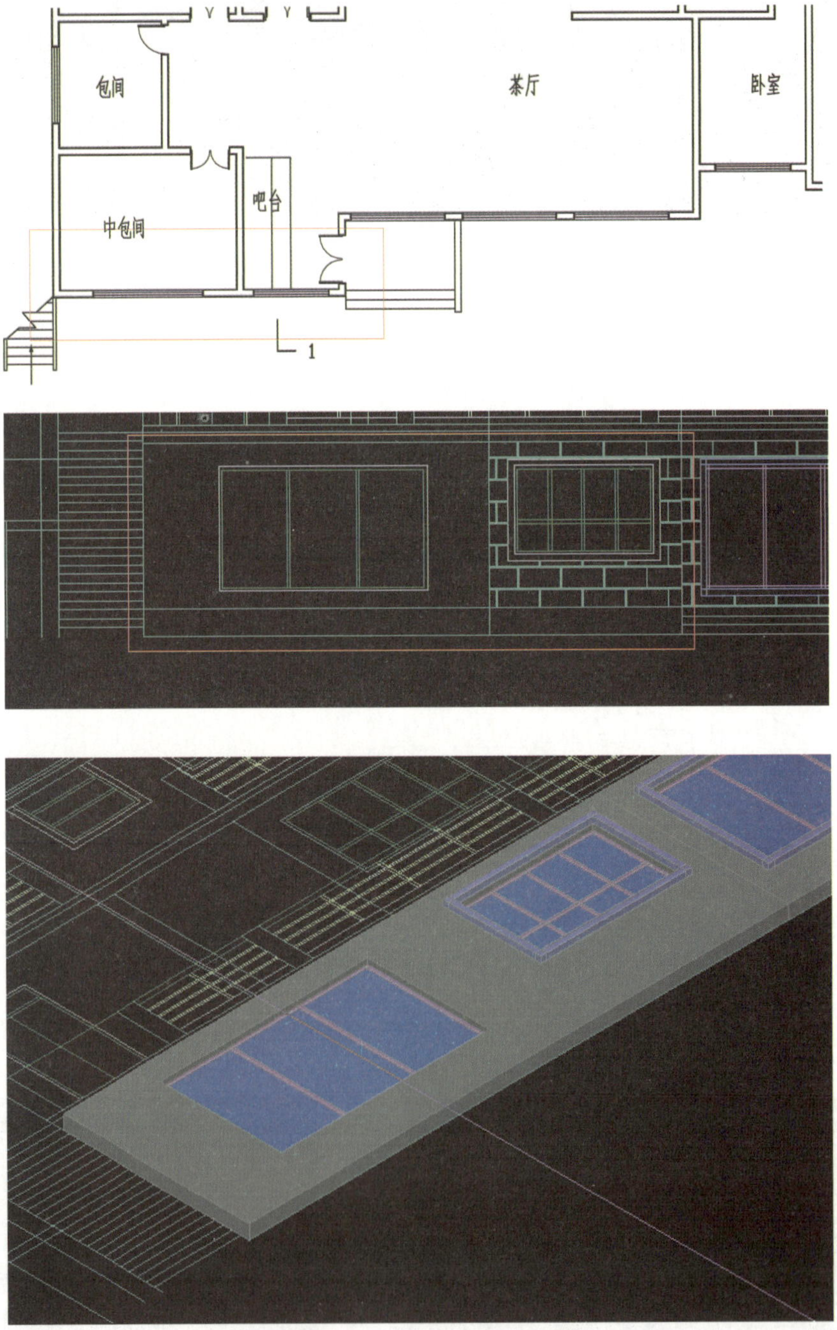

图 10-62

2）点取“东南等轴测”图标，因此时在东南等轴测图中修改图形方便。

3）根据设计图一层平面可以看出，基准墙体和第二段墙体之间进深相差 2400mm，因而我们可以将第二段墙体在 Z 轴的方向上向上移动 2400mm，如图 10-63 所示。

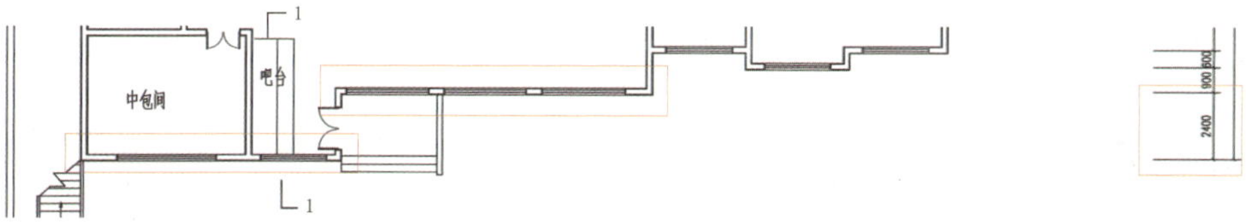

图 10-63

①将除模型图层以外的图层全部关闭。

②选择“修改”命令行中移动命令或在命令行输入“M”快捷键，选择已建好的第二段实体（此时关闭不是模型的其他图层），按回车键，指定基点为角点，用键盘输入“@0，0，2400”，如图 10-64 所示。

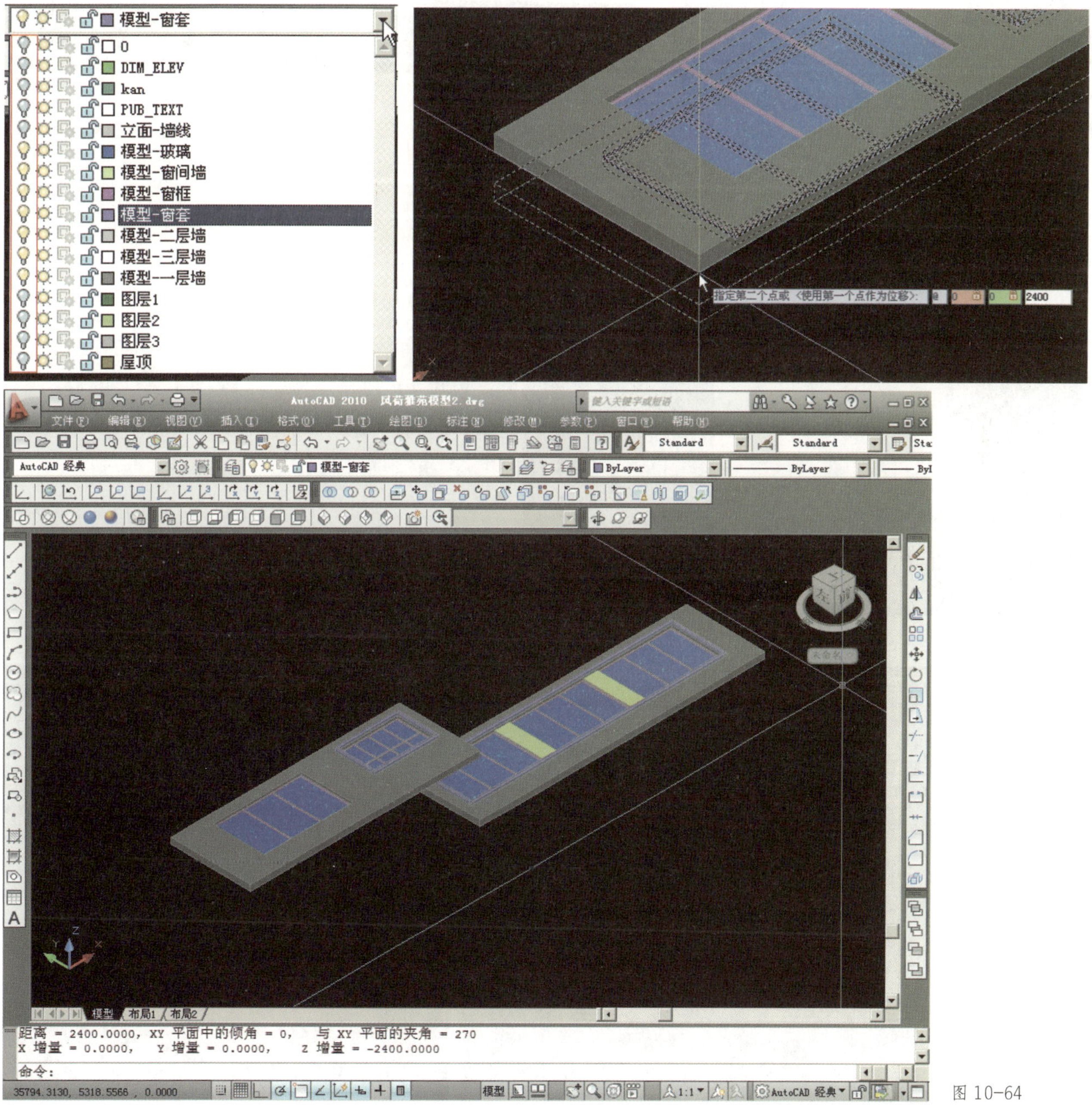

图 10-64

4）参照北立面建立基准墙和第二段墙之间的墙体，如图 10–65 所示。

5）将建好的墙体放入基准墙和第二段墙间。

①绘制矩形拉伸一定高度，形成一个方体，作为 UCS 坐标参照物，如图 10–66 所示。

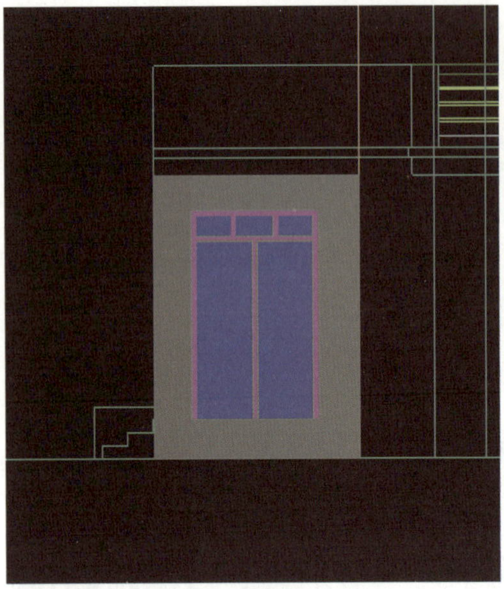

图 10–65

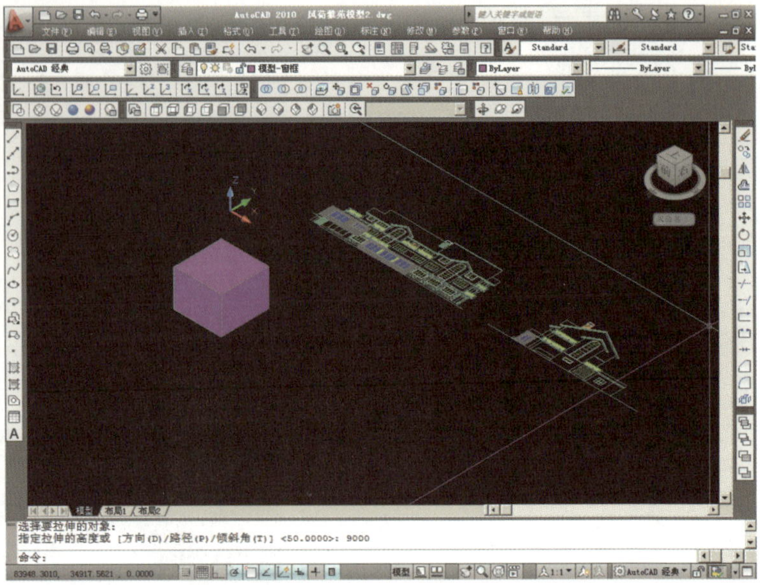

图 10–66

②通过三点确定新的坐标系，分别捕捉 A，B，C 三点，如图 10–67 所示。

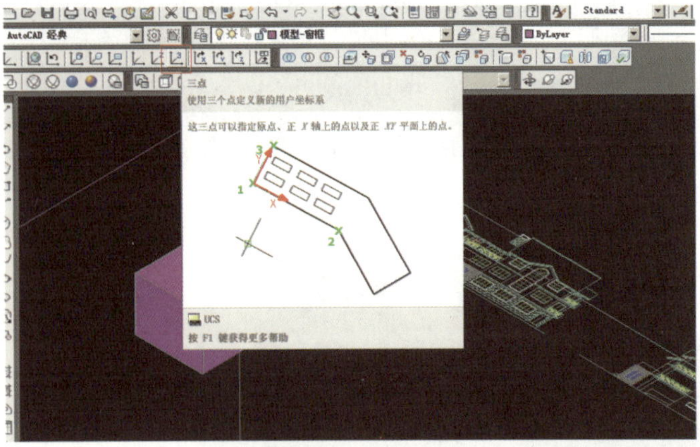

图 10–67（一）

命令：UCS

当前 UCS 名称：* 世界 *

指定 UCS 的原点或 [面（F）/ 命名 (NA)/ 对象（OB）/ 上一个（P）/ 视图（V）/ 世界（W）/X/Y/Z/Z 轴（ZA）]< 世界 >：3

指定新原点 <0，0，0>：

在正 X 轴范围上指定点 <13682.8169，-27910.3098，9000.0000>:

在 UCS XY 平面的正 Y 轴范围上指定点 <13681.8169，-279010.3098，9000.0000>:

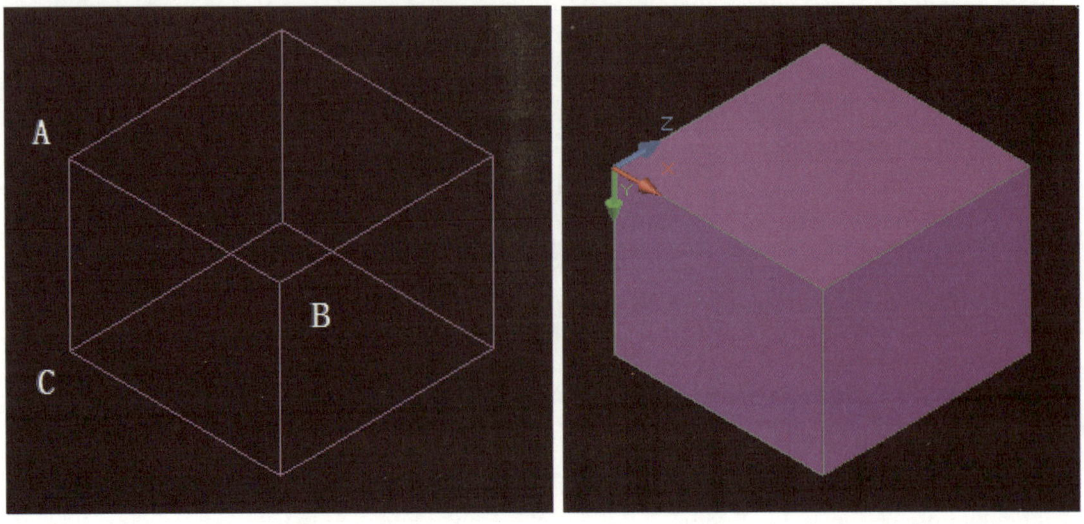

图 10–67（二）

③旋转和移动中间墙体，如图 10-68 所示。

a. 选择“修改”命令行中旋转命令或在命令行输入“RO”快捷键。

b. 指定基准点 D 点，指定旋转角度为 90° 。

c. 选择“修改”命令行中移动命令或在命令行输入“M”快捷键，指定基点为“E”点，移动到第二段墙端点“F”点。

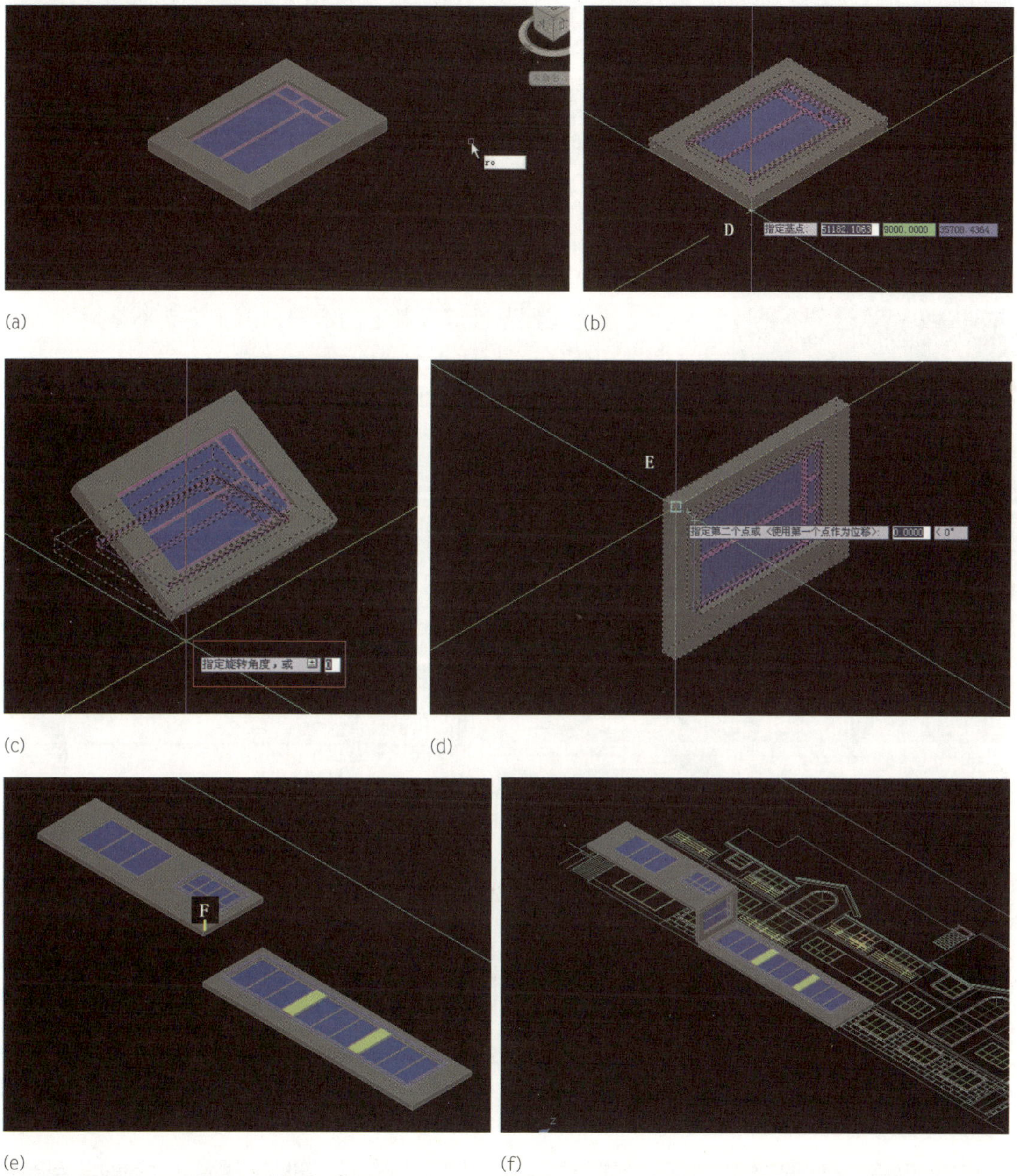

图 10-68

（5）东立面墙体组合。

1）按以上的方法将所有墙体建出来组合成东立面，其中若墙面凸凹间的间墙是实墙，未开窗户，可以按以下步骤：

①在突出的墙面上拉出宽度为墙厚的矩形，如图 10-69 所示。

②在命令行输入“EXT”拉伸矩形，厚度墙面凸凹的距离（图中为 4800），如图 10-70 所示。

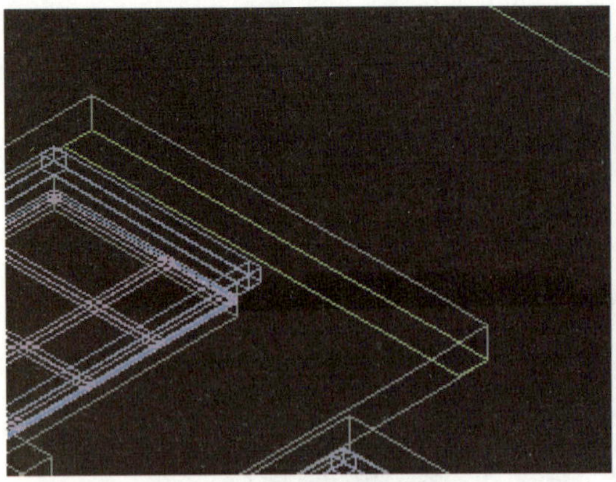

图 10-69

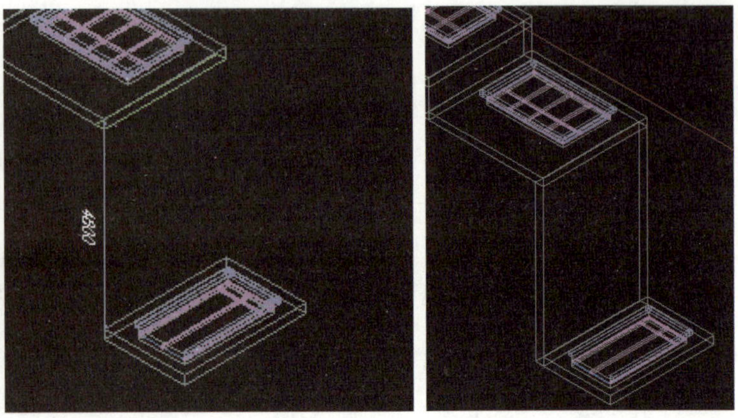

图 10-70

2）建立二层基准墙，如图 10-71 所示。

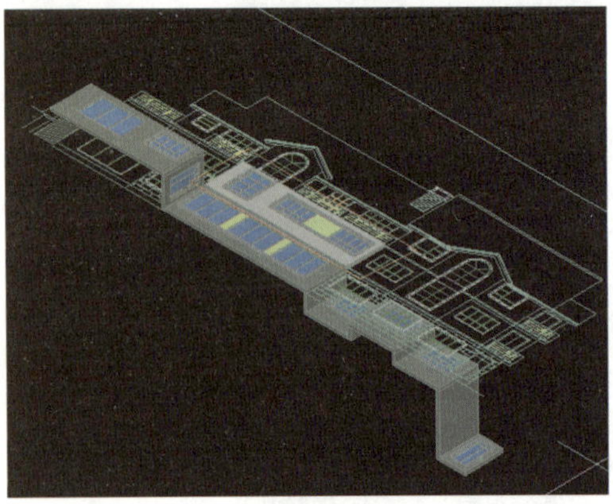

图 10-71

3）建立二层其他墙面，然后进行组合，如图 10-72 所示。

4）建立三层基准墙及其上的窗户，由于形状不是矩形，我们可以用多段线（快捷命令“PL”）来建模。

①隐藏模型图层（除“模型—三层墙”外），如图 10-73 所示。

②选择“模型—三层墙”图层，点多段线图标或在命令行中输入“PL”命令，绘制封闭的多段线墙体，如图 10-74 所示。

③在命令行输入“EXT”拉伸墙面，厚度为墙厚 240mm。

④同样用多段线拉伸窗洞，拉伸厚度为 500mm，然后与墙体求差集，挖出窗洞，如图 10-75 所示。

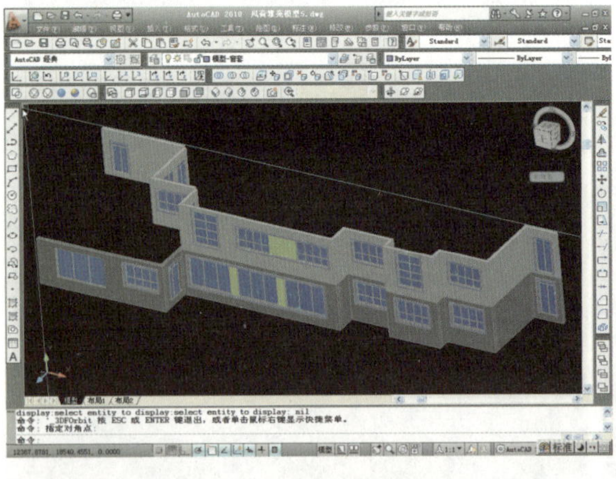

图 10-72

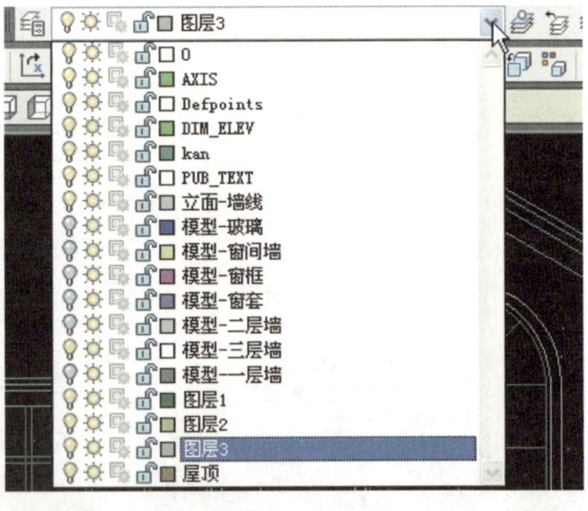

图 10-73

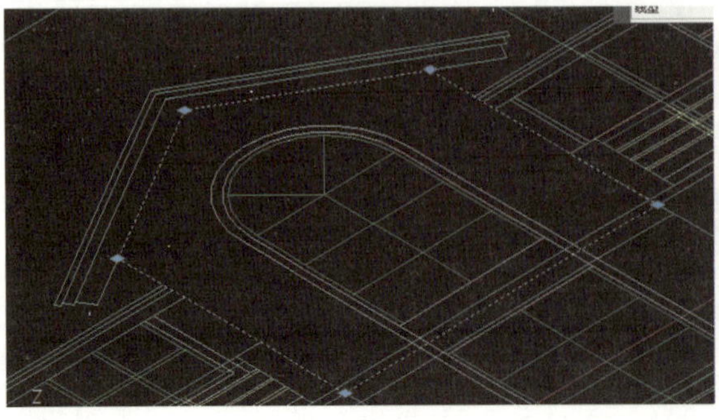

图 10-74

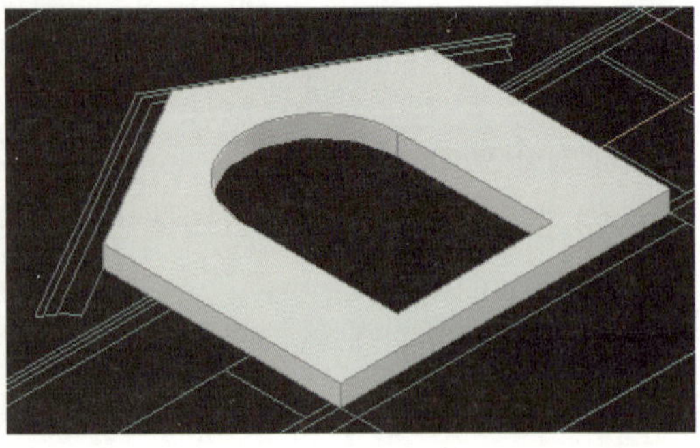

图 10-75

⑤创建玻璃和窗框，如图 10-76 所示。

⑥建立二三层窗间墙。先利用差集命令将二三层窗之间的墙减去，然后在“模型—窗间墙”图层上创建所需构件，如图 10-77 所示。

5）建立三层第二段墙，如图 10-78 所示。从剖面图上，暂定该墙高 2600mm。

图 10-76

图 10-77

图 10-78

6）建立三层第三段墙，如图 10-79 所示。同样从剖面图上可以看出该墙高 2800mm。

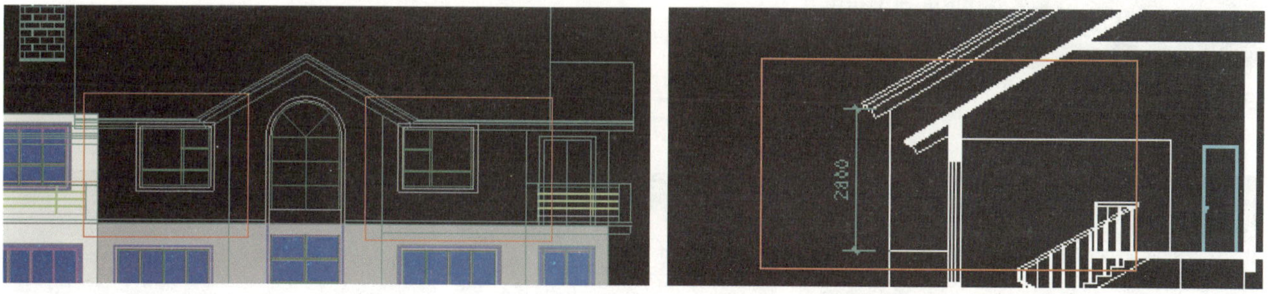

图 10-79

7）建立三层第四段墙，如图 10-80 所示。从北立面图上，可以看出该墙高 2769mm。

8）建立三层其他墙体，根据三层平面图组合三层所有墙体，由此东立面主体建模完成，如图 10-81 所示。

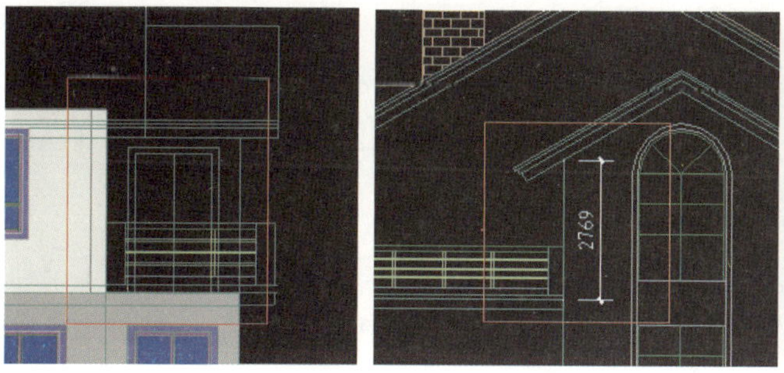

图 10-80

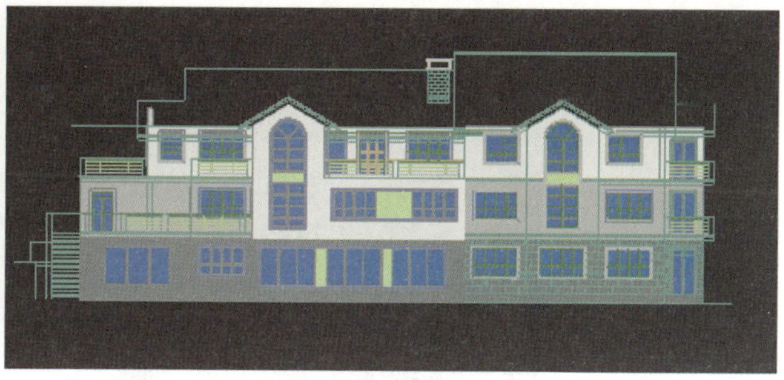

图 10-81

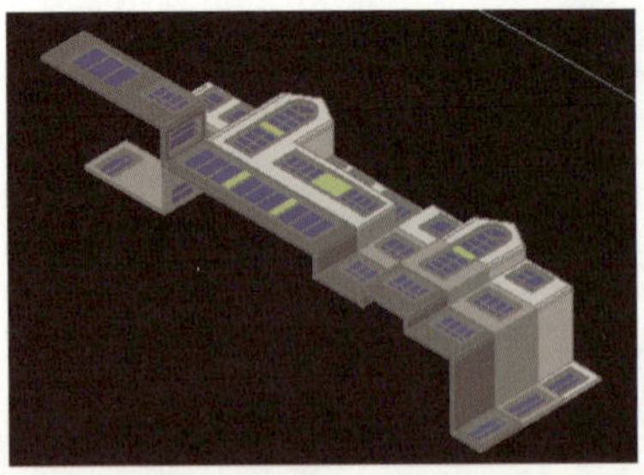

图 10-82

步骤 04 北立面主体的建模

在建立东立面主体时，部分北立面已建好，如图 10-82 所示，接着建立其他墙体。

（1）建立墙体，挖出窗洞，建出窗户。

（2）用矩形命令拉伸不同厚度建立卷帘门，如图 10-83 所示。

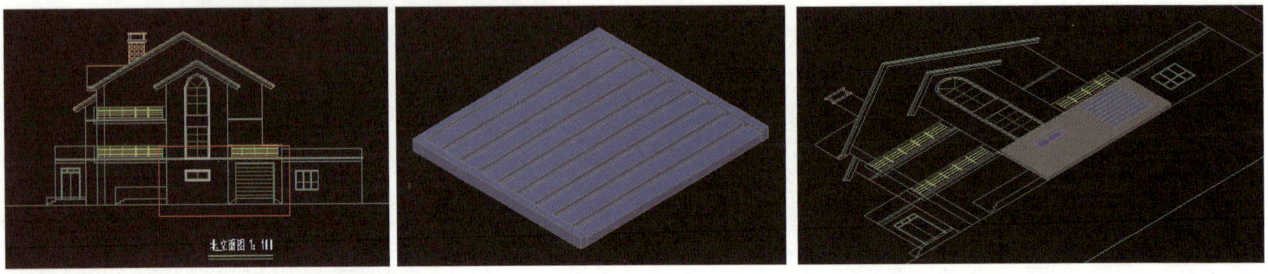

图 10-83

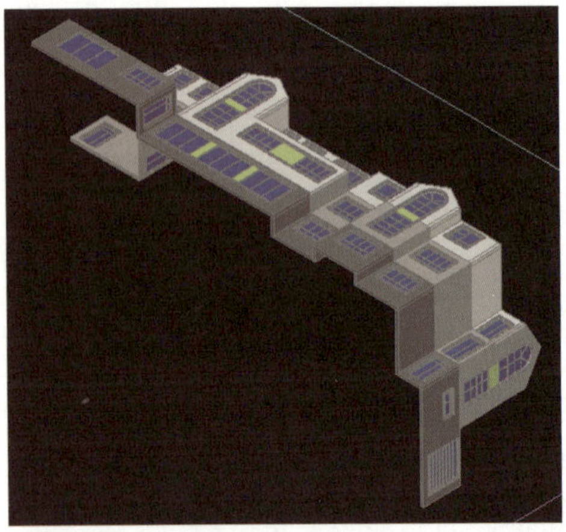

图 10-84

（3）由于东立面图中厨房部分在效果图中不可见，因而可不建立模型。

（4）建立北立面其他墙体，如图 10-84 所示。

步骤 05 东北立面组合

将东立面和北立面模型组合。

步骤 06 建立台阶和坡道

（1）在北立面上用多段线绘制台阶侧立面（图 10-85），根据平面我们拉伸相应的厚度。

（2）同样方法建立台阶护栏，移动到相应位置。

（3）用三点确定坐标系确定新坐标系，旋转台阶，然后移动到相应位置，如图 10-86 所示。

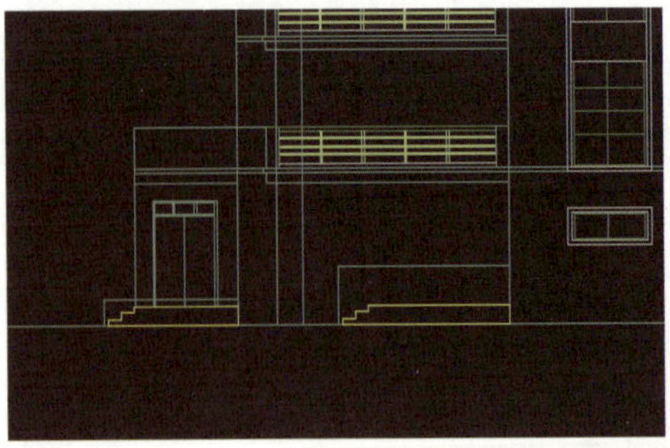

图 10-85

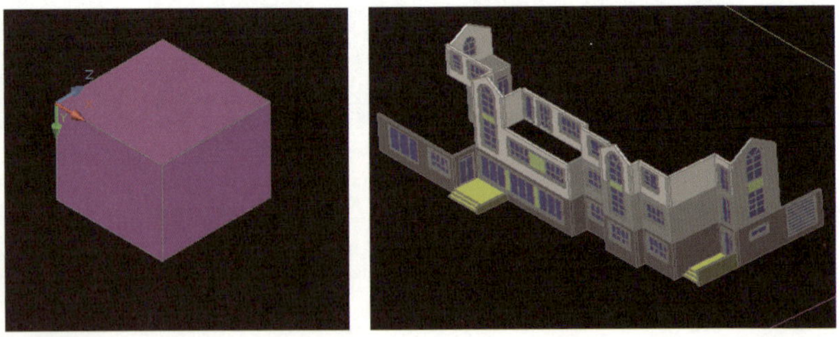

图 10-86

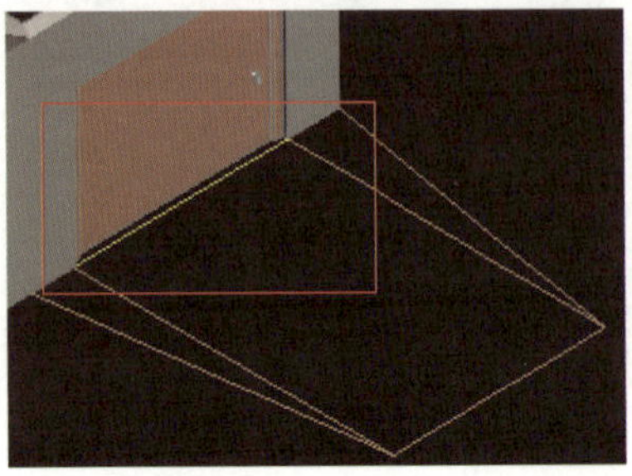

图 10-87

（4）建立坡道。

1）用直线将坡顶线绘出，如图 10-87 所示。然后抬高 450mm（选中直线输入“@0，0，450”）。

2）在菜单栏中选择【绘图】→【网格】→【三维面】或者在命令行输入“3DFACE”，分别点取坡道 8 个（A~H）端点，如图 10-88 所示。

（5）将坡道放到相应的位置，如图 10-89 所示。

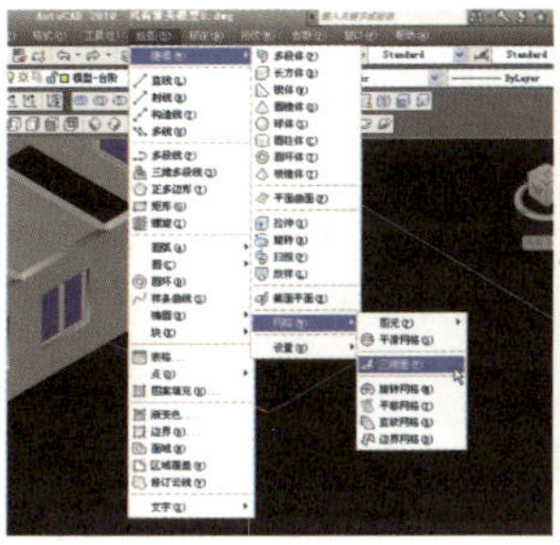

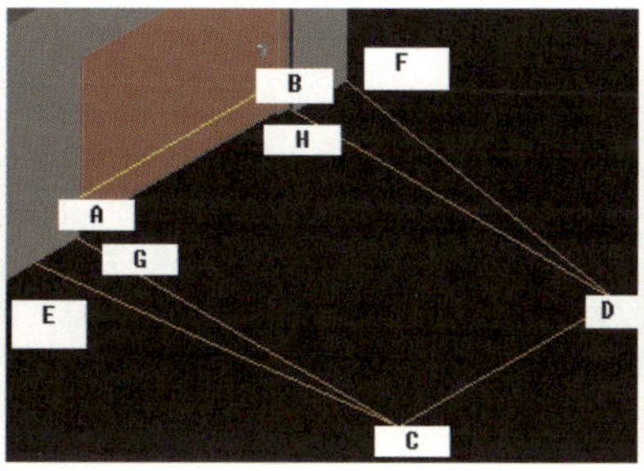

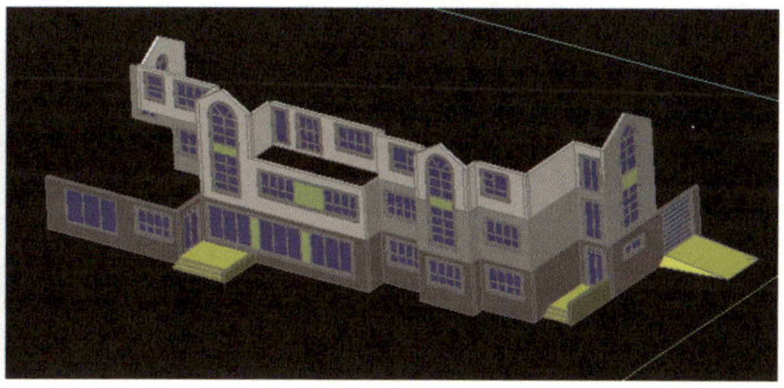

图 10-88

图 10-89

步骤 07 建立二层三层平台

（1）平台的建立。

1）在二层平面中用多段线命令和矩形命令将平台轮廓绘制出来，如图 10-90 所示。

2）从立面图我们可以得知平台厚度 100mm，拉伸轮廓绘制出平台。

3）由于图层过多不易操作，有时只显示需要修改的图层即可。现除“模型—平台”、“模型—二层墙”两个图层外其他图层都隐藏起来，如图 10-91 所示。

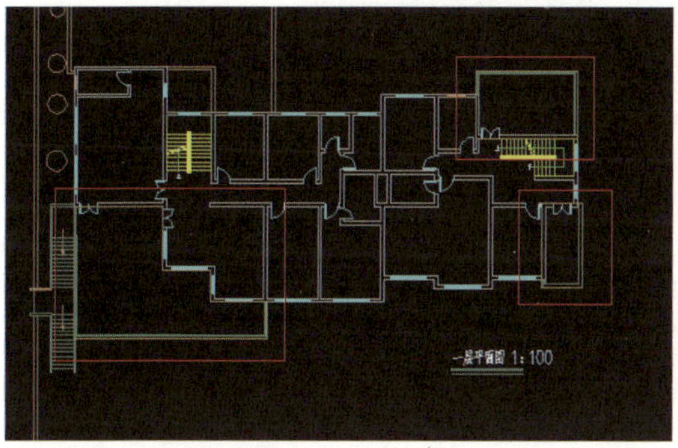

图 10-90

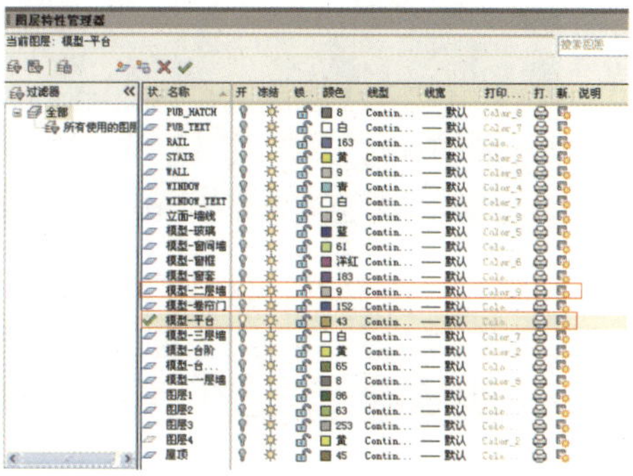

图 10-91

4）找到二层东北平台的插入点 A 点（图 10-92），然后将二层三个平台移动到相应位置。

5）同样建立三层平台，找到三层东北平台的插入点 B 点，然后将三层四个平台移动到相应位置，如图 10-93 所示。

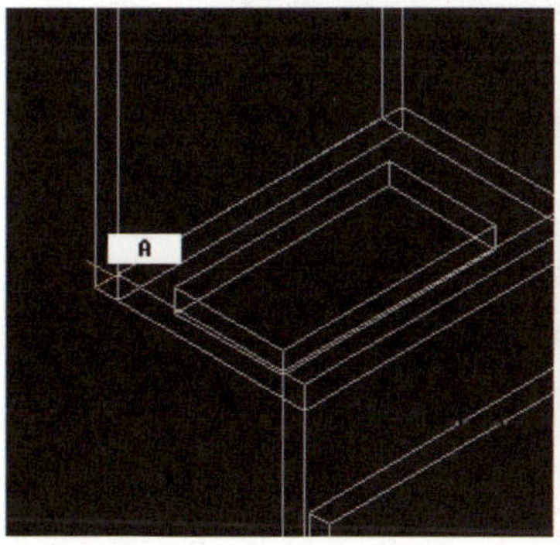

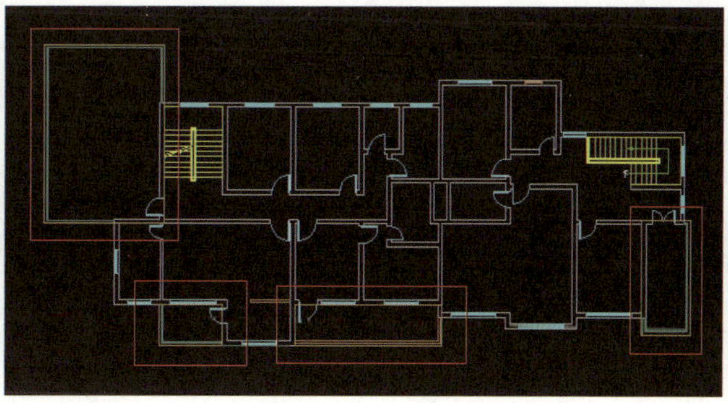

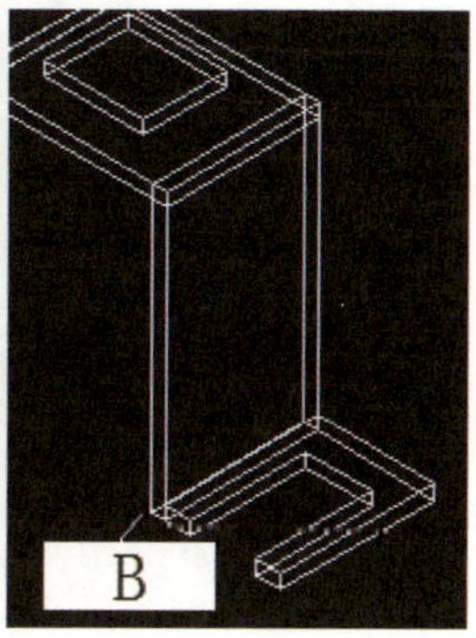

图 10-92

图 10-93

（2）栏杆的建立。

1）因为模型图层过多，不易操作。我们重新拷贝一个东立面来建立其他的建筑部件，然后再挪动到相应的位置（图 10-94）。

2）新建“模型—平台柱”、“模型—栏杆杆件”、“模型—平台挡板”三个图层，如图10-95所示。

3）在“模型—平台柱”图层上用矩形命令拉出轮廓，然后拉伸厚度为300mm。

4）在“模型—栏杆杆件”图层上用矩形命令拉出压顶，厚度为200mm，然后移动与平台柱中心对齐；同样拉伸出杆件，厚度为30mm，然后与平台柱中心对齐。

5）在“模型—平台挡板”图层上按以上方法同样操作。

6）将所有的栏杆建出模型，然后移动到相应位置，最终阳台建模完成，如图10-96所示。

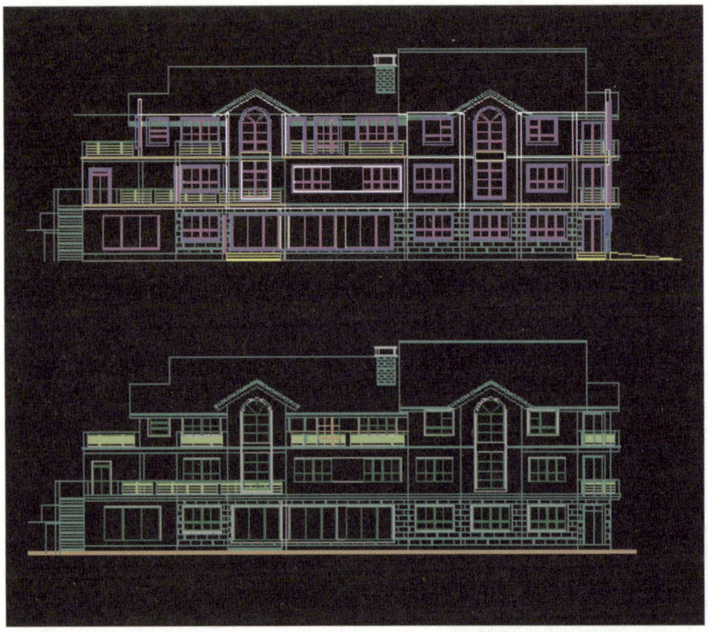

图10-94

图10-95

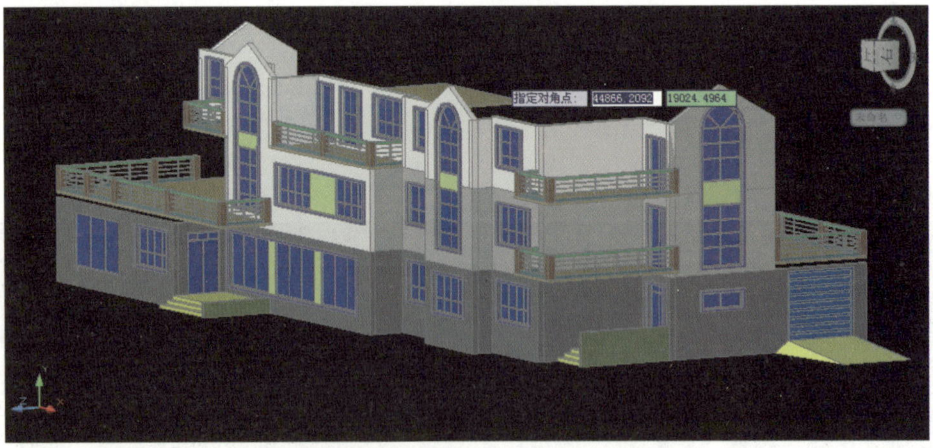

图10-96

步骤08 建立南立面的楼梯

（1）建立“模型—楼梯平台”图层，在南立面上用PL线拉出平台轮廓，厚度为1800mm，如图10-97所示。

（2）楼梯栏杆如栏杆建立方法，在Z轴向上移动1800mm（选中后输入@0，0，1800），即移动到相应位置，如图10-98所示。

图 10-97

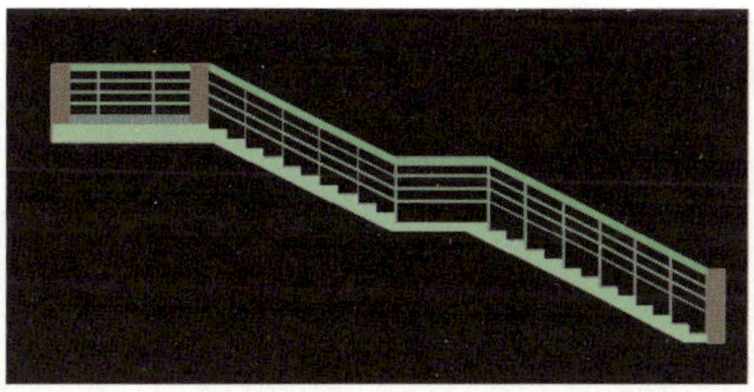

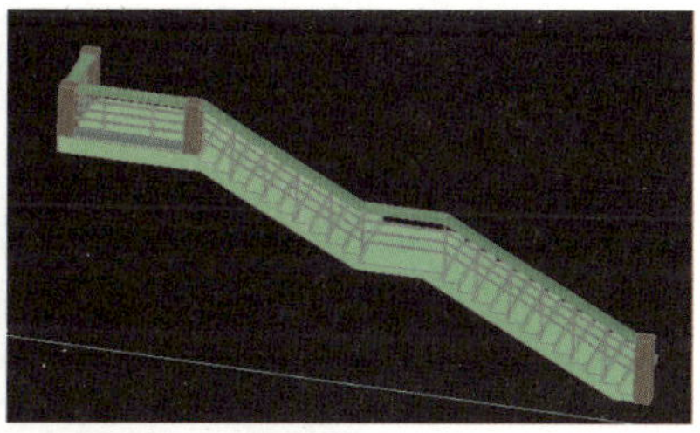

图 10-98

（3）选中楼梯捕捉 A 点，移动到建筑的相应位置，如图 10-99 所示。

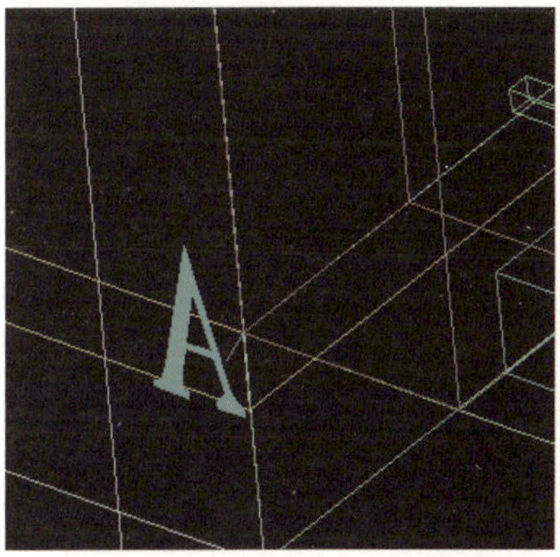

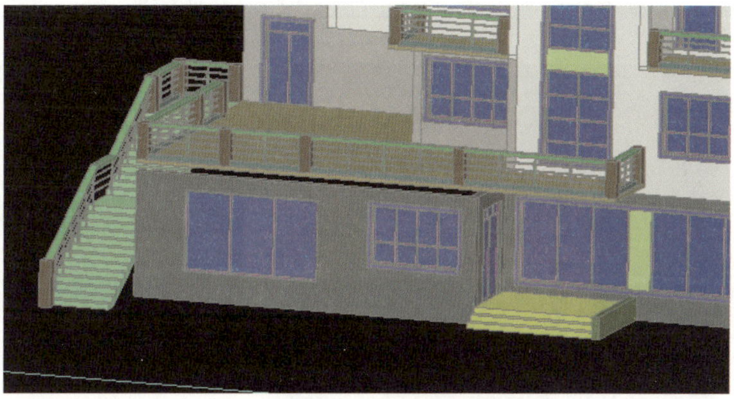

图 10-99

步骤 09 建筑楼层线脚的建立

（1）从立面图看出线脚分两层，相差 100mm；线脚突出墙面 100mm，如图 10-100 所示。

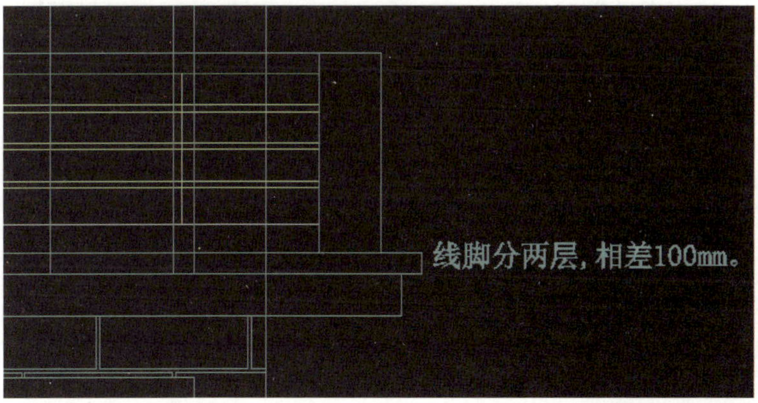

图 10-100

（2）建立“模型—线脚”图层，分段建立线脚。

1）南侧一层平台下线脚。

①在复制的东立面上建立平台下线脚，厚度为 100mm（图 10-101）；移动线脚，指定 A 点，移动到 B 点（图 10-102）。

②用三点确定坐标系，可以直接在模型

图 10-101

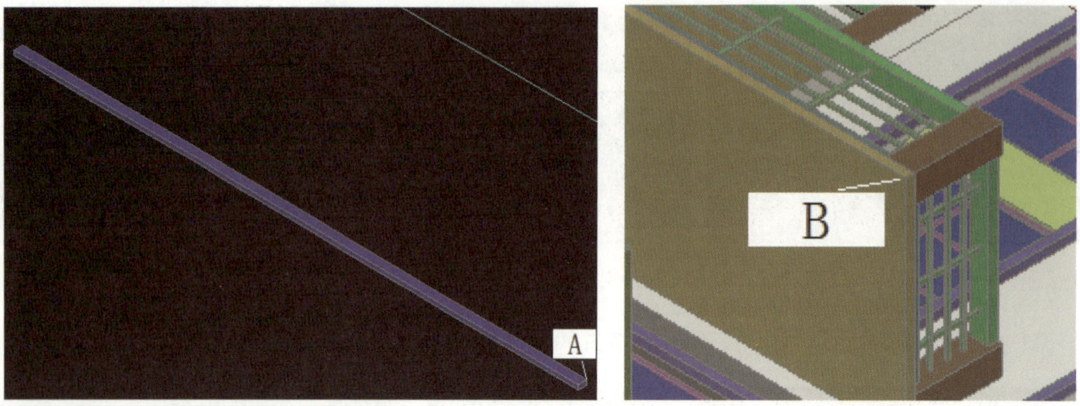

图 10-102

上建立线脚。点选取平台需建立线脚面，建立新坐标系。拉出线脚轮廓，厚度为 100mm，如图 10-103 所示。

③在墙面的线脚因线脚突出墙面 100mm，点拉伸面命令选择下层线脚外层面，指定拉伸高度为 100mm，同样拉伸上层线脚高度为 200 mm，如图 10-104 所示。

2）按 10.2.1 方法建立其他线脚，如图 10-105 所示。

步骤 10　建筑屋顶的建立

屋顶模型的建立可以通过立面拉伸轮廓然后再拉伸来建立模型，下面是由北向南建立模型。

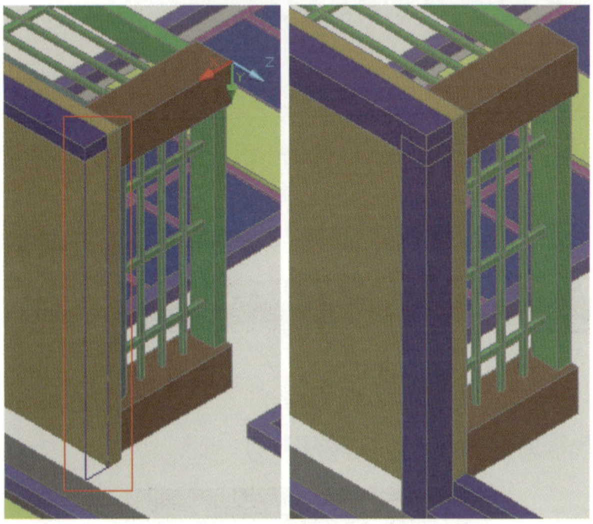

图 10-103

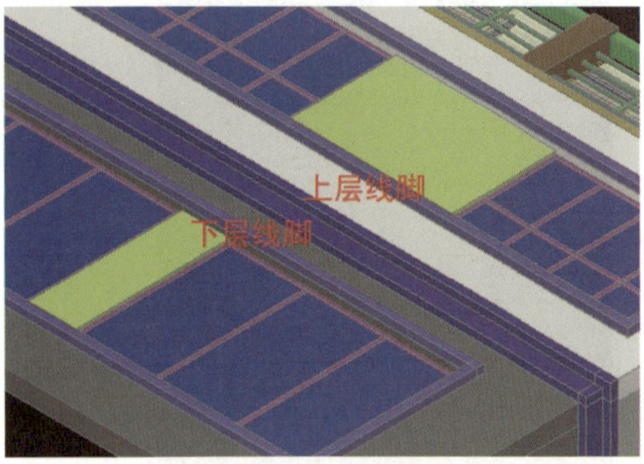

图 10-104

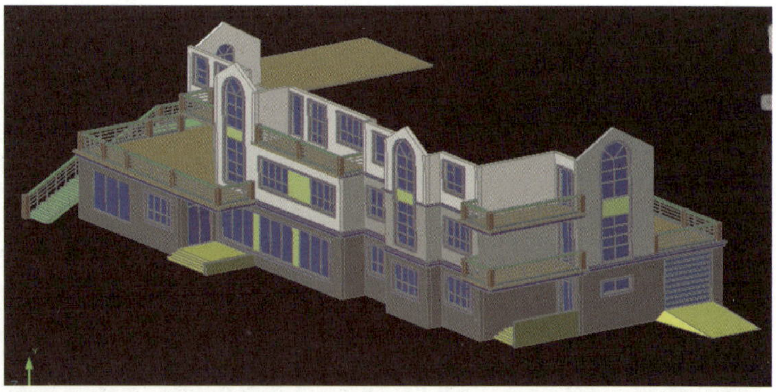

图 10-105

（1）在图层上建立“模型—屋顶底板”、“模型—屋顶中板”、“模型—屋顶顶板”三个图层。

（2）在北立面上首先拉出最北端屋顶的轮廓，如图 10-106 所示。

（3）从东立面可以看出屋顶顶板南北长 2700mm；从北立面同时可看出顶板、中板、底板相差 50mm，如图 10-107 所示。

（4）分别拉伸底板、中板和顶板厚度为 2600mm、2650mm 和 2700mm。建立此屋顶模型。

图 10-106

图 10-107

（5）三点确定坐标系，旋转已建好的屋顶，捕捉 A 点，移动屋顶到建筑墙体顶点 B 点，如图 10-108 所示。

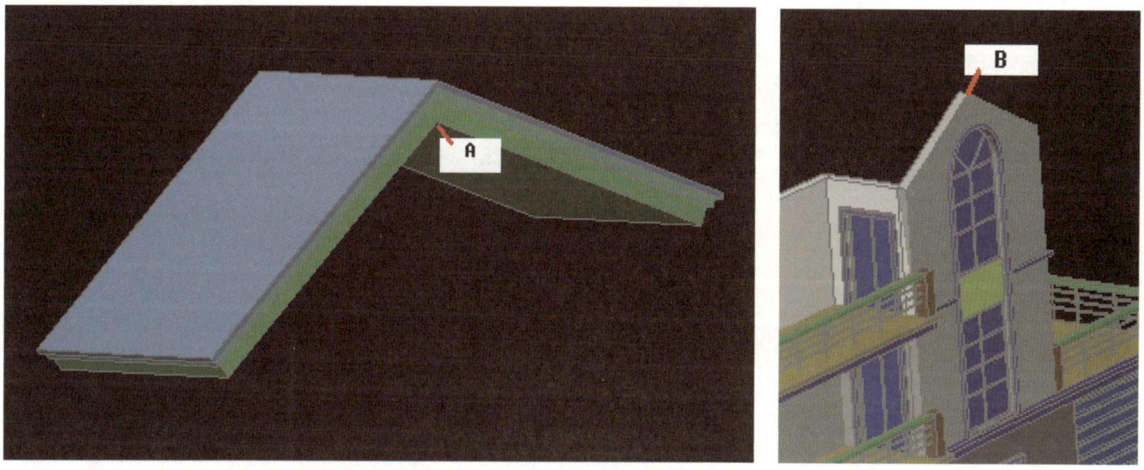

图 10-108

（6）从东立面可以看出屋顶挑檐 600mm。再次移动屋顶，指定随意基点后，输入“@500，0，0”，如图 10-109 所示。

（7）同样的方法建立第二个屋顶，如图 10-110 所示。

图 10-109

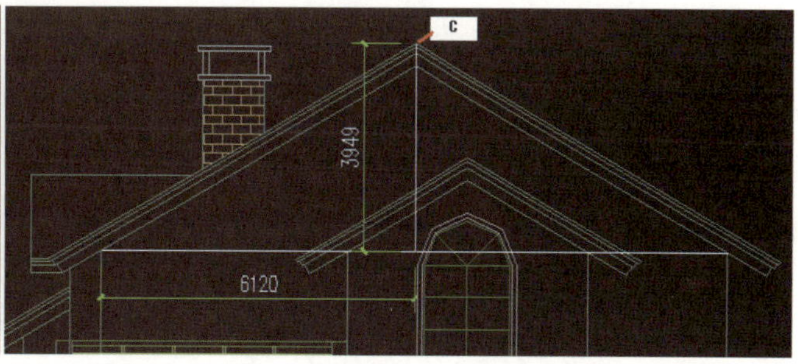

图 10-110

（8）在建筑模型上找到屋顶的定位点 C 点，然后三点确定坐标系，旋转屋顶，捕捉 D 点，移动屋顶到定位点 C 点（如图 10-111）；又从东立面看出屋顶挑檐 600mm，再次移动屋顶，指定随意基点后，输入“@600，0，0”。

（9）同样利用立面建立屋顶的方法，重点是确定好每个坡屋顶的定位点，通过移动和旋转命令将各屋顶安装到建筑之上，同时补上坡屋顶未建墙体，如图 10-112 所示。

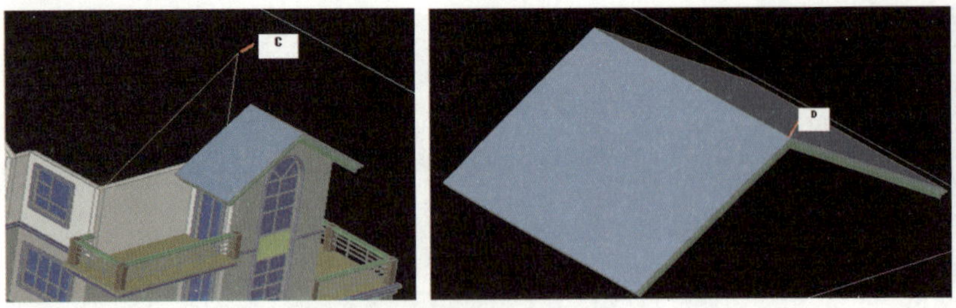

图 10-111

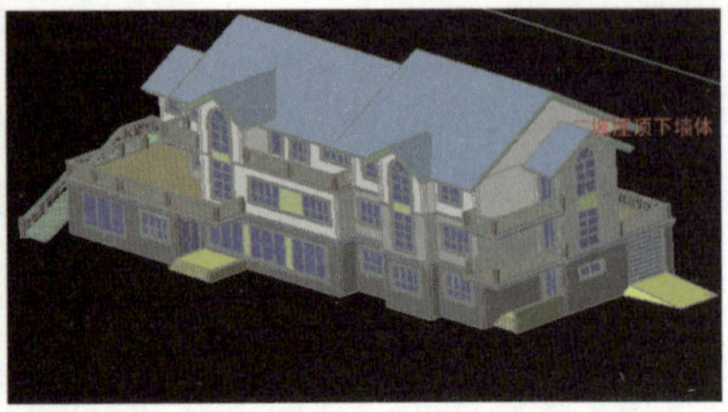

图 10-112

步骤 11 文件保存

文件保存时尽量减小文件大小，这样进入 3DMAX 时提高了导入速度，并且减少了导入错误。如图 10-113 所示，先将除了模型的图层之外的其他图层全部隐藏，然后将建好的模型复制到新的文件中，然后保存成二维线框的立面或平面。

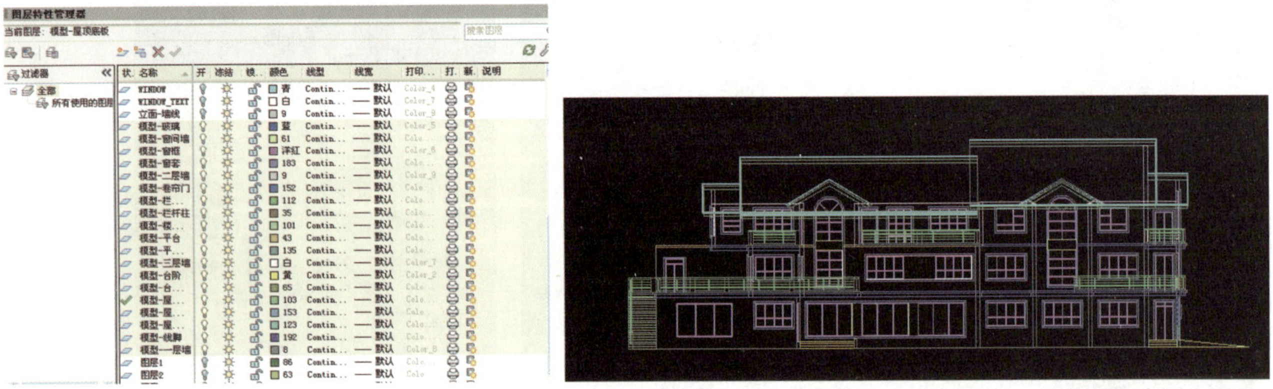

图 10-113

思考题

1. 有哪些类型的对象可以着色成具有表面感的物体？
2. 网格面对象和 3DSOLID 对象有什么区别？是否可以相互转换？
3. 什么样的对象可以进行布尔操作？
4. 如何设置当前工作平面（基准面）为倾斜的坡屋顶？
5. 请说出几种绘制三维墙体的方法以及在墙体上开窗洞的方法？各有什么优缺点？
6. 如何把矩形三维墙体修剪为坡屋顶下的倾斜顶面墙体？
7. 阳台铁花栏杆用什么方式绘制较好？
8. 如何进行三维旋转或对齐？
9. 如何调整观察角度？
10. 如何把二维建筑立面图当作参考图调用并与三维模型对齐？
11. 是否可以自动调整当前工作平面（基准面）？
12. 如何绘制自由曲面？
13. 如何通过三维模型生成投影立面？

第二部分

专业绘图软件
——天正建筑设计软件

天正建筑设计软件 TArch 8.0 是利用 AutoCAD 图形平台开发的最新一代建筑软件，以先进的建筑对象概念服务于建筑方案和施工图设计，同时天正建筑对象创建的建筑模型已经成为天正电气、给排水、日照、节能等系列软件的数据来源。天正建筑软件有以下典型特点：

（1）自定义对象构造专业构件。设计者不再是面对 AutoCAD 的基本线条，而是面对建筑对象。在 AutoCAD 中两条平行的直线可能代表一个墙体、也可能代表一根管道、也可能代表一条公路，软件本身不知道这些线条含义，也就不可能智能处理这些线条。而在天正建筑软件中，各种建筑构件均是自定义的专业实体，因而程序能够智能处理。

（2）三维模型与平面图同步完成。应用专业对象技术，在三维模型与平面图同步完成的技术基础上，进一步满足建筑施工图需要反复修改的要求。

（3）智能处理能力。因自定义专业实体带来的特性，软件开发了无数个细节满足建筑师需求、满足建筑专业特点的智能处理工具。如墙体的智能连接、门窗删除或移动后墙体洞口的智能处理等。

（4）先进的专业化标注系统。天正专门针对建筑行业图纸的尺寸标注开发了专业化的标注系统，轴号、尺寸标注、符号标注、文字都使用对建筑绘图最方便的自定义对象进行操作，取代了传统的尺寸、文字对象。按照建筑制图规范的标注要求，对自定义尺寸标注对象提供了前所未有的灵活修改手段。由于专门为建筑行业设计，在使用方便的同时简化了标注对象的结构，节省了内存，减少了命令的数目。

（5）全方位支持 AutoCAD 各种功能。天正位于 AutoCAD 平台之上，AutoCAD 的所有功能均能完整实现，熟练掌握 AutoCAD 的基本功能也是快捷绘图的必然选择。

第 11 单元　天正建筑软件初识

【教学目标】

掌握天正建筑绘图环境设置，熟悉其与 AutoCAD 的联系，利用天正建筑软件进行建筑施工图的绘制。

11.1　天正建筑软件图形界面与建筑设计流程

（1）天正的图形界面如图 11-1 所示。

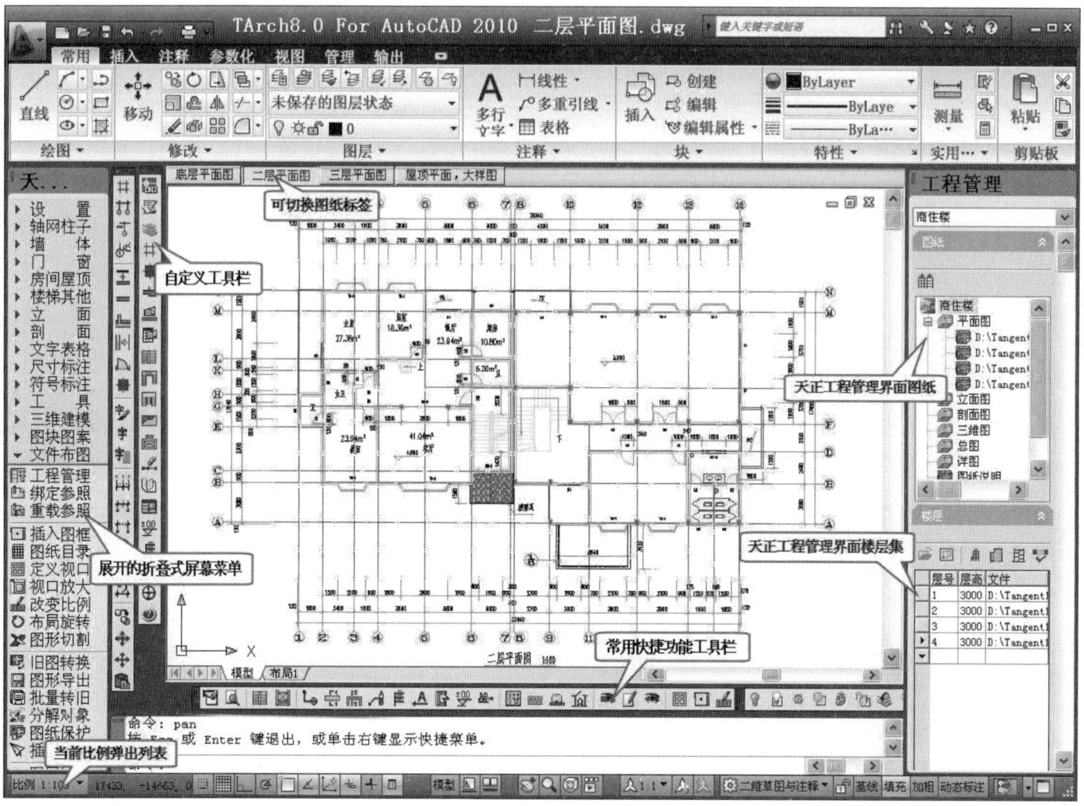

图 11-1

TArch8 的主要功能都列在“折叠式”三级结构的屏幕菜单上，上一级菜单可以单击展开下一级菜单，同级菜单互相关联，展开另外一个同级菜单时，原来展开的菜单自动合拢。二到三级菜单项是天正建筑的可执行命令或者开关项，当光标移到菜单项上时，AutoCAD 的状态行会出现该菜单项功能的简短提示。有些菜单项无法完全在屏幕可见，为此可用鼠标滚轮上下滚动菜单快速选取当前不可见的项目。

视口（Viewport）有模型视口和图纸视口之分，模型视口在模型空间创建，图纸视口在图纸空间中创建。天正提供了视口的快捷控制：

新建视口：当光标移到当前视口的 4 个边界时，光标形状发生变化，此时开始拖动，就可以新建视口。

改视口大小：当光标移到视口边界或角点时，光标的形状会发生变化，此时，按住鼠标左键进行拖动，可以更改视口的尺寸，如不需改变边界重合的其他视口，可在拖动时按住 CTRL 或 SHIFT 键。

删除视口：更改视口的大小，使它某个方向的边发生重合（或接近重合），此时视口自动被删除，如图 11-2 所示。

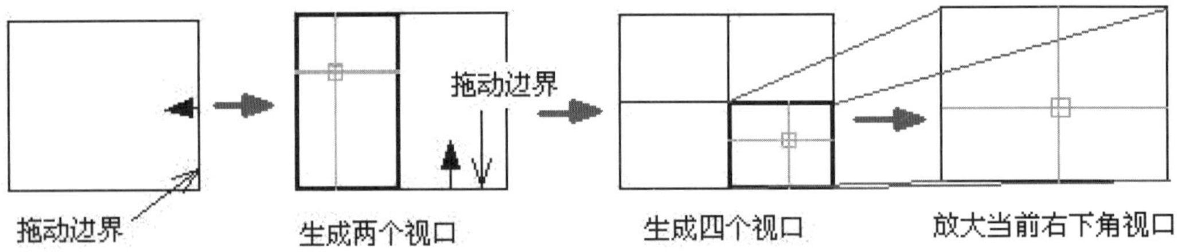

图 11-2

（2）建筑设计流程如图 11-3 所示。

11.2 天正命令的执行方法

天正建筑软件大部分功能都可以在命令行键入命令执行，屏幕菜单、右键快捷菜单和键盘命令三种形式调用命令的效果是相同的。键盘命令以全称简化的方式提供，例如：绘制墙体菜单项对应的键盘简化命令是 HZQT，采用汉字拼音的第一个字母组成。少数功能只能菜单点取，不能从命令行键入，如状态开关或者保留的 lisp 命令。

TArch8 的命令格式与 AutoCAD 相同，但选项改为热键直接执行的快捷方式，不必回车，例如：直墙下一点或 [弧墙（A）/ 矩形画墙（R）/ 闭合（C）/ 回退（U）]< 另一段 >: 键入 A/R/C/U 均可直接执行。利用 AutoCAD 平台下提供的“鼠标右键慢击菜单”，为命令行关键字选择提供了右键菜单，可免除键入关键字的键盘操作。

当命令行有选项关键字时，右键慢击鼠标可弹出快捷菜单供用户选择关键字，而右键快击仍然代表传统的确定操作。在“选项（Options）-> 用户系统配置 - > 自定义右键单击”中可对此特性进行自定义，其中的“慢速单击期限”指的是右键从按下到弹起的时间长短。

11.3 初始设定

TArch8.0 为用户提供了初始设置功能通过选项对话框进行设置，分为“基本设定”、“加粗填充”与“高级选项”三个页面：

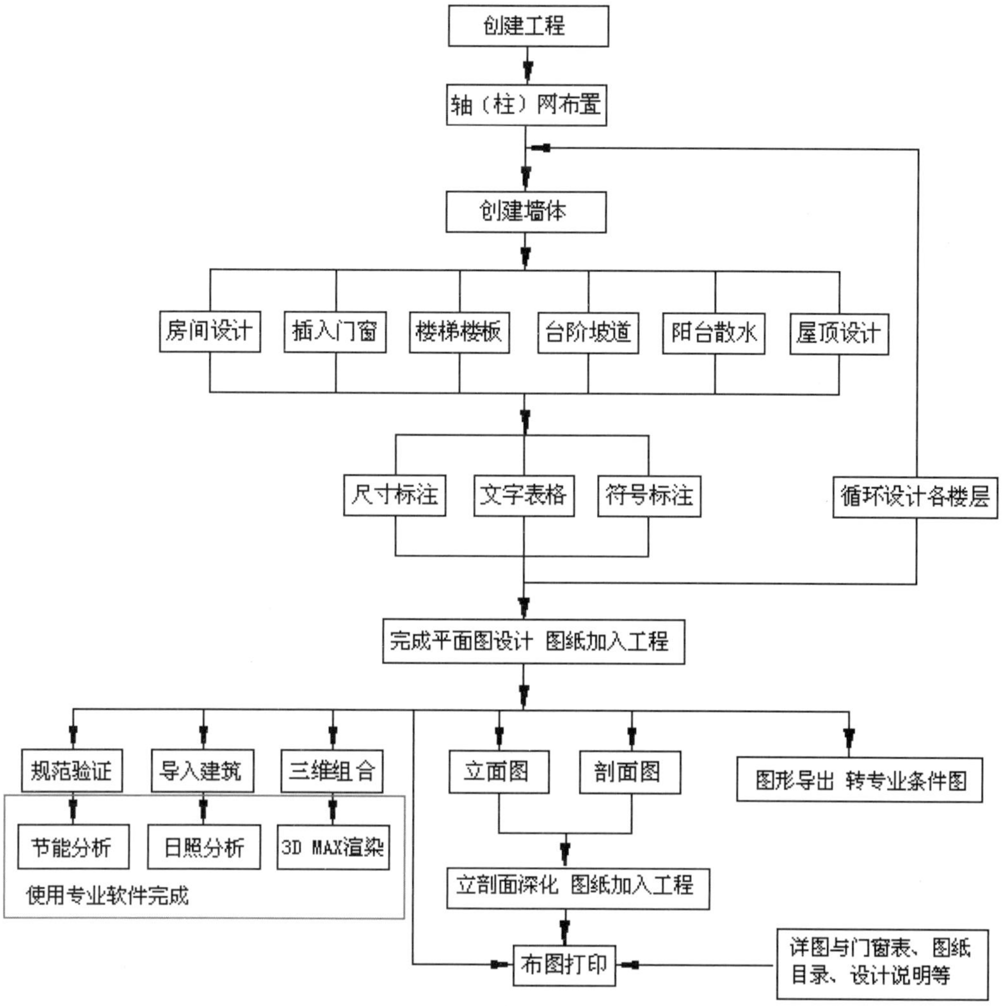

图 11-3

11.3.1 基本设定

用于设置软件的基本参数和命令默认执行效果，用户可以根据工程的实际要求对其中的内容进行设定，如图 11-4 所示。

11.3.2 加粗填充

专用于墙体与柱子的填充，提供各种填充图案和加粗线宽，并有“标准”和“详图”两个级别，由用户通过“当前比例”给出界定，当前比例大于设置的比例界限，就会从一种填充与加粗选择进入另一个填充与加粗选择，有效地满足了施工图中不同图纸类型填充与加粗详细程度不同的要求。如图 11-5 所示。

11.3.3 高级选项

高级选项是控制天正建筑全局变量的用户自定义参数的设置界面，除了尺寸样式需专门设置外，这里定义的参数保存在初始参数文件中，不仅用于当前图形，对新建的文件也起作用，高级选项和选项是结合使用的，例如在高级选项中设置了多种尺寸标注样式，在当前图形选项中根据当前单位和标注要求选用其中几种用于本图，如图 11-6 所示。

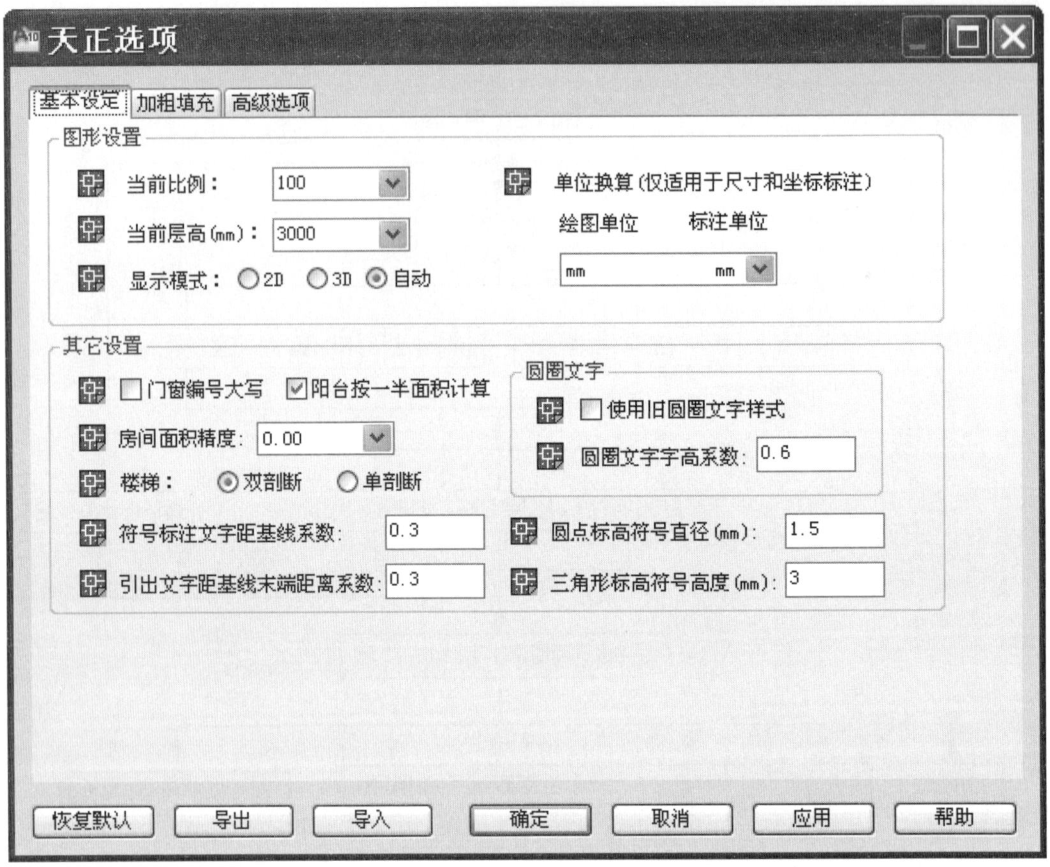
天正选项
基本设定
加粗填充
高级选项
图形设置
当前比例：
100
当前层高(mm)：
3000
显示模式：
2D
3D
自动
单位换算(仅适用于尺寸和坐标标注)
绘图单位
标注单位
mm
mm
其它设置
门窗编号大写
阳台按一半面积计算
房间面积精度：
0.00
楼梯：
双剖断
单剖断
圆圈文字
使用旧圆圈文字样式
圆圈文字字高系数：
0.6
符号标注文字距基线系数：
0.3
圆点标高符号直径(mm)：
1.5
引出文字距基线末端距离系数：
0.3
三角形标高符号高度(mm)：
3
恢复默认
导出
导入
确定
取消
应用
帮助

图 11-4

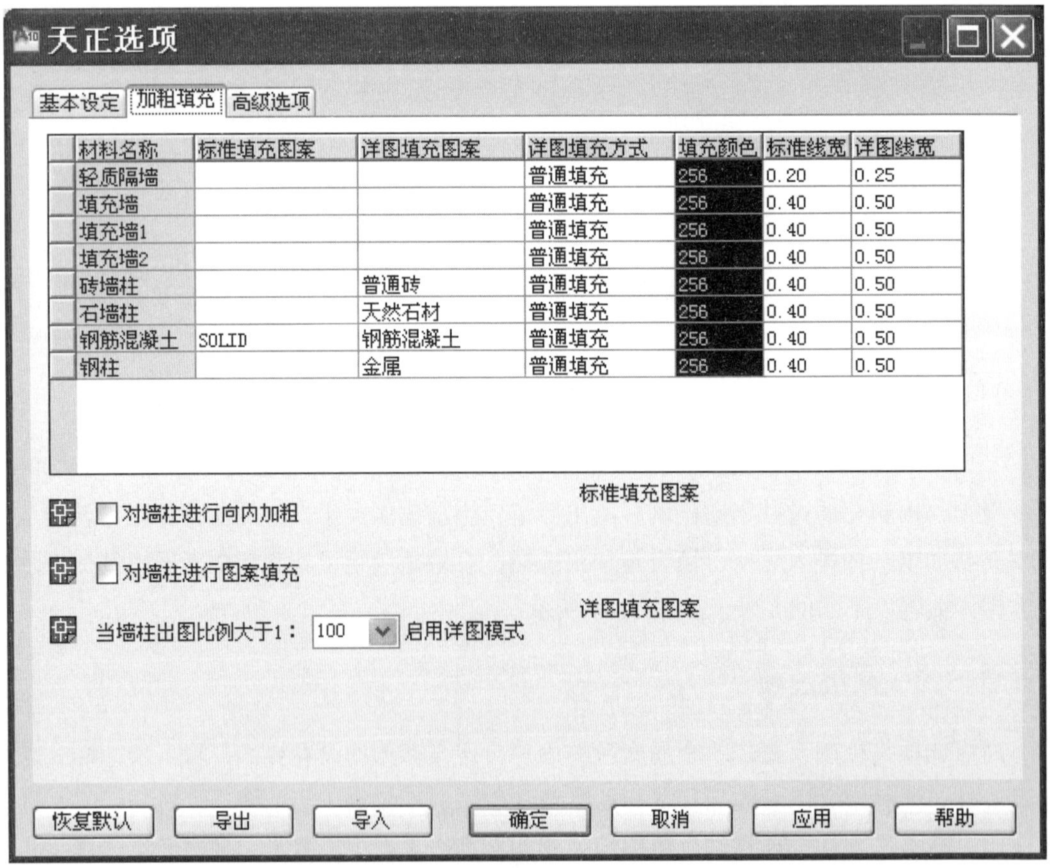
天正选项
基本设定
加粗填充
高级选项
材料名称
标准填充图案
详图填充图案
详图填充方式
填充颜色
标准线宽
详图线宽
轻质隔墙
普通填充
256
0.20
0.25
填充墙
普通填充
256
0.40
0.50
填充墙1
普通填充
256
0.40
0.50
填充墙2
普通填充
256
0.40
0.50
砖墙柱
普通砖
普通填充
256
0.40
0.50
石墙柱
天然石材
普通填充
256
0.40
0.50
钢筋混凝土
SOLID
钢筋混凝土
普通填充
256
0.40
0.50
钢柱
金属
普通填充
256
0.40
0.50
标准填充图案
对墙柱进行向内加粗
对墙柱进行图案填充
详图填充图案
当墙柱出图比例大于1：
100
启用详图模式
恢复默认
导出
导入
确定
取消
应用
帮助

图 11-5

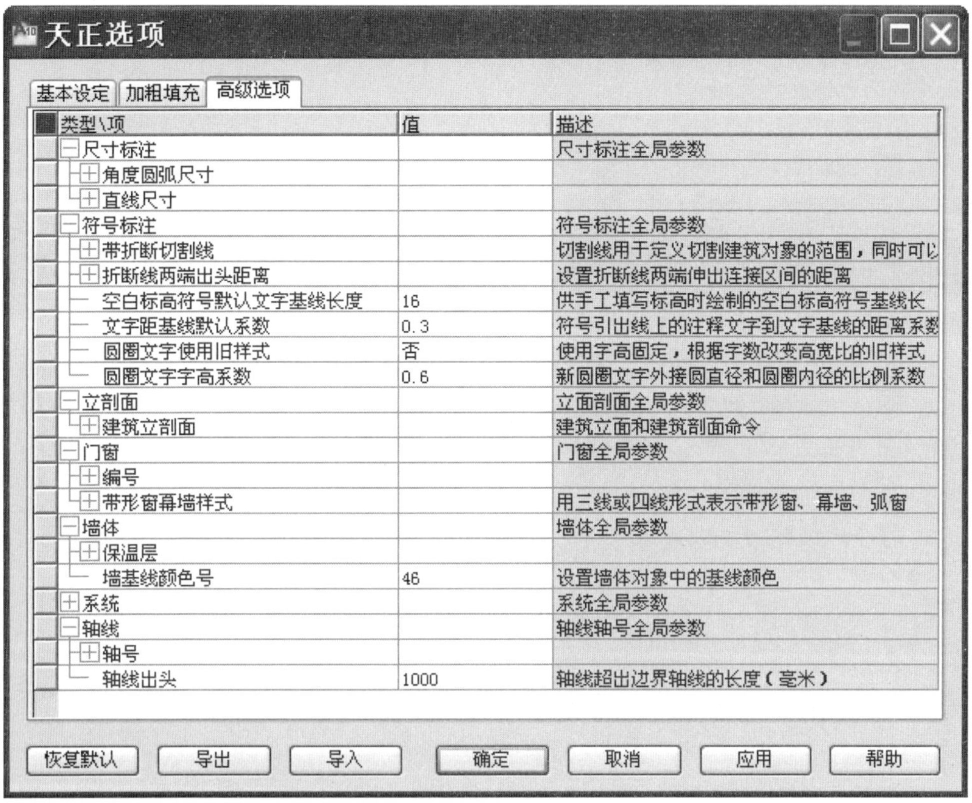

图 11-6

11.4 项目任务：绘制住宅楼施工平面图

为绘制住宅楼施工图一层平面图（图 11-7），设定天正建筑基本参数如图 11-8 所示。

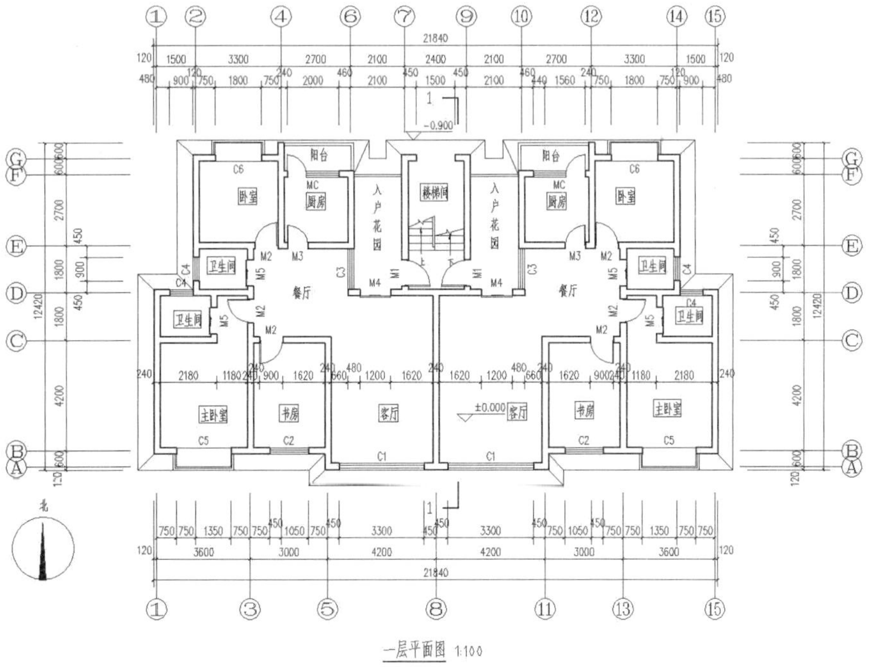

图 11-7

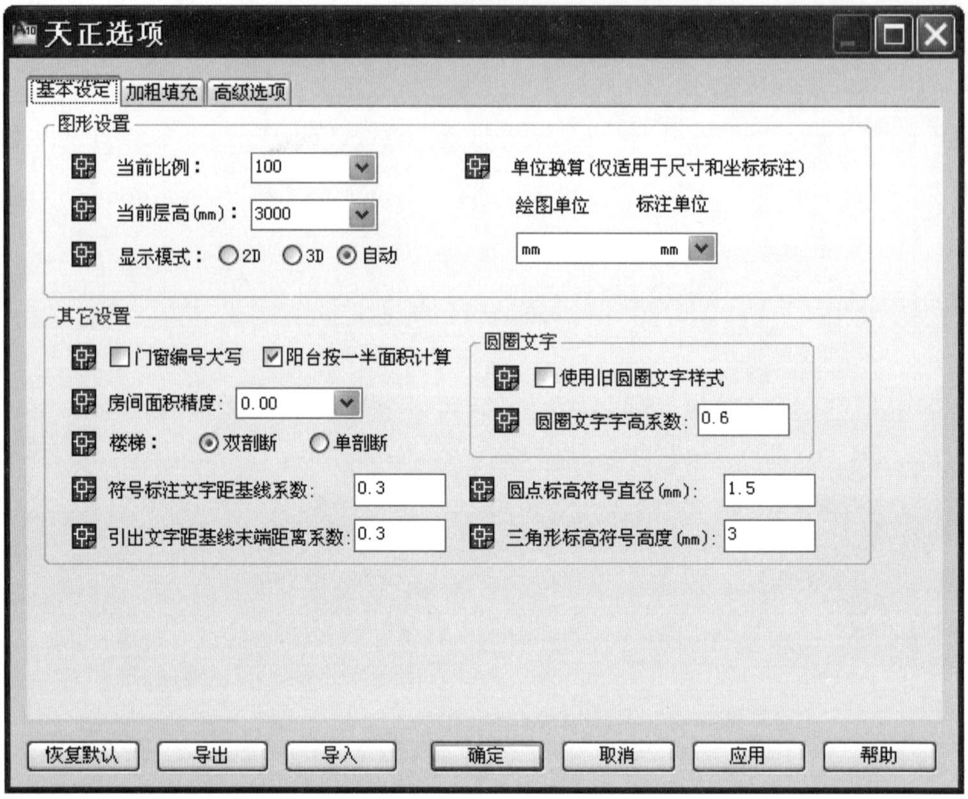
天正选项
基本设定
加粗填充
高级选项
图形设置
当前比例：
100
当前层高(mm)：
3000
显示模式：
2D
3D
自动
单位换算(仅适用于尺寸和坐标标注)
绘图单位
标注单位
mm
mm
其它设置
门窗编号大写
阳台按一半面积计算
房间面积精度：
0.00
楼梯：
双剖断
单剖断
圆圈文字
使用旧圆圈文字样式
圆圈文字字高系数：
0.6
符号标注文字距基线系数：
0.3
圆点标高符号直径(mm)：
1.5
引出文字距基线末端距离系数：
0.3
三角形标高符号高度(mm)：
3
恢复默认
导出
导入
确定
取消
应用
帮助

图 11-8

第12单元 建筑平面图的绘制

【教学目标】

能够正确建立轴网，创建墙体，插入门窗楼梯阳台雨篷，绘制屋顶，并进行文字与尺寸的标注，完成建筑平面图的绘制。

12.1 建立轴网

单击“轴网柱子”→绘制“轴网”菜单命令后，显示绘制轴网对话框，在对话框中选择右侧数据，输入开间间距、进深间距，如图12-1所示。

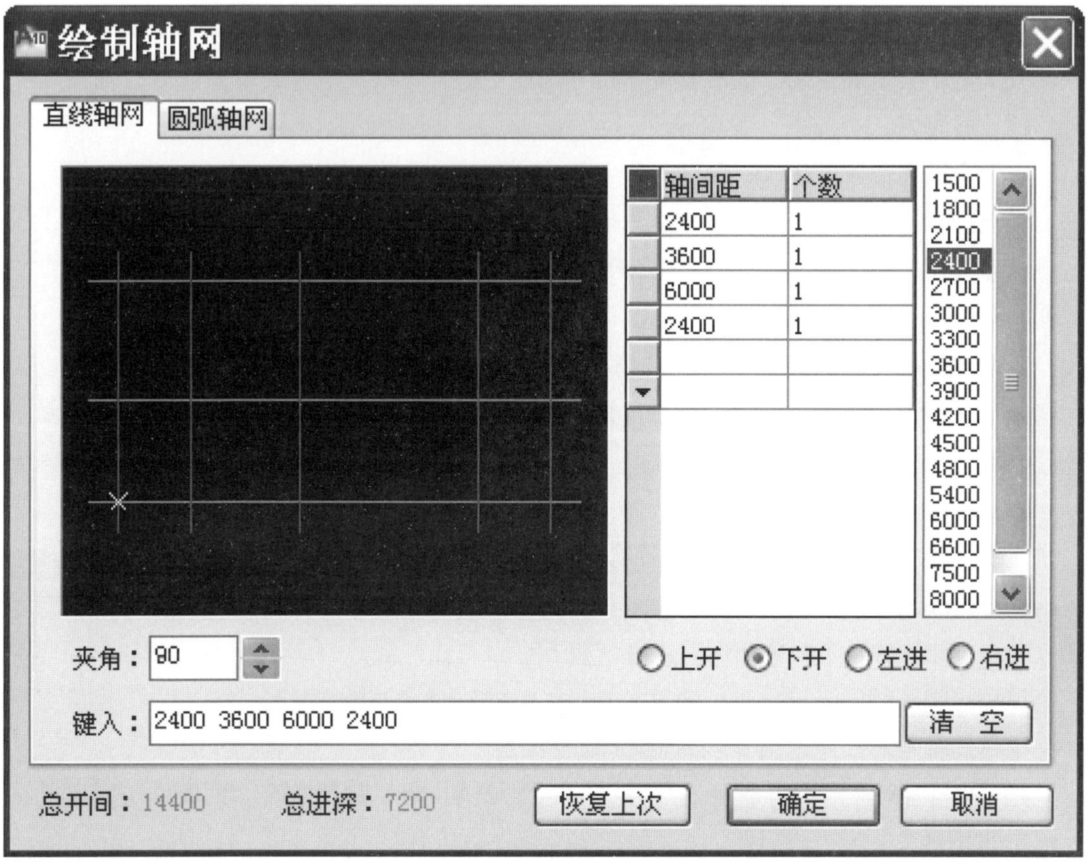

图12-1

参数说明如表 12-1 所示。

表 12-1 参 数 说 明

上开间	上方标注轴线的开间尺寸
下开间	下方标注轴线的开间尺寸
左进深	左方标注轴线的进深尺寸
右进深	右方标注轴线的进深尺寸
[夹角]	输入开间与进深轴线之间的夹角数据，默认为夹角 90° 的正交轴网
[键入]	键入一组尺寸数据，用空格或英文逗点隔开，回车数据输入到电子表格中

12.1.1 轴网标注

图 12-2

单击“轴网柱子”→“两点轴标”菜单命令，或点取两点轴标（轴线右键菜单）命令，在绘图区出现轴网标注对话框，如图 12-2 所示。在“轴网标注”对话框里的“轴号标注”和“尺寸标注”形式中，启用“标注双侧”选项进行标注。

提 示

两点轴标标注时选取起始轴和结束轴的原则是先左后右、先下后上。

12.1.2 轴号的编辑

1. 添补轴号

在矩形、弧形、圆形轴网中对新增轴线添加轴号，新添轴号成为原有轴网轴号对象的一部分，但不会生成轴线，也不会更新尺寸标注，适合为以其他方式增添或修改轴线后进行的轴号标注。

单击【添补轴号】菜单命令后，命令交互如下：

请选择轴号对象 < 退出 >：点取与新轴号相邻的已有轴号对象，不要点取原有轴线。

请点取新轴号的位置或 { 参考点 [R]}< 退出 >：光标位于新增轴号的一侧正交同时键入轴间距。

新增轴号是否双侧标注?（Y/N）[Y]：根据要求键入 Y 或 N，为 Y 时两端标注轴号。

新增轴号是否为附加轴号?（Y/N）[N]：Y 根据要求键入 Y 或 N，为 N 时其他轴号重排，Y 时不重排。

2. 删除轴号

在平面图中删除个别不需要轴号的情况，被删除轴号两侧的尺寸应并为一个尺寸，并可根据需要决定是否调整轴号。

单击【删除轴号】菜单命令后，命令如下：

请框选轴号对象 < 退出 >：使用窗选方式 选取多个需要删除的轴号。

请框选轴号对象 < 退出 >：回车退出选取状态

是否重排轴号?（Y/N）[Y]：根据要求键入 Y 或 N，为 Y 时其他轴号重排，N 时不重排。

3. 重排轴号

将所选择的一个轴号对象（包括轴线两端）中，从选择的某个轴号位置开始对轴网的开间或者进深，方向默认从左到右或从下到上，按输入的新轴号重新排序，在此新轴号左（下）方的其他轴号不受本命令影响。

4. 轴号夹点编辑

以用鼠标拖拽这些夹点编辑轴号，解决以前众多命令才能解决的问题，如轴号的外偏与恢复、成组轴号的相对偏移，都直接拖动完成，对象每个夹点的用途均在光标靠近时出现提示，夹点预设功能如图 12–3 所示，其中轴号的横移与两侧号圈一致的，而纵移则是仅对单侧号圈有效。

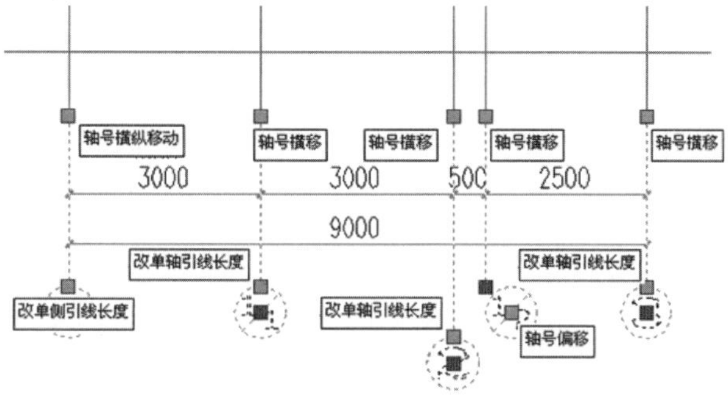

图 12–3

5. 轴号在位编辑

使用在位编辑来修改轴号，光标在轴号对象范围内，然后双击轴号文字，即可进入在位编辑状态，在轴号上出现编辑框。如果要关联修改后续的多个编号，单击鼠标右键出现快捷菜单，在其中单击重排轴号命令即可完成轴号排序，否则只修改当前编号，如图 12–4 所示。

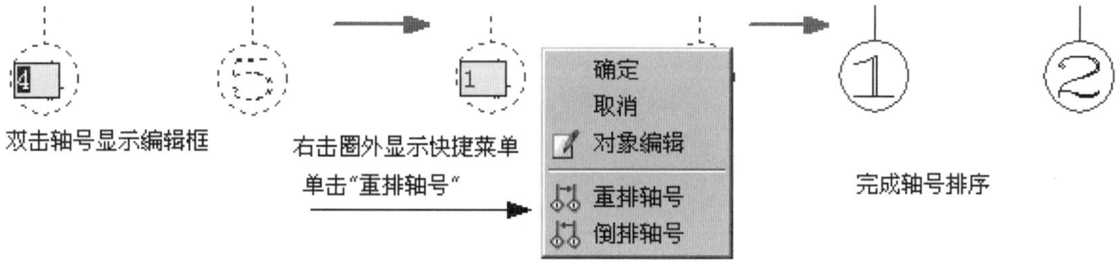

图 12–4

12.2 绘制墙体

单击“墙体”→“绘制墙体”（HZQT），在对话框中选取要绘制墙体的左右墙宽组数据，选择一个合适的墙基线方向，然后单击下面工具栏图标，在“直墙”、“弧墙”、“矩形布置”三种绘制方式中选择其中之一，进入绘制墙体，如图 12–5 所示。

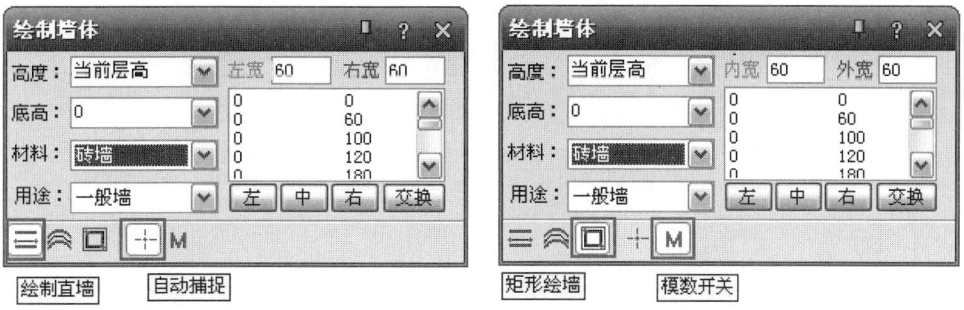

图 12–5

提示 1

[墙宽参数] 包括左宽 、右宽两个参数，其中墙体的左、右宽度，指沿墙体定位点顺序，基线左侧和右侧部分的宽度，对于矩形布置方式，则分别对应基线内侧宽度和基线外侧的宽度，对话框相应提示改为内宽、外宽。其中左宽 (内宽)、右宽 (外宽) 都可以是正数，也可以是负数，也可以为零。

提示 2

[墙基线] 基线位置设左、中、右、交换共四种控制，左、右是计算当前墙体总宽后，全部左偏或右偏的设置，例如当前墙宽组为 120、240，按左按钮后即可改为 360、0，中是当前墙体总宽居中设置，上例单击中按钮后即可改为 180、180，交换就是把当前左右墙厚交换方向，把上例数据改为 240、120。

12.3 插入柱子

12.3.1 标准柱

在轴线的交点或任何位置插入矩形柱、圆柱或正多边形柱，单击“轴网柱子”→“标准柱”(BZZ)，出现如图 12-6 所示标准柱对话框，选择柱子的类型，设置好参数后，点击确定，在屏幕上点击即可。

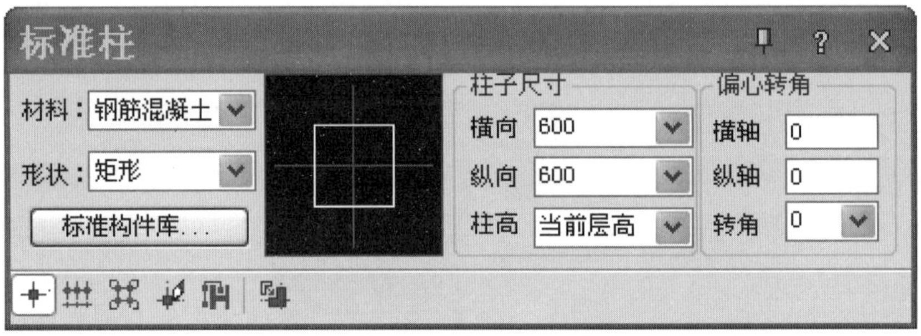

图 12-6

12.3.2 柱子的对象编辑

1. 替换柱子

双击要替换的柱子，即可显示出对象编辑对话框，与标准柱对话框类似，如图 12-7 所示。修改参数后，单击“确定”即可更新所选的柱子。

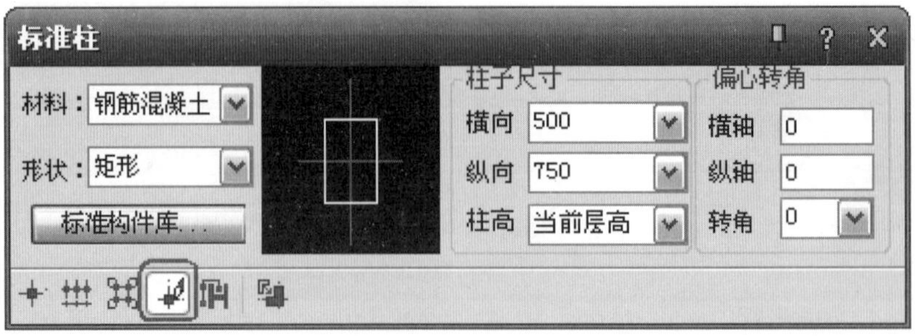

图 12-7

2. 柱齐墙边

本命令将柱子边与指定墙边对齐，可一次选多个柱子一起完成墙边对齐，条件是各柱都在同一墙段，且对齐方向的柱子尺寸相同。如图 12–8 所示。单击“轴网柱子”→“柱齐墙边”（ZQQB），命令行显示：

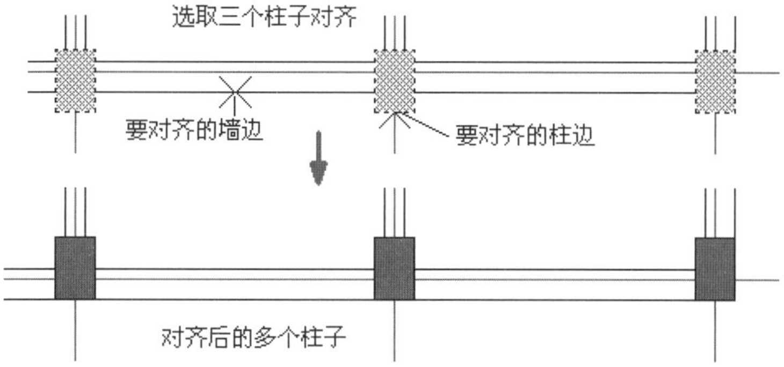

图 12–8

请点取墙边 < 退出 >：取作为柱子对齐基准的墙边；

选择对齐方式相同的多个柱子 < 退出 >：选择多个柱子；

选择对齐方式相同的多个柱子 < 退出 >：回车结束选择；

请点取柱边 < 退出 >：点取这些柱子的对齐边；

请点取墙边 < 退出 >：重选作为柱子对齐基准的其他墙边或者回车退出命令。

参数输入完毕后，点取“确定”，所选角柱即插入图中。

3. 构造柱

点取轴网柱子→构造柱（GZZ）菜单命令后，出现如图 12–9 所示的对话框。命令行提示：

请选取墙角或 [参考点（R）]< 退出 >：点取要创建构造柱的墙角或墙中任意位置，也可键入 R 定位。

参数输入完毕后，单击“确定”，所选构造柱即插入图中；如修改长度与宽度可通过夹点拖动调整即可。

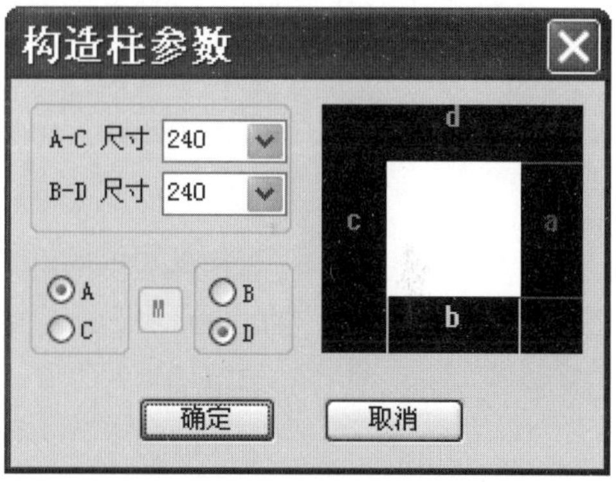

图 12–9

12.4 门窗

单击菜单“门窗”→“门窗 (MC)”命令后，显示如图 12–10 所示门窗参数对话框。

图 12–10

按最下面的工具栏的门窗定位方式从左到右依次是：

1. 自由插入

可在墙段的任意位置插入，速度快但不易准确定位，通常用在方案设计阶段。

2. 顺序插入

以距离点取位置较近的墙边端点或基线端为起点，按给定距离插入选定的门窗。

3. 轴线等分插入

将一个或多个门窗等分插入到两根轴线间的墙段等分线中间，如果墙段内没有轴线，则该侧按墙段基线等分插入。如图 12–11 所示。

4. 墙段等分插入

本命令在一个墙段上按墙体较短的一侧边线，插入若干个门窗，按墙段等分使各门窗之间墙垛的长度相等，如图 12–12 所示。

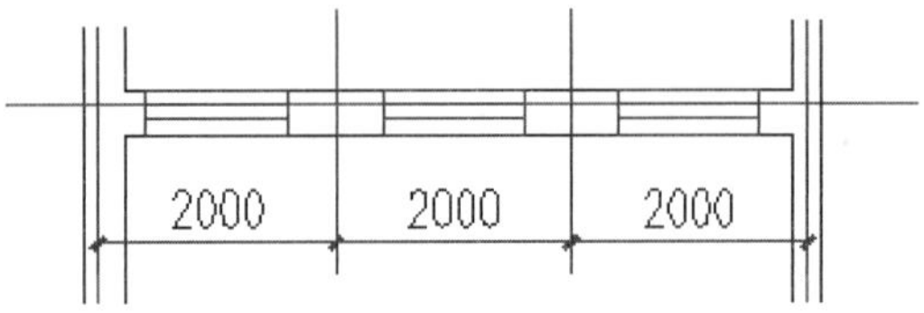

图 12–11

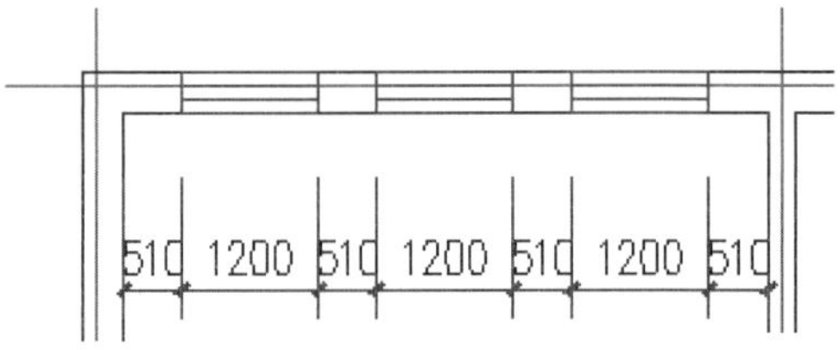

图 12–12

5. 垛宽定距插入

系统选取距点取位置最近的墙边线顶点作为参考点，按指定垛宽距离插入门窗。本命令特别适合插室内门，如设置垛宽 240mm，在靠近墙角左侧插入门。

6. 轴线定距插入

与垛宽定距插入相似，系统自动搜索距离点取位置最近的轴线与墙体的交点，将该点作为参考位置按预定距离插入门窗。

7. 按角度定位插入

本命令专用于弧墙插入门窗，按给定角度在弧墙上插入直线型门窗。

8. 满墙插入

门窗在门窗宽度方向上完全充满一段墙，使用这种方式时，门窗宽度参数由系统自动确定。

9. 插入上层门窗

在同一个墙体已有的门窗上方再加一个宽度相同、高度不同的窗，这种情况常常出现在高大的厂房外墙中。

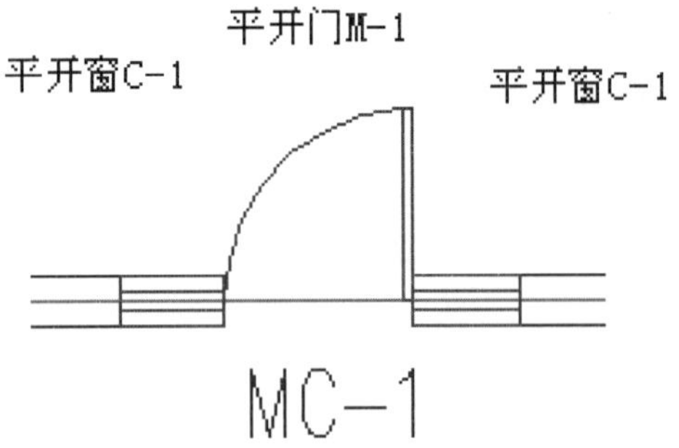

图 12–13

10. 门窗替换

用于批量修改门窗，包括门窗类型之间的转换。用对话框内的当前参数作为目标参数，替换图中已经插入的门窗。单击“替换”按钮，对话框右侧出现参数过滤开关。

11. 组合门窗

单击菜单“门窗”→“组合门窗（ZHMC）”命令后，命令行提示：

选择需要组合的门窗和编号文字：选择要组合的第一个门窗；

选择需要组合的门窗和编号文字：选择要组合的第二个门窗；

选择需要组合的门窗和编号文字：选择要组合的第三个门窗；

选择需要组合的门窗和编号文字：回车结束选择。

输入编号：MC-1 键入组合门窗编号，更新这些门窗为组合门窗如图 12-13 所示。

12. 转角窗

单击菜单命令后，显示如图 12-14 所示话框中按设计要求选择转角窗的三种类型：角窗、角凸窗与落地的角凸窗。

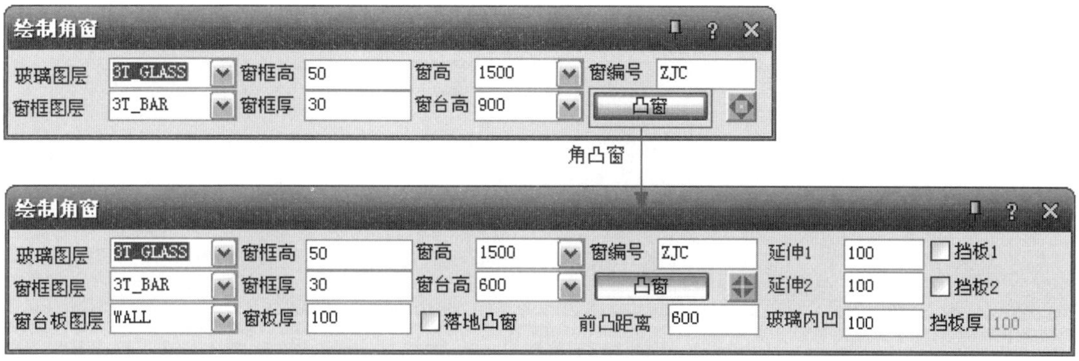

图 12-14

如选择转角窗类型后，在对话框中输入其他转角窗参数，命令行提示：

请选取墙内角 < 退出 >：单击转角窗所在墙内角，窗长从内角起算；

转角距离 1<1000>：2000 当前墙段变虚，输入从内角计算的窗长；

转角距离 2<1000>：1200 另一墙段变虚，输入从内角计算的窗长；

请选取墙内角 < 退出 >：执行本命令绘制角窗，回车退出命令。

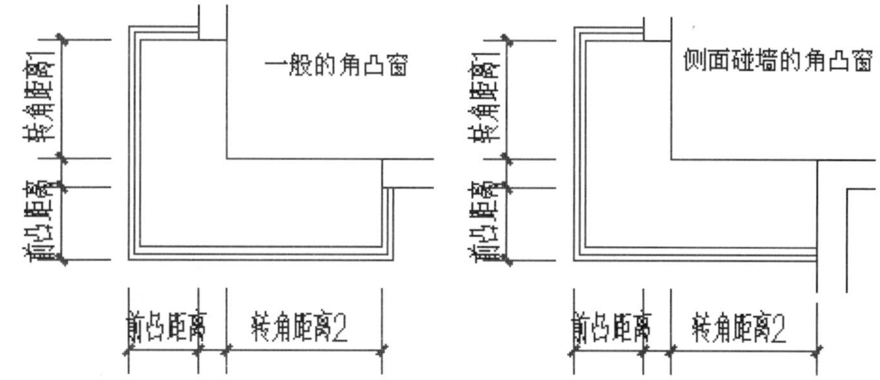

图 12-15

在侧面碰墙、碰柱时角凸窗的侧面玻璃会自动被墙或柱对象遮挡，如图 12-15 所示；特性表中可设置转角窗“作为洞口”处理；玻璃分格的三维效果请使用【窗棂展开】与【窗棂映射】命令处理。

普通门、普通窗都有若干个预设好的夹点，拖动夹点时门窗对象会按预设的行为作出动作，熟练操纵夹点进行编辑是用户应该掌握的高效编辑手段，夹点编辑的缺点是一次只能对一个对象操作，而不能一次更新多个对象，为此系统提供了各种门窗编辑命令。

门窗对象的夹点功能如图 12-16 所示。需要指出的是，部分夹点用 Ctrl 来切换功能。

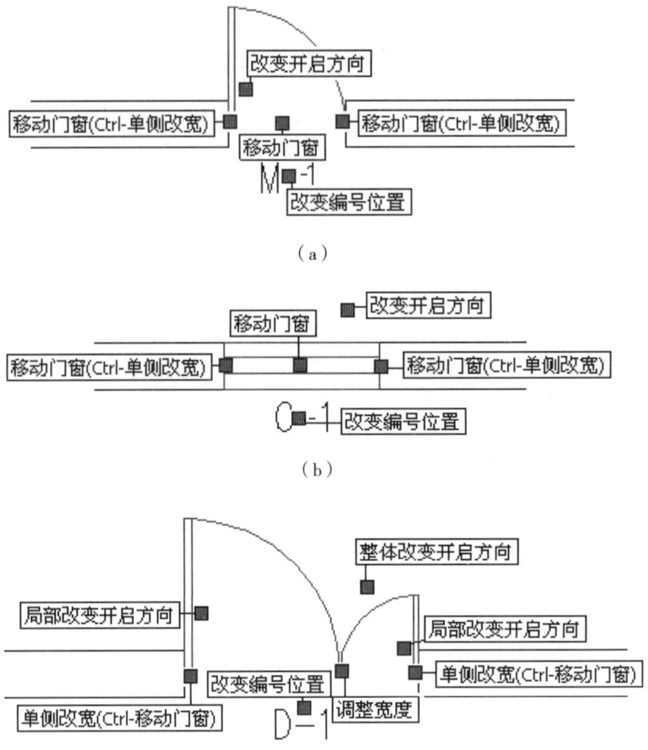

图 12-16

(a) 普通门的夹点功能；(b) 普通窗的夹点功能；(c) 组合门窗的夹点功能

12.5 楼梯

12.5.1 绘制双跑楼梯

点取菜单“楼梯其他“→”双跑楼梯“命令后，显示如图 12-17 所示的对话框。

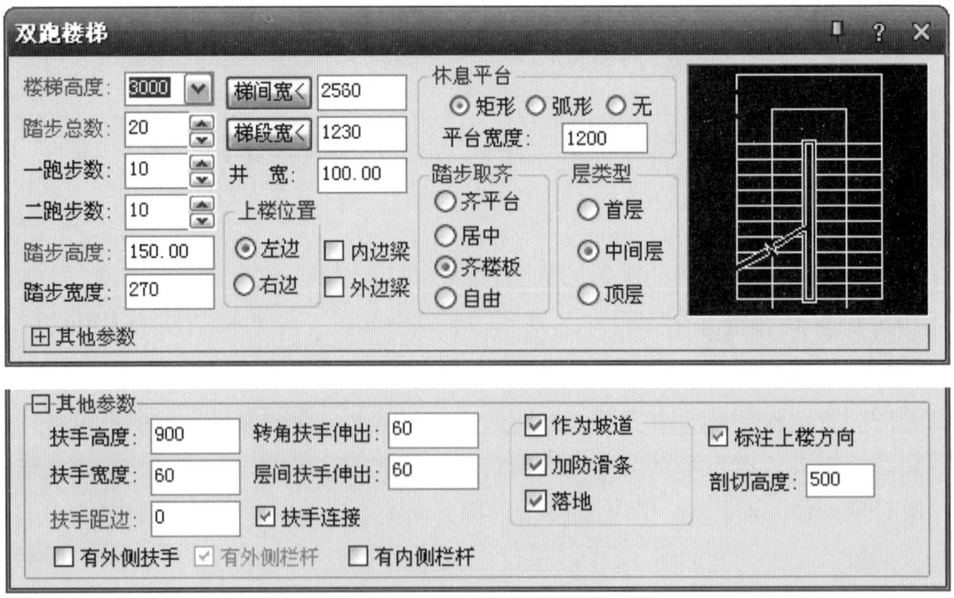

图 12-17

在确定楼梯参数和类型后，单击“确定”按钮后，命令行提示：

点取位置或 { 转 90 度 [A]/ 左右翻转 [S]/ 上下翻转 [D]/ 改转角 [R]/ 改基点 [T]}< 退出 >: 键入关键字改变选项，给点插入楼梯。

12.5.2　梯段夹点的功能

（1）[改梯段宽度]：该夹点用于改变楼梯双侧的净梯段宽，同时改变楼梯间的宽度，但不改变楼梯总宽。

（2）[改楼梯间宽度]：该夹点用于改变楼梯间的宽度和楼梯总宽，但不改变梯段的宽度。

（3）[改休息平台尺寸]：该夹点用于改变休息平台的宽度和楼梯总长，但不改变楼梯的总宽。

（4）[移动楼梯]：该夹点用于改变楼梯位置，夹点位于楼梯休息平台的两个角点，如图 12–18 所示。

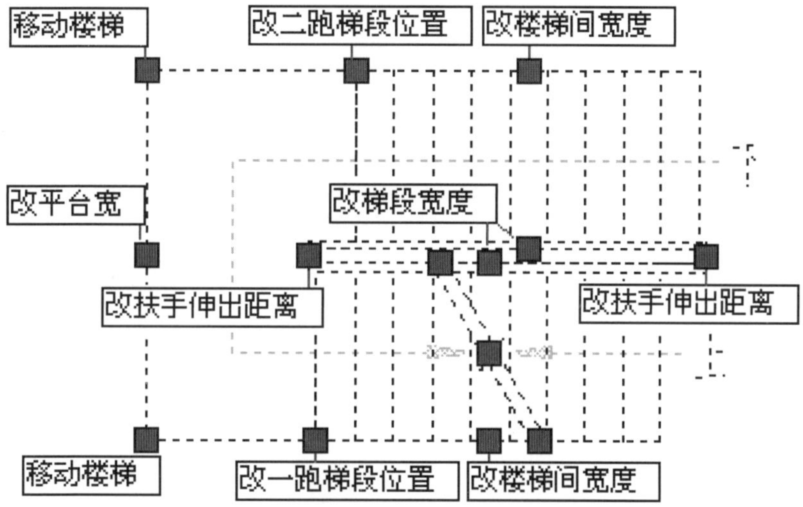

图 12-18

12.5.3　添加扶手

本命令可以楼梯段或沿上楼方向的 PLINE 路径为基线，生成楼梯扶手。绘制扶手之前，先用 CAD 的 PLINE 命令沿上楼方向绘制直线或曲线作为路径，然后点取“楼梯其他”→“添加扶手（TJFS）”菜单命令，命令行提示：

请选择梯段或作为路径的曲线 (线 / 弧 / 圆 / 多段线)：选取梯段或已有曲线。

扶手宽度 <60>：　100 键入新值或回车接受默认值；

扶手顶面高度 <900>：　键入新值或回车接受默认值；

输入对齐方式 [中间对齐（M）/ 左边对齐（L）/ 右边对齐（R）]<M>:

点取菜单“楼梯其他”→“连接扶手（LJFS）”命令后，命令行提示：

选择待连接的扶手 (注意与顶点顺序一致)：选取待连接的第一段扶手；

选择待连接的扶手 (注意与顶点顺序一致)：选取待连接的第二段扶手；

回车后两段楼梯扶手被连接起来了。

12.6 阳台、台阶及散水

12.6.1 直线绘制阳台

点取“楼梯其他”→“阳台（YT）”命令直接绘制阳台。

适用于绘制直线阳台、转角阳台、阴角阳台、凹阳台和其他阳台。点取菜单命令后，命令行提示：

阳台轮廓线的起点或 [点取图中曲线（P）/ 点取参考点（R）]< 退出 >: 点取阳台侧栏板与墙外皮交点作为阳台起点。

直段下一点 [弧段（A）/ 回退（U）]< 结束 >：点取阳台经过的外墙角点。

最后点取侧栏板与墙外皮的交点作为阳台终点，回车结束，命令行继续提示：

选择所邻接的墙（或窗）柱：回车或选取与阳台连接的墙或窗，如回车则接着出现下一行。

是否认为两端点接邻一段直墙？（Y/N）[Y]：回车接受或键入 N 取消命令。

如图 12-19 所示。

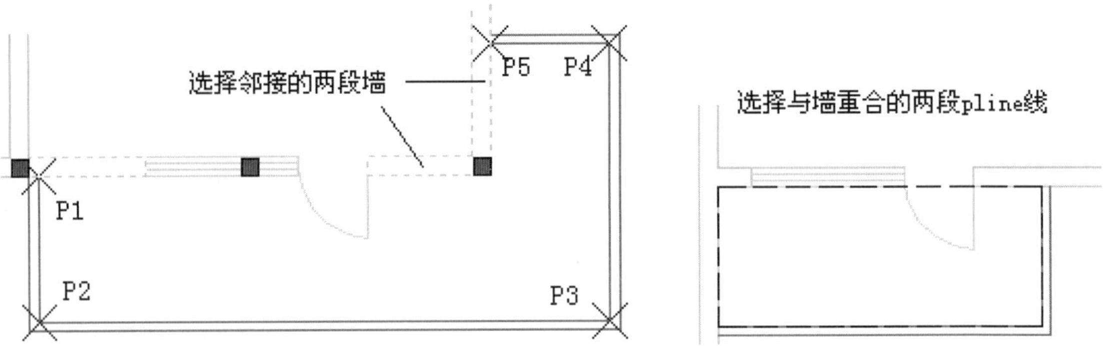

图 12-19

12.6.2 台阶

点取“楼梯其他”→“台阶”，出现如图 12-20 所示对话框，设置好相应参数后选择相应插入台阶的模式，点击图形中的相应位置即可生成台阶。

图 12-20

12.6.3 散水

点取“楼梯其他”→“散水（SS）”菜单命令后，显示散水对话框，如图 12-21 所示，命令行提示：

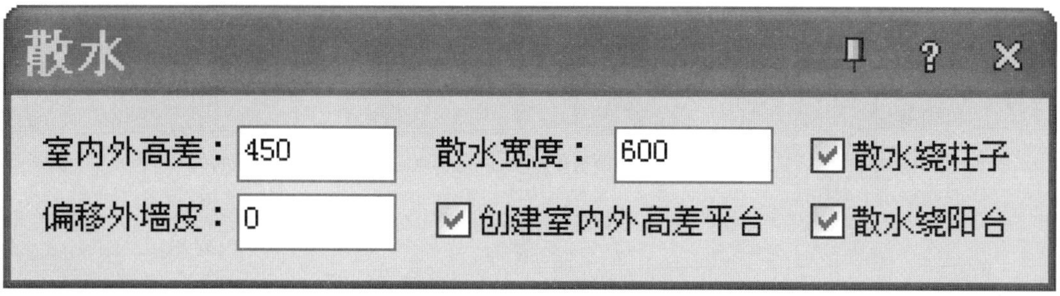

图 12-21

请选择构成一完整建筑物的所有墙体(或门窗)：全选墙体后按对话框要求生成散水与勒脚、室内地面。

双击散水对象，进入对象编辑的命令行选项：

[加顶点（A）/减顶点（D）/设置顶点（S）/截面显示（W）/改截面（H）/关闭二维（G）]/< 退出 >：A 键入选项热键添加顶点，提示：

点取新的顶点位置或 [参考点（R）]< 退出 >：在图上通过捕捉给出准确的新顶点位置，回车结束编辑。

12.7 屋顶

点取“房间屋顶”→“搜屋顶线（SWDX）”菜单命令后，命令行提示：

请选择构成一完整建筑物的所有墙体（或门窗）：

框选整个建筑指定对角点：找到 97 个

偏移外皮距离 <600>：0　　形成闭合轮廓

点取“房间屋顶”→“人字坡顶（RZPD）”菜单命令后，命令行提示：

请选择一封闭的多段线 < 退出 >：

请输入屋脊线的起点 < 退出 >：

请输入屋脊线的终点 < 退出 >：

12.8 门窗尺寸标注

点取“尺寸标注”→“门窗标注（MCBZ）”菜单命令后，命令行提示：

请用线选第一、二道尺寸线及墙体

起点 < 退出 >：垂直于墙线方向取过第一道尺寸线与墙体的起点 P1；

终点 < 退出 >：点取终点 P2，系统绘制出第一段墙体的门窗标注；

选择其他墙体：添加被内墙断开的其他要标注墙体，回车结束命令；如图 12-22 所示。

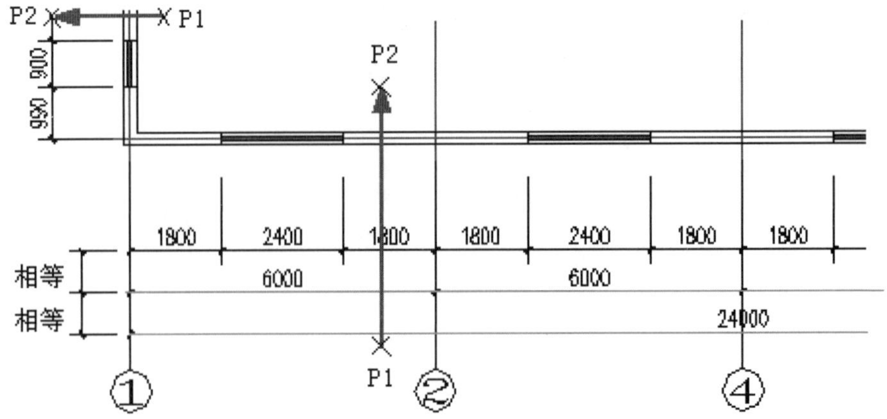

图 12-22

12.9 工程符号标注

1. 箭头引注

点取“符号标注”→“箭头引注（JTYZ）”菜单命令后，显示如图 12-23 所示对话框。

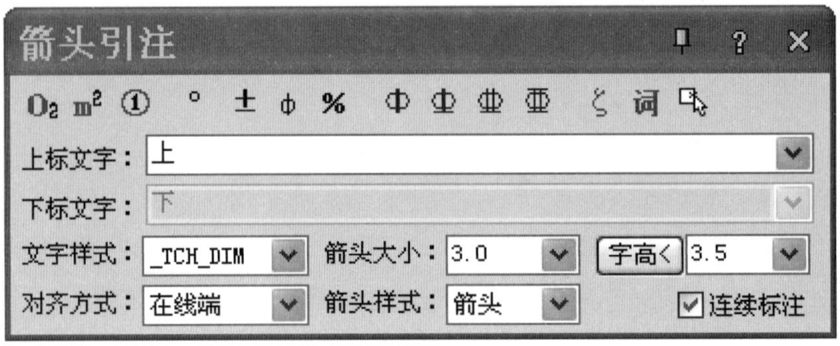

图 12-23

对话框中输入要注写的文字，设置好参数，按命令行提示取点标注：

箭头起点或 [点取图中曲线（P）/ 点取参考点（R）]< 退出 >：点取箭头起始点；

直段下一点 [弧段（A）/ 回退（U）]< 结束 >: 画出引线（直线或弧线）；

直段下一点 [弧段（A）/ 回退（U）]< 结束 >: 以回车结束；

双击箭头引注中的文字，即可进入在位编辑框修改文字。

2. 引出标注

点取“符号标注”→“引出标注（YCBZ）”菜单命令后，在对话框中编辑好标注内容及其形式后，按命令行提示取点标注：

请给出标注第一点 < 退出 >：点取标注引线上的第一点；

输入引线位置或 [更改箭头型式（A）]< 退出 >：点取文字基线上的第一点；

点取文字基线位置 < 退出 >：取文字基线上的结束点；

输入其他的标注点 < 结束 >：点取第二条标注引线上端点；

输入其他的标注点 < 结束 >：回车结束。

3. 作法标注

点取“符号标注”→“作法标注 (ZFBZ)”菜单命令后，出现如图 12-24 所示对话框。

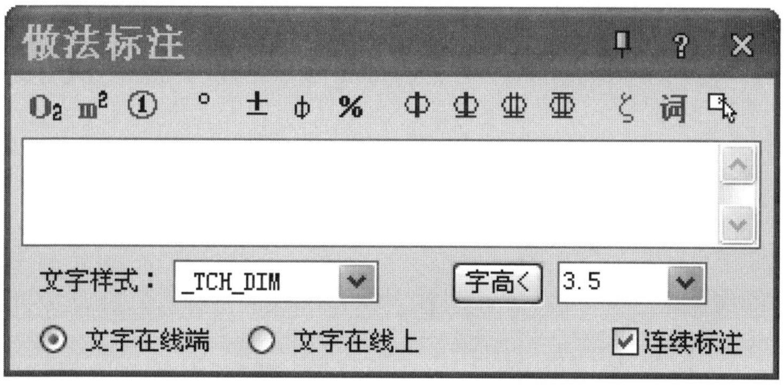

图 12-24

在对话框中编辑好标注内容及其形式后，按命令行提示取点标注：

请给出标注第一点 < 退出 >：点取标注引线上的第一点；

请给出标注第二点 < 退出 >：点取标注引线上的转折点；

请给出文字线方向和长度 < 退出 >：拉伸文字基线的末端顶点。

4. 索引符号

点取“符号标注”→“索引符号 (SYFH)”菜单命令后，出现如图 12-25 所示对话框：

图 12-25

在对话框中编辑好标注内容及其形式后，按命令行提示取点标注：

请给出索引节点的位置 < 退出 >：点取需索引的部分；

请给出索引节点的范围 <0.0>：拖动圆上一点，单击定义范围或回车不画出范围；

请给出转折点位置 < 退出 >：拖动点取索引引出线的转折点；

请给出文字索引号位置 < 退出 >：点取插入索引号圆圈的圆心。

5. 剖面剖切

点取“符号标注”→“剖面剖切（PMPQ）”菜单命令后，命令行提示：

请输入剖切编号 <1>：键入编号后回车

点取第一个剖切点 < 退出 >：给出第一点 P1

点取第二个剖切点 < 退出 >：沿剖线给出第二点 P2

点取下一个剖切点 < 结束 >：给出转折点 P3

点取下一个剖切点 < 结束 >：给出结束点 P4

点取下一个剖切点 < 结束 >：回车表示结束

点取剖视方向 < 当前 > ：给点表示剖视方向 P5

标注完成后，拖动不同夹点即可改变剖面符号的位置以及改变剖切方向，如图 12-26 所示。

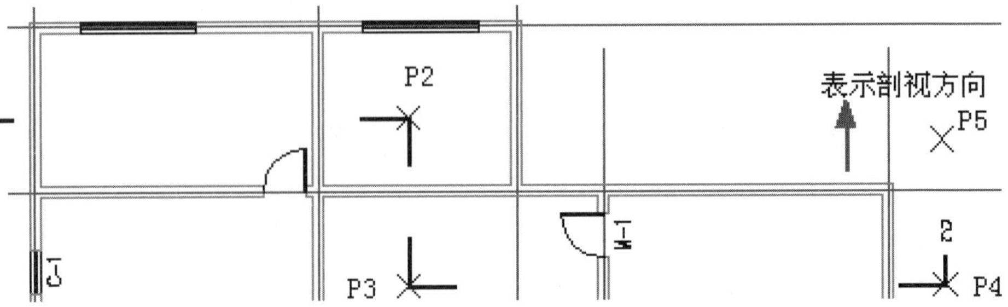

图 12-26

6. 索引图名

本命令为图中被索引的详图标注索引图名，如需要标注比例要自己补充。

点取“符号标注”→“索引图名（SYTM）”菜单命令后，命令行提示：

请输入被索引的图号（－表示在本图内）<-> ：回车或键入被索引图号

请输入索引编号 <1> ：键入索引图号

如图 12-27 所示。索引图名对象只有一个夹点，拖动该夹点可移动索引图名。

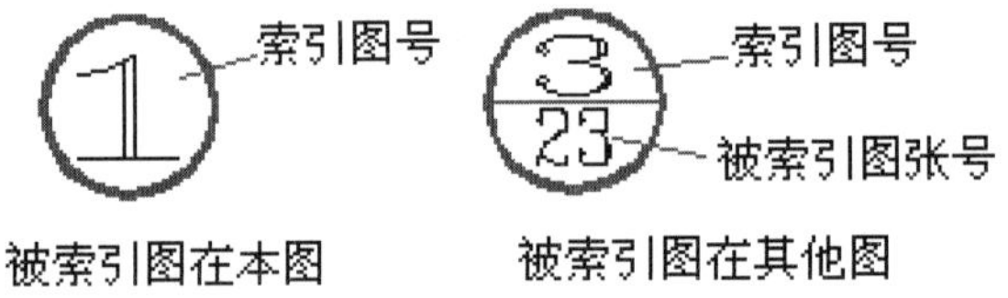

图 12-27

12.10　工程管理

本命令启动工程管理界面，建立由各楼层平面图组成的楼层集，在界面上方提供了创建立面、剖面、三维模型等图形的工具栏图标。

点取“文件布图”→“工程管理（GCGL）”菜单命令或键入热键 Ctrl+~ 均可启动工程管理界面，如图 12-28 所示，再次执行可关闭该界面。

单击界面上方的下拉列表，打开工程管理菜单，其中选择工程管理命令，如图 12-29 所示：

1. 新建工程

点取“文件布图”→“工程管理”→“新建工程”菜单命令后，显示“另存为”对话框。输入新的工程文件名，单击“保存”按钮把新建工程保存为“工程名称 .tpr”文件。

2. 图纸集

图纸集是用于管理属于工程的各个图形文件的，以树状列表添加图纸文件创建图纸集，它以右键菜单操作，双击图纸集树状列表中的图纸文件名称，即可打开该图纸文件的 DWG 图形；拖放树状列表中的类别或文件图标可以改变其在列表中的位置。标题上的图标为“图纸目录”命令，创建基于本工程图纸集的图纸目录。

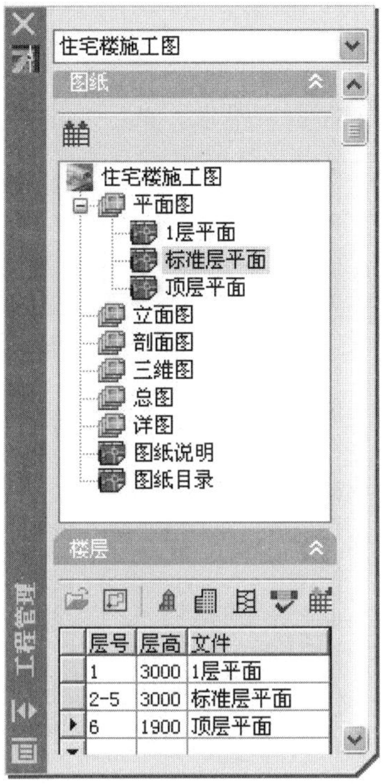

图 12-28

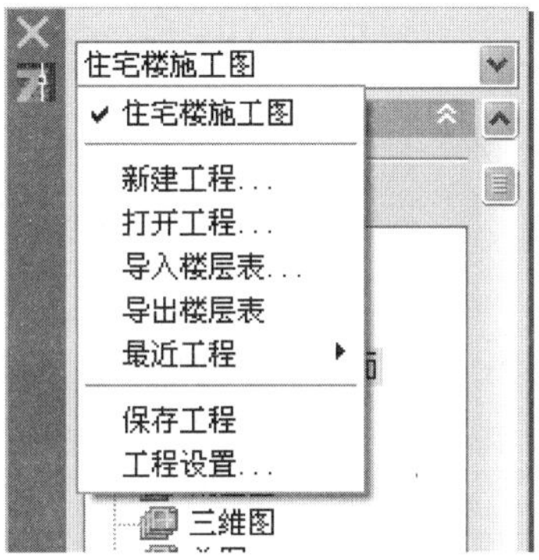

图 12-29

3. 楼层集

用于控制属于同一工程中的各个标准层平面图，允许不同的标准层存放于一个图形文件下，通过如图 12-30 所示框选标准层按钮，在本图的框选标准层的区域范围的，生成各楼层的平面图纸集，以便进行立面、剖面的设计。

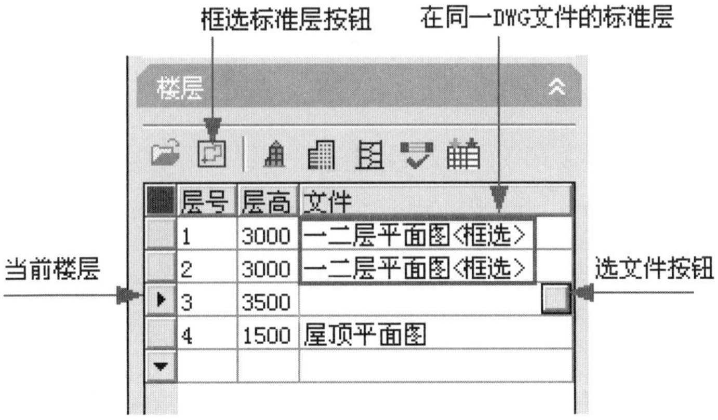

图 12-30

- [层号]：一组自然层号顺序，格式为“起始层号 - 结束层号”，从第一行开始填写，一组自然层顺序对应一个标准层文件。
- [层高]：填写这个标准层的层高，层高不同的楼层属于不同的标准层，单位毫米。
- [文件]：填写这个标准层的文件名，单击空白文件栏出现按钮，单击按钮浏览选取文件定义标准层。
- [行首]：单击行首按钮表示选一行，右击显示对本行操作的菜单，双击在本图预览框选的标准层定义范围。
- [下箭头]：单击增加一行。

● [选择文件]：先单击表行选择一个标准层，单击此命令为该标准层指定一个 DWG 文件。

● [框选标准层]：先单击表行选择对应当前图的标准层，单击此按钮，命令行提示：

选择第一个角点 < 取消 >：选取定义范围的第一点

另一个角点 < 取消 >：选取定义范围对角点

对齐点 < 取消 >：从图上取一个标志点作为各楼层平面的对齐点

● [三维组合]：以楼层定义创建三维建筑模型。

● [建筑立面]：以楼层定义创建建筑立面图。

● [建筑剖面]：以楼层定义创建建筑剖面图。

● [门窗检查]：检查工程各层平面图的门窗定义。

● [门窗总表]：创建工程各层平面图的门窗总表。

12.11 项目任务 1：绘制住宅一层平面图

（1）在天正基本设定中设定当前比例 1 ∶ 100，当前层高 3000mm。本例轴网数据如下：

上开间 1500，3300，2700，2100，2400，2100，2700，3300，1500（mm）

下开间 3600，3000，4200，4200，3000，3600（mm）

左开间 600，4200，2 × 1800，2700，600（mm）

绘制轴网后进行两点轴标并绘制厚度 240mm 墙体，如图 12-31 所示

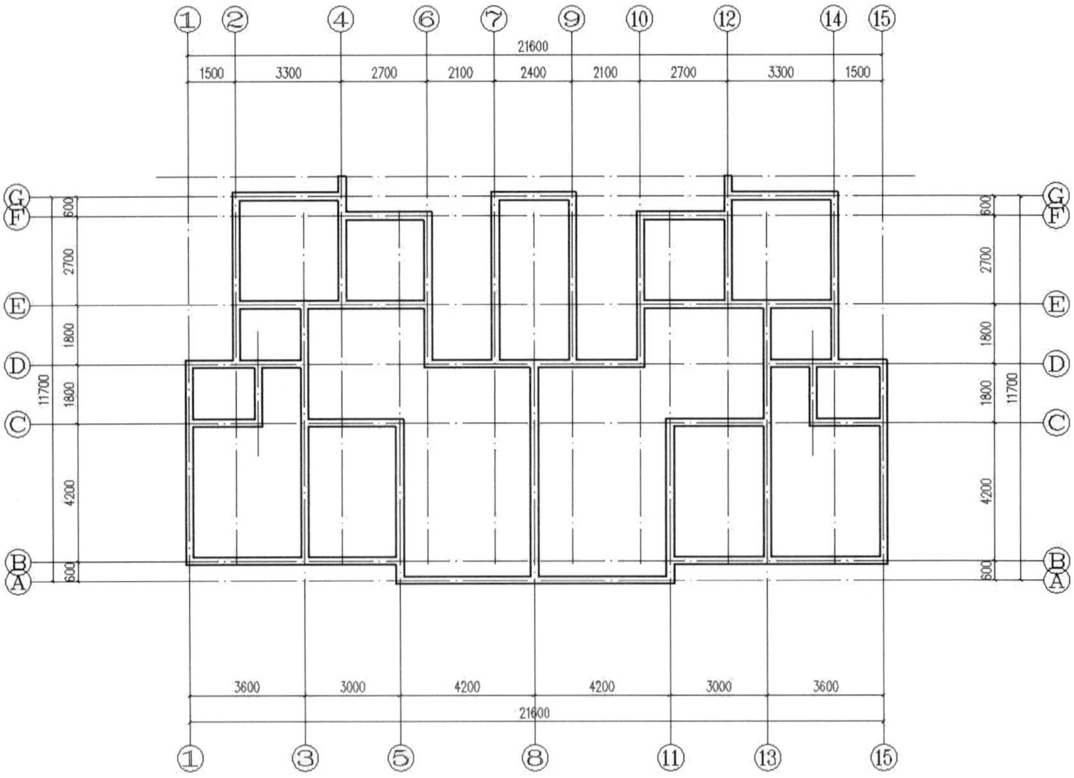

图 12-31

（2）插入指定参数的门窗如图 12-32 所示。

门窗表

类别	设计编号	洞口尺寸(mm)		樘数
		宽	高	
门	M1	1000	2100	2
	M2	900	2100	6
	M3	800	2100	2
	M4	1200	2100	2
	M5	1000	2100	4
门联窗	MC	2000	2100	2
窗	C1	3300	1500	2
	C2	1500	1500	2
	C3	1560	1500	2
	C4	900	1500	4
凸窗	C5	2100	1500	2
	C6	1800	1500	2
墙洞		1500	2100	1

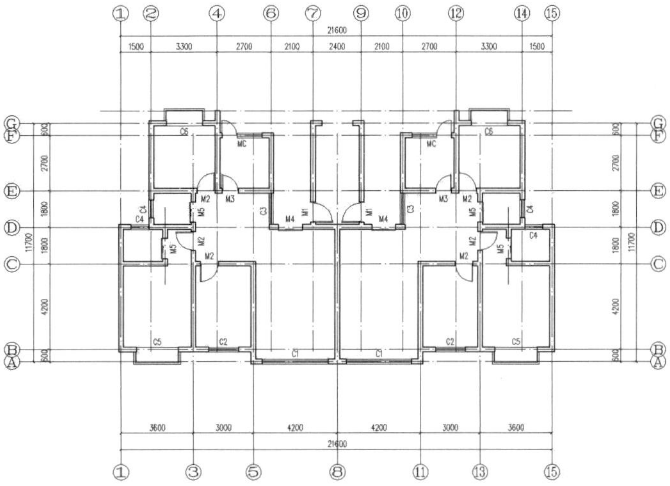

图 12-32

（3）按参数绘制矩形双跑楼梯和底层直线楼梯（图 2-33），结果如图 12-34 所示。

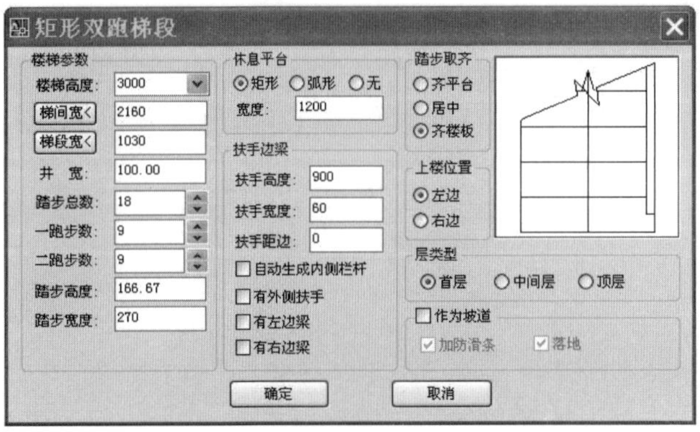

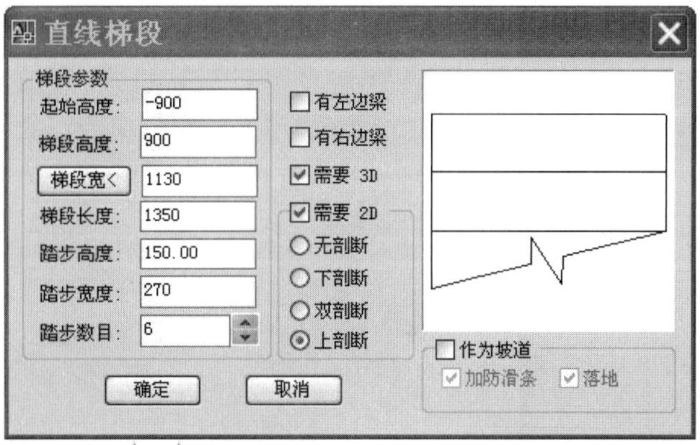

图 12-33

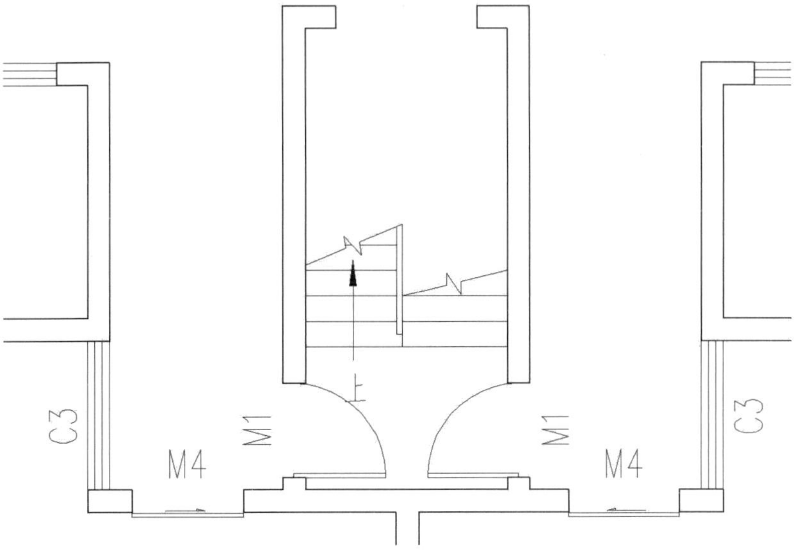

图 12-34

（4）绘制其他细部，即阳台和散水（图 12-35），参数设置如图 12-36、图 12-37 所示。

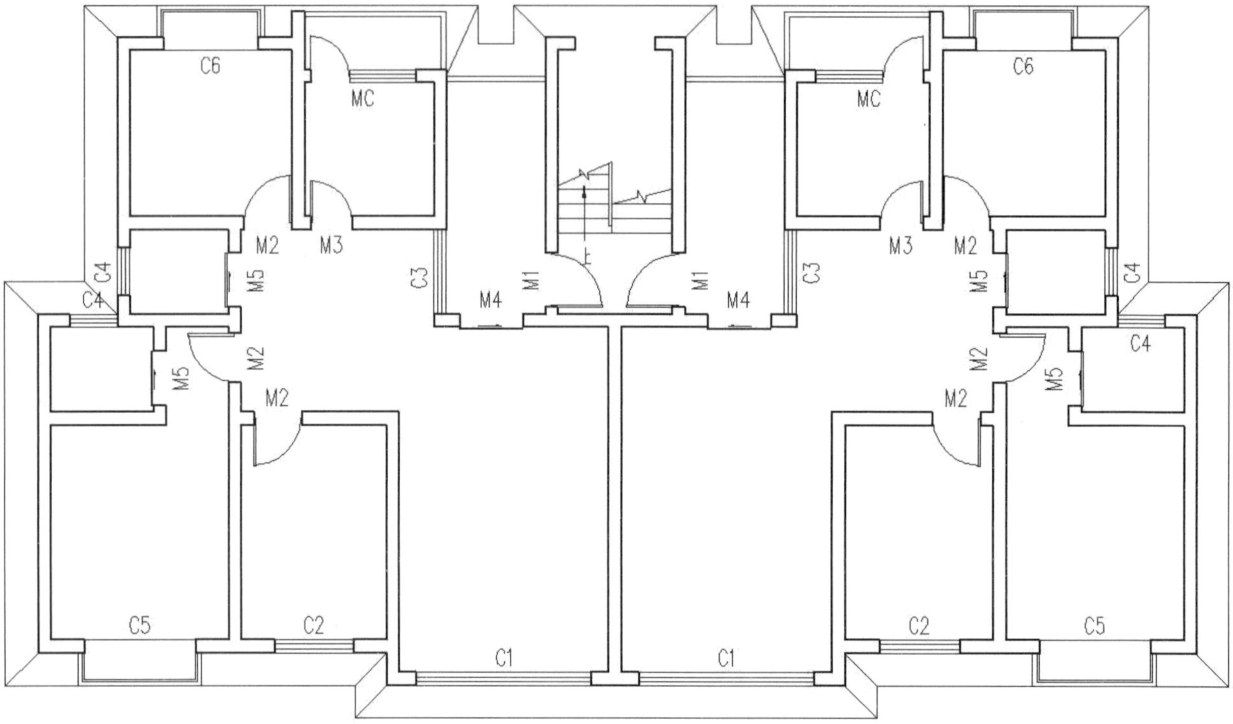

图 12-35

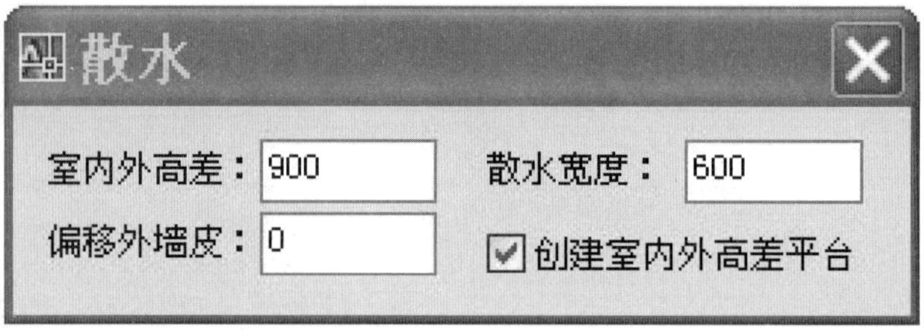

图 12-36

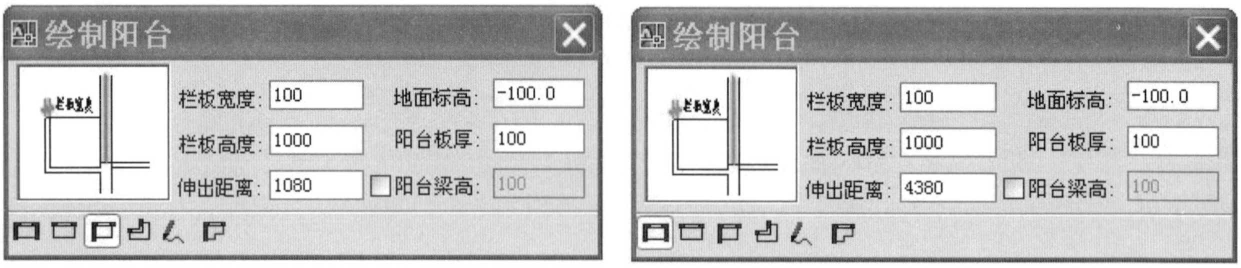

图 12-37

（5）进行尺寸、文字及符号的标注，如图 12-38 所示，完成住宅一层平面图并保存。

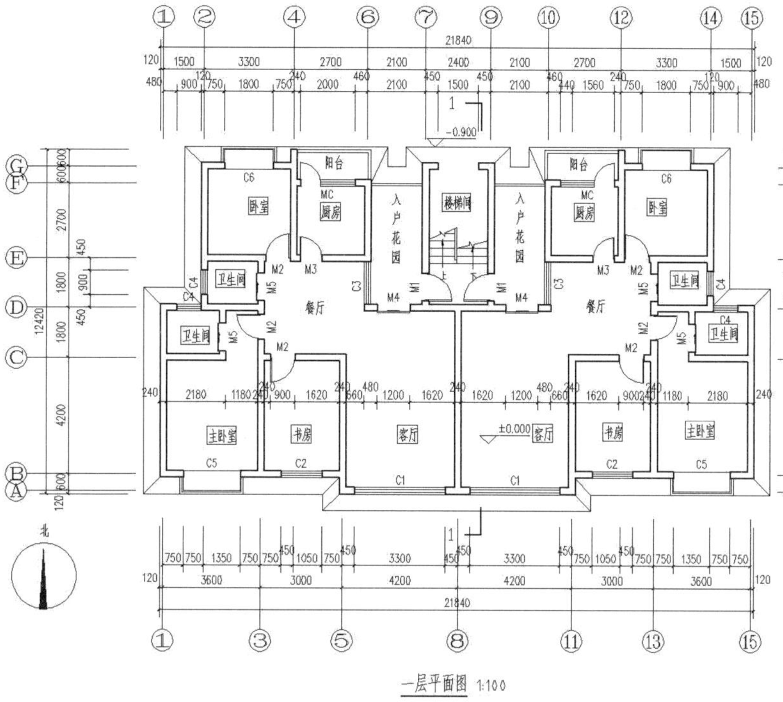

图 12-38

12.12 项目任务 2：绘制标准层平面图

将已经绘制好的一层平面图另存为标准层平面图，在此基础上进行修改。

删除楼梯间门洞，改为 C2（窗台高 1100 mm 窗高 1500 mm 窗宽 1500 mm），并修改门窗标注尺寸，删除楼梯，绘制标准层楼梯，删除散水，删除图中标高数据，修改为标准层标高数据；删除剖切符号及指北针，修改图名为标准层平面图并保存。如图 12-39 所示。

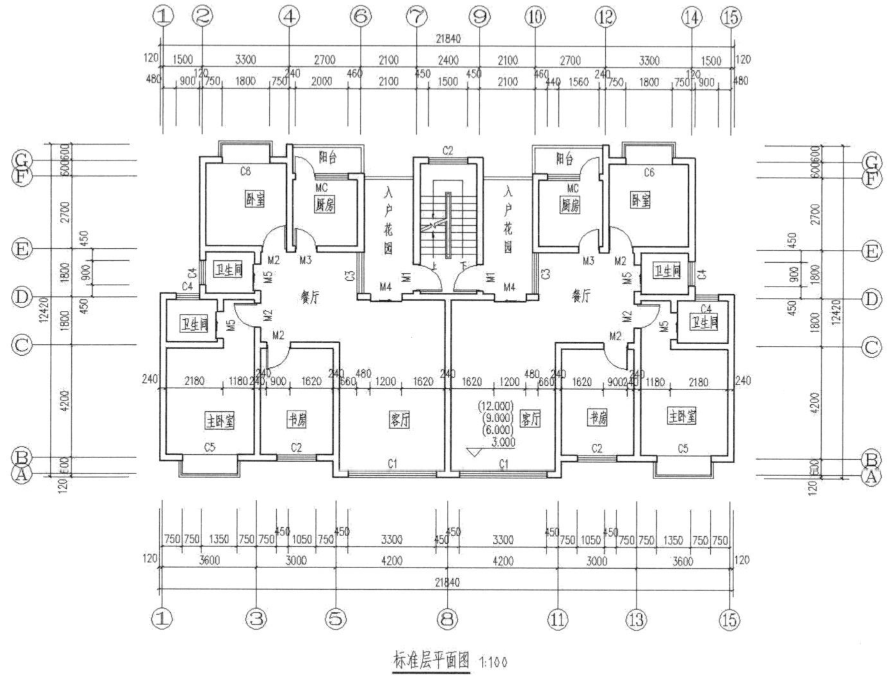

图 12-39

12.13 项目任务 3：绘制屋顶平面图及楼梯间屋顶平面图

将已经绘制好标准层平面图另存为屋顶平面图，在此基础上进行修改。

楼梯间墙高为 3000mm，删除其他墙体，仅沿建筑外墙创建屋顶轮廓，绘制墙高为 1100mm 的女儿墙；按参数绘制雨篷；绘制顶层楼梯平面；删除门窗尺寸标注，标注屋面标高及坡度。保存并完成如图 12-39 所示楼梯间屋顶平面图。

绘制如图 12-40 所示楼梯间屋顶平面图并保存。

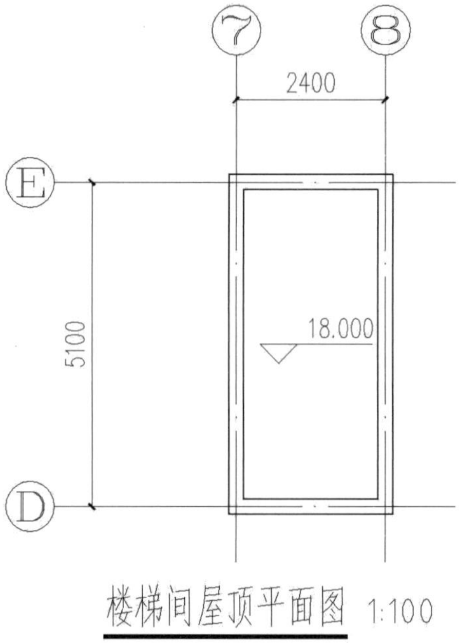

图 12-39

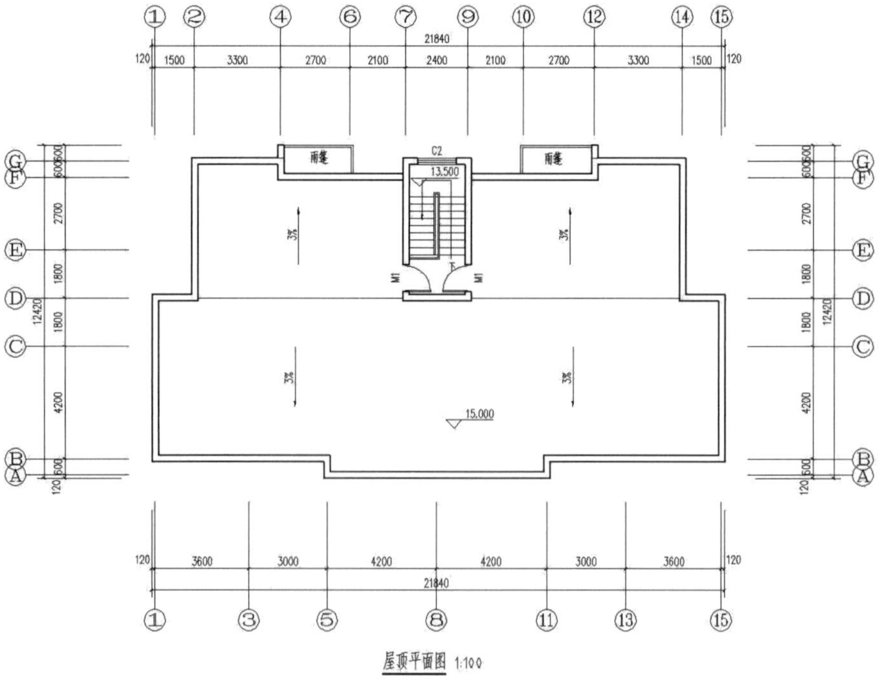

图 12-40

第 13 单元 建筑立面图的绘制

【教学目标】

能利用“工程管理”界面创建工程项目，添加图纸集管理项目，定义楼层生成建筑立面草图。

根据建筑平面图，检查建筑立面草图，利用立面命令组修改深化建筑立面。

13.1 生成建筑立面图

可以按照【工程管理】命令中的数据库楼层表格数据，一次生成多层建筑立面。

单击“立面”→“建筑立面（JZLM）”菜单命令后，命令行提示：

请输入立面方向或 [正立面（F）/ 背立面（B）/ 左立面（L）/ 右立面（R）]< 退出 >: F 键入快捷键或者按视线方向给出两点，指出生成建筑立面的方向。

请选择要出现在立面图上的轴线：一般是选择同立面方向上的开间或进深轴线，应该选择轴线，选轴号无效。

显示建筑立面对话框，如图 13-1 所示。

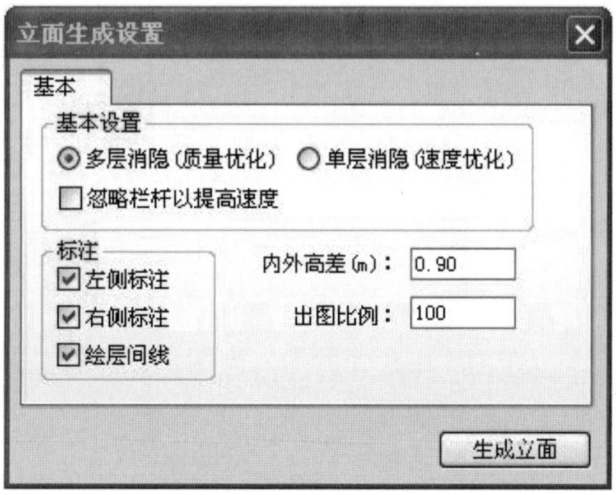

图 13-1

参数说明：

● 多层消隐 / 单层消隐：前者考虑到两个相邻楼层的消隐，速度较慢，但可考虑楼梯扶手等伸入上层的情况，消隐精度比较好。

- 内外高差：室内地面与室外地坪的高差。
- 出图比例：立面图的打印出图比例。
- 左侧标注 / 右侧标注：是否标注立面图左右两侧的竖向标注，含楼层标高和尺寸。
- 绘层间线：楼层的之间的水平横线是否绘制。
- 忽略栏杆：勾选此复选框，为了优化计算，忽略复杂栏杆的生成。

提 示

1. 如果当前工程管理界面中有正确的楼层定义，即可提示保存立面图文件，否则不能生成立面文件。

单击“生成立面”按钮，进入标准文件对话框，在其中选取文件名称，单击“确定”后生成立面图文件，并且打开该文件作为当前图显示如图 13-2 所示：

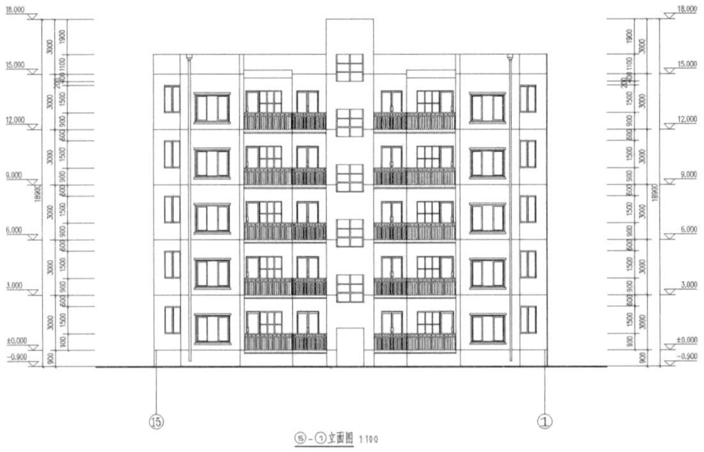

图 13-2

2. 执行本命令前必须先行存盘，否则无法对存盘后更新的对象创建立面。

13.2 立面门窗

“立面门窗”命令用于替换、添加立面图上门窗，同时也是立剖面图的门窗图块管理工具，可处理带装饰门窗套的立面门窗，并提供了与之配套的立面门窗图库。

单击“立面”→“立面门窗（LMMC）”菜单命令后，显示“天正图库管理系统”对话框，如图 13-3。

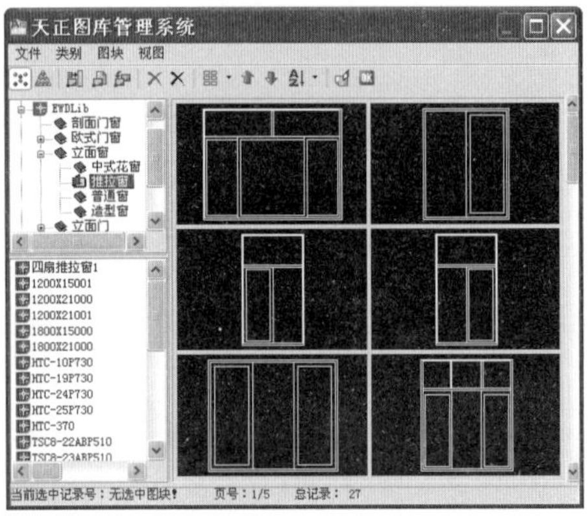

图 13-3

13.2.1 替换已有门窗

在图库中选择所需门窗图块，然后单击上方的门窗替换图标，命令行提示如下：

选择图中将要被替换的图块：在图中选择一次要替换的门窗

选择对象：接着选取其他图块，回车退出

程序自动识别图块中由插入点和右上角定位点对应的范围，以对应的洞口方框等尺寸替换为指定的门窗图块。

13.2.2　直接插入门窗

在图库中双击所需门窗图块，然后键入 E，通过“外框 E”选项可插入与门窗洞口外框尺寸相当的门窗，命令提示为：

点取插入点 [转 90（A）/ 左右（S）/ 上下（D）/ 对齐（F）/ 外框（E）/ 转角（R）/ 基点（T）/ 更换（C）]< 退出 >：键入 E，提示如下：

第一个角点或 [参考点（R）]< 退出 >：选取门窗洞口方框的左下角点

另一个角点：选取门窗洞口方框的右上角点

程序自动按照图块中由插入点和右上角定位点对应的范围，以对应的洞口方框等尺寸替换为指定的门窗图块。

13.3　立面阳台

用于替换、添加立面图上阳台的样式同时也是对立面阳台图块的管理的工具。

单击“立面”→“立面阳台（LMYT）”菜单命令后，显示如图 13-4 所示对话框，其操作与立面门窗的操作一致。

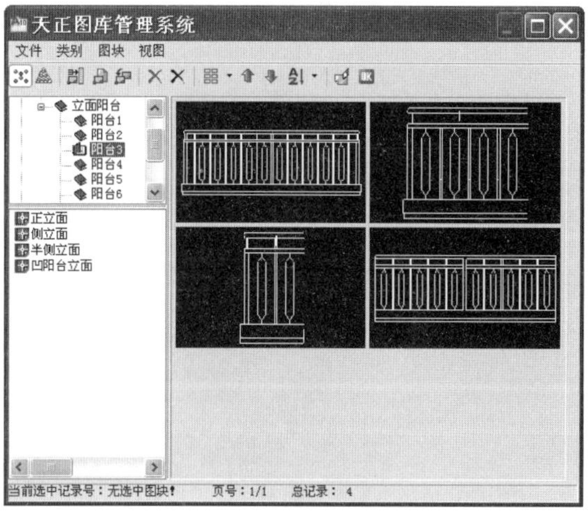

图 13-4

13.4　立面屋顶

单击“立面”→“立面屋顶”菜单命令后，显示如图 13-5 对话框。

对话框控件的功能如下：

● 屋顶高：各种屋顶的高度，即从基点到屋顶最高处。

● 坡长：坡屋顶倾斜部分的水平投影长度。

● 屋顶特性：“左”、“右”以及“全”三个互锁按钮默认是左右对称出挑。假如一侧相接于其他墙体或屋顶，应将此侧“左”或“右”关闭。

● 出挑长：在正立面时为出山长；在侧立面时为出檐长。

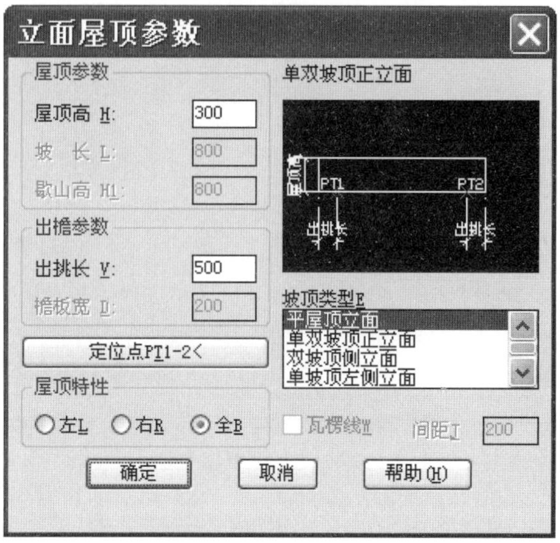

图 13-5

该对话框的使用步骤如下：

（1）先从“坡屋顶类型 E”框中选择所需类型。

（2）根据需要从屋顶特性中“左 L”、“右 R”、“全 B”三个互锁按钮选择其一。

（3）在“屋顶参数”区与“出檐参数”区中键入必要的参数。

（4）单击“定位点 PT1-2<”按钮，暂时关闭对话框，在图形中点取屋顶的定位点。

（5）选择“屋顶填充 W”，其右侧的编辑框“间距 J”亮显，可输入填充竖线间距。

（6）最后以“确定”按钮继续执行，或者以“取消”按钮退出命令。

点取"立面"→"雨水管线"菜单命令后，命令行提示：

请指定雨水管的起点：P-- 参考点 /< 起点 >: 点取雨水管的起点，或键入"P"以指定参考点，则命令行显示如下。

请指定雨水管的参考点：点取容易获得的一个点作为参考点；

请指定雨水管的起点 < 退出 >：在不容易直接定位时，往往需要找到一个已知点作为参考点，给出与起点的相对位置；

请指定雨水管的终点：P-- 参考点 /< 终点 >：点取雨水管的终点，随即在上面两点间竖向画出平行的雨水管，其间的墙面饰线均被雨水管断开。

13.5 项目任务：绘制住宅楼⑮—①立面图

13.5.1 生成建筑立面

利用工程管理，如图 13-6 所示，正确添加图纸定义楼层表，选定①和⑮轴生成建筑立面草图，如图 13-7 所示。

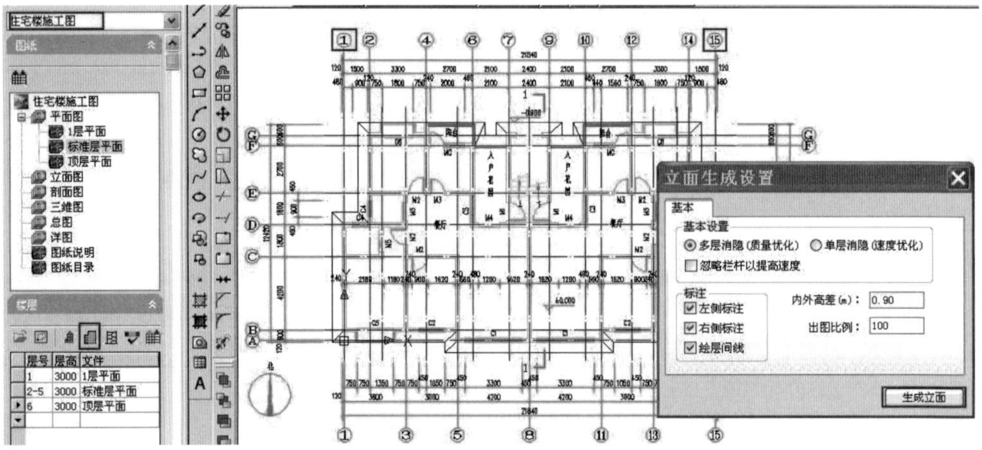

图 13-6

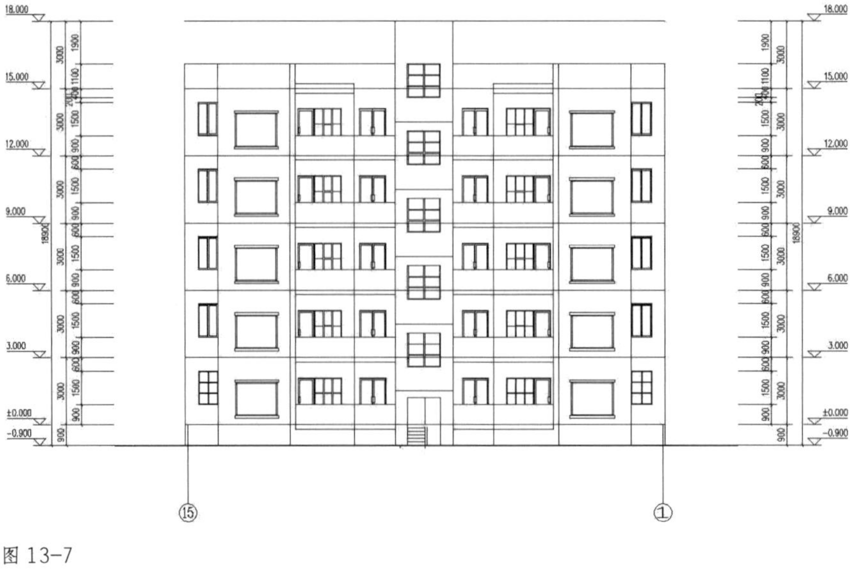

图 13-7

13.5.2 修正深化立面门窗

1. 修正立面

修剪屋顶线；修剪每阳台层层间线，楼梯间窗户层间线。

2. 立面门窗

如图 13–8 所示修改立面窗 C6，在图库中双击所需门窗图块，然后键入 E，通过“外框 E”选项可插入与门窗洞口外框尺寸相当的窗。

3. 立面阳台

单击“立面”→“立面阳台（LMYT）”菜单命令后，选择 样式“阳台 3”替换。

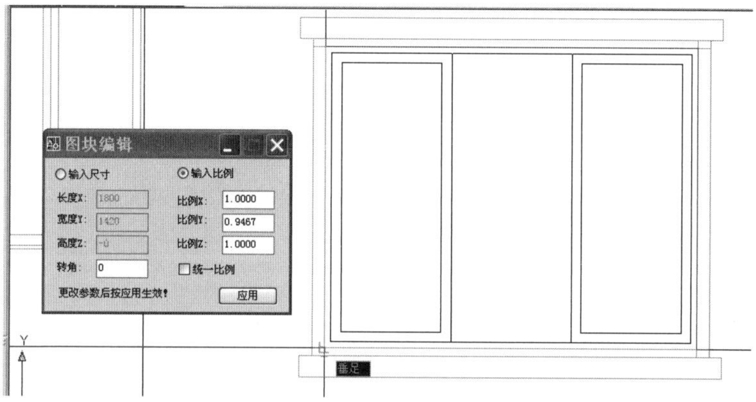

图 13–8

4. 雨水管线

单击“立面”→“雨水管线（YSGX）”菜单命令后，在 C6 外墙 500mm 处绘制长 16700mm 的雨水管。

5. 立面轮廓

单击“立面”→“ 立面轮廓（LMLK）”菜单命令后，框选整个立面，设定轮廓线宽 20mm。

6. 标注及保存

添加图名，绘制立面如图 13–9 所示 ，并保存。

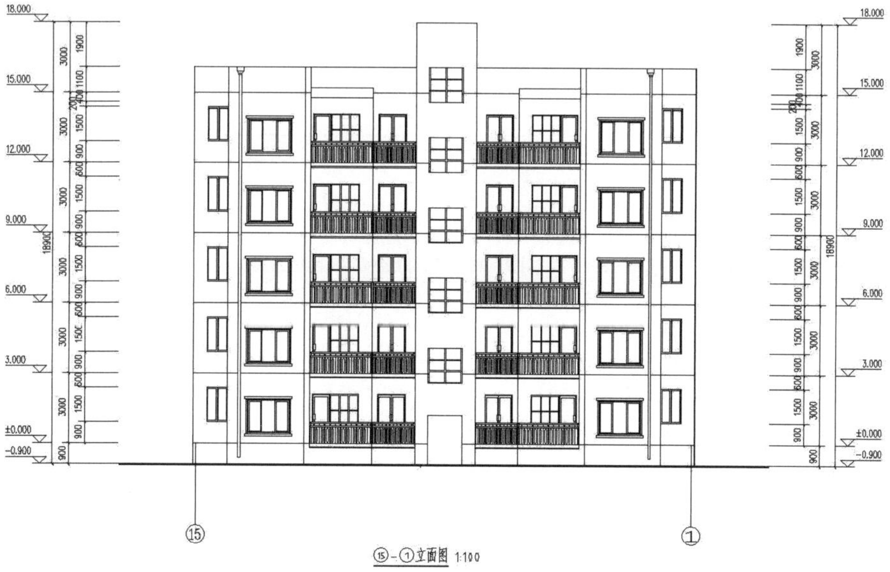

图 13–9

第二部分 • 专业绘图软件——天正建筑设计软件

第 14 单元　建筑剖面图的绘制

【教学目标】

能利用建筑剖面命令，在对应剖切位置生成建筑剖面草图。检查建筑剖面草图楼梯部位，添加扶手栏杆，并完善深化建筑剖面图。

14.1　生成建筑剖面图

建筑剖面图的绘制方法与建筑立面图的绘制大致相同，也是按照【工程管理】命令中的数据库楼层表格数据，一次生成多层建筑剖面。在生成建筑剖面图之前，先要在底层平面图上应用“符号标注”→“剖面剖切（PMPQ）”命令绘制好剖切线，然后再应用建筑剖面命令生成剖面图。由于剖切线的绘制方法在平面图的绘制中已经介绍，具体操作参看平面图的绘制部分。绘制剖面图的操作具体如下：

单击“剖面”→“建筑剖面（JZPM）”菜单命令后，命令行提示：

请点取一剖切线以生成剖视图：点取首层需生成剖面图的剖切线；

请选择要出现在立面图上的轴线：一般点取首末轴线或回车不要轴线。

屏幕显示“剖面生成设置”对话框，其中包括基本设置与楼层表参数。如图 14-1 所示

单击“生成剖面”后，如果当前工程管理界面中没有正确的楼层定义，则不能生成剖面文件。出现标准文件对话框后，输入剖面图的文件名及路径，单击“确认”后生成剖面图，如图 14-2 所示。

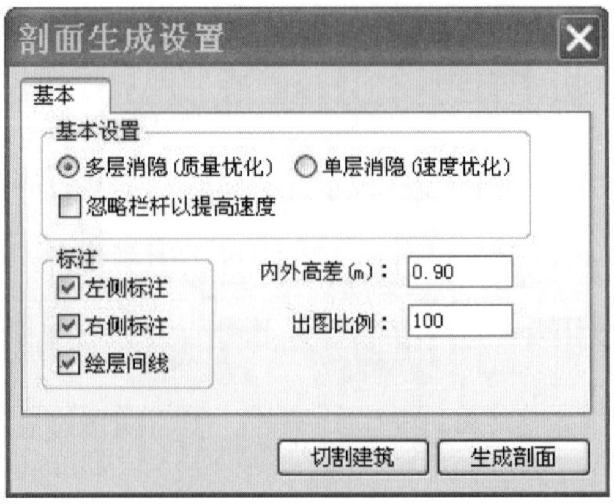

图 14-1

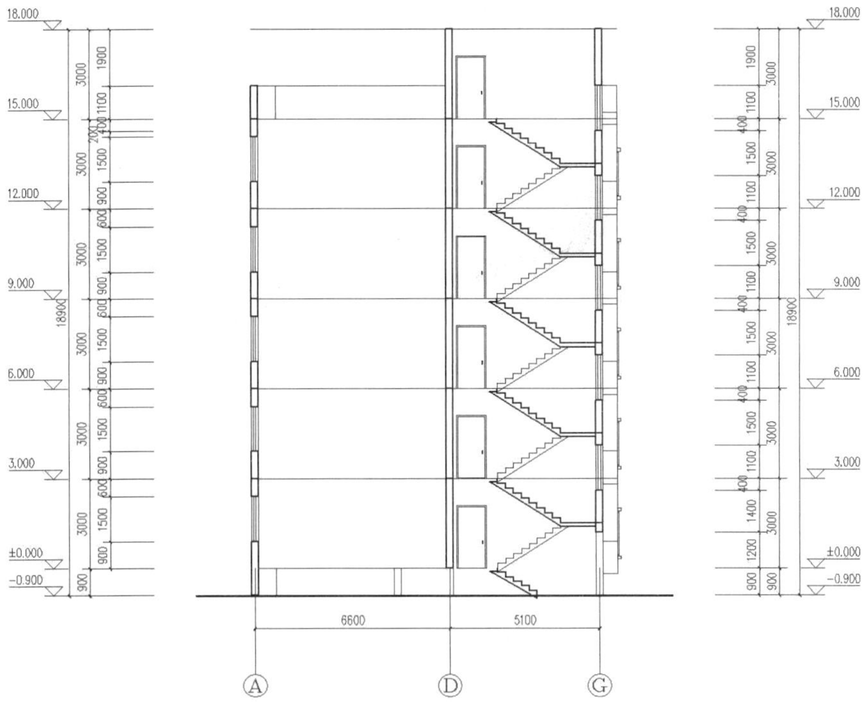

图 14-2

14.2 构件剖面

单击“剖面”→“构件剖面（GJPM）”菜单命令后，命令行提示：

请选择一剖切线：点取用符号标注菜单中的剖面剖切命令定义好的剖切线；

请选择需要剖切的建筑构件：选择与该剖切线相交的构件以及沿剖视方向可见的构件；

请选择需要剖切的建筑构件：回车结束剖切；

请点取放置位置：拖动生成后的立面图，在合适的位置给点插入。

14.3 画剖面墙

单击“剖面”→“画剖面墙”菜单命令后，命令行提示：

请点取墙的起点（圆弧墙宜逆时针绘制）/ F- 取参照点 / D- 单段 / <退出>：点取剖面墙起点位置或键入选项；

请点取直墙的下一点 / A- 弧墙 / W- 墙厚 / F- 取参照点 / U- 回退 / <结束>：点取剖面墙下一点位置；

请点取直墙的下一点 / A- 弧墙 / W- 墙厚 / F- 取参照点 / U- 回退 / <结束>：回车结束剖面墙。

14.4 预制楼板

单击“剖面”→“预制楼板”菜单命令后，显示如图 14-3 所示对话框：

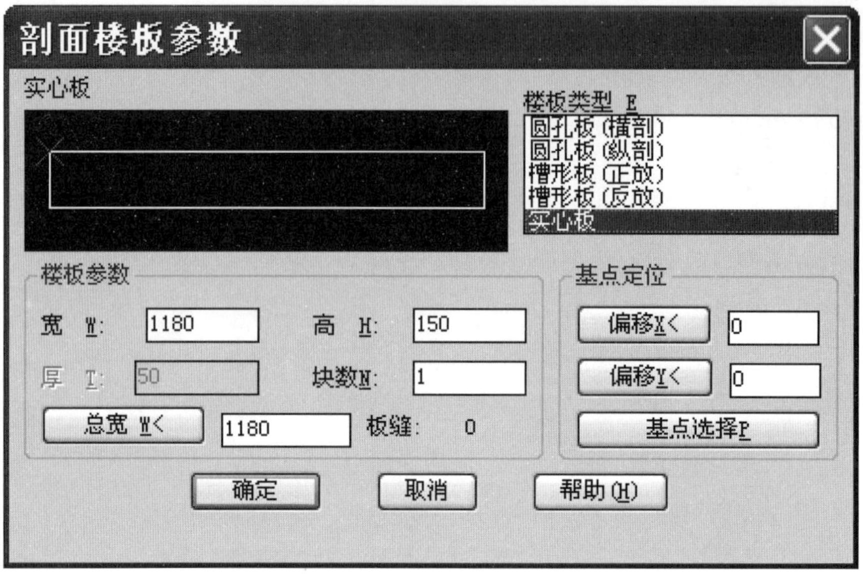

图 14-3

选定楼板类型并确定各参数后，单击“确定”按钮，命令行提示：

请给出楼板的插入点 < 退出 >：点取楼板插入点；

再给出插入方向 < 退出 >：点取另一点给出插入方向后绘出所需预制楼板。

14.5 加剖断梁

单击“剖面”→“加剖断梁”菜单命令后，命令行提示：

请输入剖面梁的参照点 < 退出 >：点取楼板顶面的定位参考点；

梁左侧到参照点的距离 <100>：键入新值或回车接受默认值；

梁右侧到参照点的距离 <150>：键入新值或回车接受默认值；

梁底边到参照点的距离 <300>：键入包括楼板厚在内的梁高，然后绘制剖断梁，剪裁楼板底线，如图 14-4 所示。

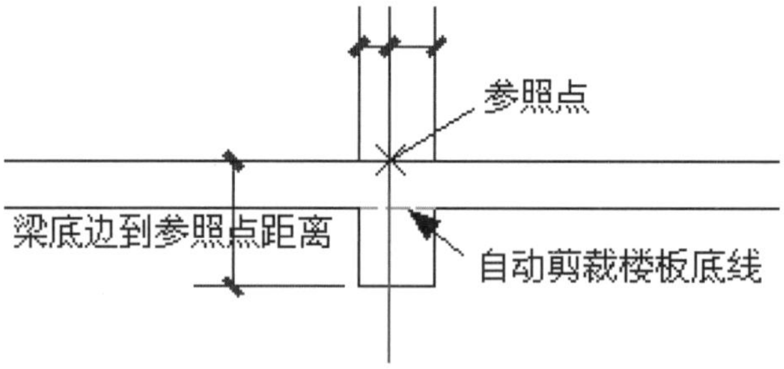

图 14-4

14.6 剖面门窗

单击“剖面门窗”菜单命令后，显示“剖面门窗样式”对话框，其中显示默认的剖面门窗样式，如果上次插入过剖面门窗，最后的门窗样式即为默认的剖面门窗样式被保留，同时命令行提示：

请点取要插入门窗的剖面墙线 [选择剖面门窗样式（S）/ 替换剖面门窗（R）/ 改窗台高（E）/ 改窗高（H）]< 退出 >：

点取要插入门窗的剖面墙线或者键入其他热键选择门窗替换、替换门窗样式、修改门窗参数。键入 S 或单击对话框门窗图像，可重新从图库中选择门窗样式。

14.7　剖面檐口

单击“剖面”→“剖面檐口”菜单命令后，显示如图 14–5 所示剖面檐口对话框：

选定檐口型式并确定各参数，单击“确定”后，命令行提示：

请给出剖面檐口的插入点 < 退出 >：给出檐口插入点后，绘出所需的檐口。

14.8　门窗过梁

单击剖面→门窗过梁（MCGL）菜单命令后，命令行提示：

选择需加过梁的剖面门窗：点取要添加过梁的剖面门窗图块，可多选；

……

选择需加过梁的剖面门窗：回车退出选择；

输入梁高 <120>：键入门窗过梁高，回车结束命令，如图 14–6 所示。

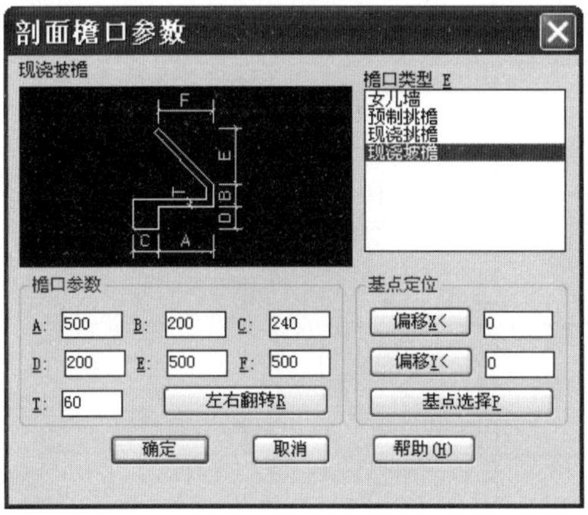

图 14–5

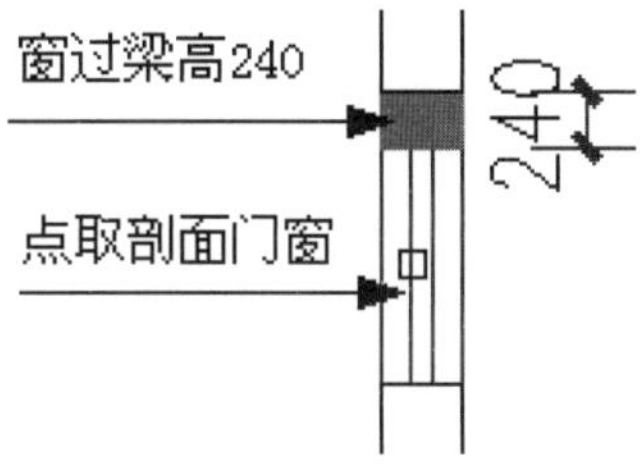

图 14–6

14.9　项目任务：绘制 1—1 剖面图

14.9.1　生成建筑剖面图

要在底层平面图上应用“符号标注”→“剖面剖切（PMPQ）”命令绘制好剖切线，然后再应用建筑剖面命令生成剖面图。如图 14–2 所示。

14.9.2　修正与深化剖面图

1. 修正剖面图

删除余线。删除屋顶余线，删除楼梯间层间线。

2. 添加剖面楼板

单击“剖面”→“双线楼板”菜单命令，添加 A、D 轴之间楼板。

3. 楼梯栏杆扶手

单击“剖面”→“ 楼梯栏杆”菜单命令，创建栏杆高度 1000mm 并打断遮挡线，添加 1~5 层楼梯栏杆。

单击“扶手接头”，扶手伸出距离 200mm 连接 1 ~ 5 层楼梯扶手。

4. 加剖断梁

单击“剖面”→“加剖断梁”菜单命令，绘制梁板式楼梯，在楼梯间添加高度 300mm 厚度 200mm 的梁。

5. 门窗过梁

单击剖面→门窗过梁（MCGL）菜单命令，绘制高度 180mm 门窗过梁。

6. 剖面加粗及材料填充

填充钢筋混凝土材料，涉及到的构件有楼板、楼梯、过梁；填充墙体材料砖砌体。

7. 剖面标注

标注做法及图名完成 1—1 剖面图，如图 14-7 所示。

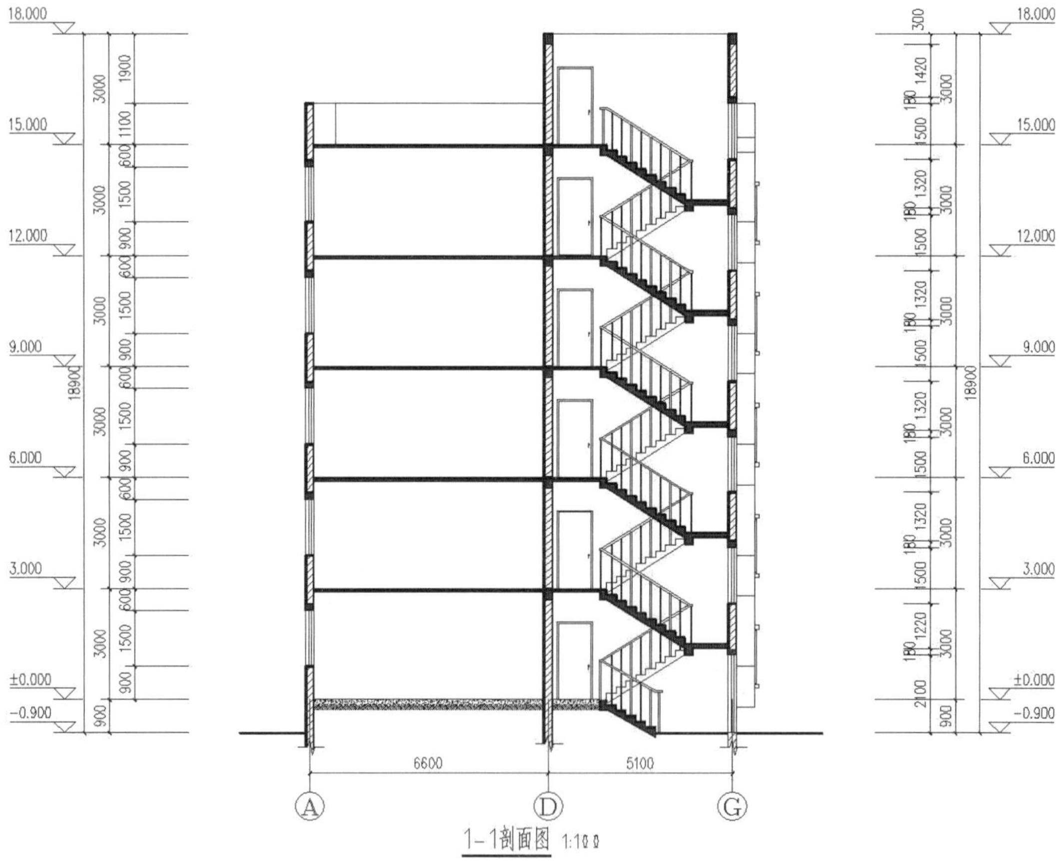

图 14-7

第 15 单元　建筑详图的绘制

【教学目标】

明确建筑详图的绘制思路，能从现有建筑平、立、剖面图上得到详图底图，按要求绘制详图的能力。

15.1　绘制详图的基本工具——图形切割

该命令以选定的矩形窗口、封闭曲线或图块边界在平面图内切割并提取部分图形，图形切割不破坏原有图形的完整性，常用于从平面图提取局部区域用于详图绘制。

点取“工具”→“其他工具”→“图形切割（TXQG）”菜单命令后，命令行提示：

矩形的第一个角点或[多边形裁剪（P）/多段线定边界（L）/图块定边界（B）]<退出>:

另一个角点<退出>:

此时程序已经把刚才定义的裁剪矩形内的图形完成切割，并提取出来，在光标位置拖动，同时提示：

请点取插入位置：在图中给出该局部图形的插入位置，如图 15-1 所示。

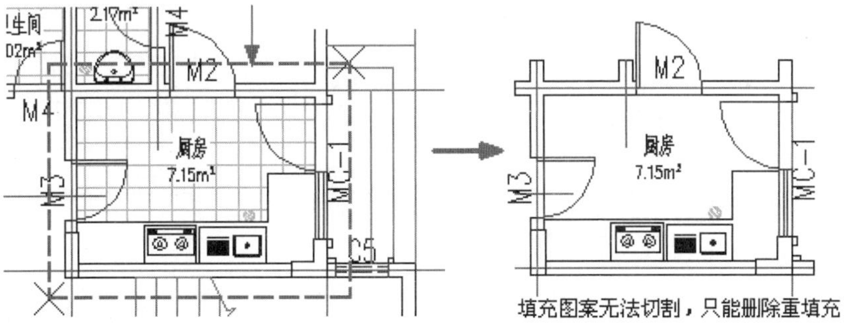

图 15-1

15.2　楼梯详图的绘制

15.2.1　楼梯平面图的绘制

点取楼梯其他→双跑楼梯菜单命令后，显示图 15-2 所示对话框如下：

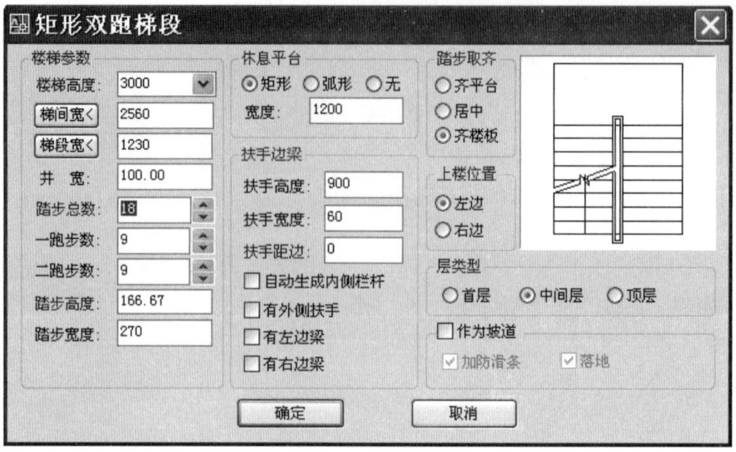

图 15-2

双跑楼梯对话框的控件说明如表 15-1 所示。

表 15-1　　双跑楼梯对话框中控件的功能

控件	功　能
梯间宽＜	双跑楼梯的总宽。单击按钮可从平面图中直接量取楼梯间净宽作为双跑楼梯总宽
梯段宽＜	默认宽度或由总宽计算，余下二等分作梯段宽初值，单击按钮可从平面图中直接量取
楼梯高度	双跑楼梯的总高，默认为当前楼层高度，对相邻楼层高度不等时应按实际情况调整
井宽	默认取 100 为井宽，修改梯间宽时，井宽不变，但梯段宽和井宽两个数值互相关联
踏步总数	默认踏步总数 20，是双跑楼梯的关键参数
一跑步数	以踏步总数推算一跑与二跑步数，总数为奇数时先增一跑步数
二跑步数	二跑步数默认与一跑步数相同，两者都允许用户修改
踏步高	踏步高度。用户可先输入大约的初始值，由楼梯高度与踏步数推算出最接近初值的设计值，推算出的踏步高有均分的舍入误差
休息平台	有矩形、弧形、无三种选项，在非矩形休息平台时，可以选无平台，以便自己用平板功能设计休息平台
平台宽度	按建筑设计规范，休息平台的宽度应大于梯段宽度，在选弧形休息平台时应修改宽度值，最小值不能为零
踏步取齐	当一跑步数与二跑步数不等时，两梯段的长度不一样，因此有两梯段的对齐要求，由设计人选择
扶手高宽	默认值分别为 900 高，60 × 100 的扶手断面尺寸
扶手距边	在 1 ∶ 100 图上一般取 0，在 1 ∶ 50 详图上应标以实际值
有外侧扶手	在外侧添加扶手，但不会生成外侧栏杆，在室外楼梯时需要单独添加
有内侧栏杆	勾选此复选框，命令自动生成默认的矩形截面竖栏杆
层类型	在平面图中按楼层分为三种类型绘制： 1. 首层只给出一跑的下剖断；2. 中间层的一跑是双剖断；3. 顶层的一跑无剖断
作为坡道	勾选此复选框，楼梯段按坡道生成

提 示

1. 勾选“作为坡道”前要求楼梯的两跑步数相等，否则坡长不能准确定义；
2. 坡道的防滑条的间距用步数来设置，要在勾选“作为坡道”前要设好。

在确定楼梯参数和类型后，单击“确定”按钮后，命令行提示：

点取位置或 { 转 90 度 [A]/ 左右翻转 [S]/ 上下翻转 [D]/ 改转角 [R]/ 改基点 [T]}< 退

出 >: 键入关键字改变选项，给点插入楼梯。

点取插入点后在平面图中插入双跑楼梯；

提 示

对于三维视图，不同楼层特性的扶手是不一样的，其中顶层楼梯实际上只有扶手，而没有梯段。

15.2.2 楼梯剖面图的绘制

1. 梯段的绘制

点取剖面→参数楼梯菜单命令后，显示对话框如图 15-3 所示。各参数含义见图 15-4，选定楼梯段形式并输入各参数后，单击“确定”后，命令行提示：

请给出剖面楼梯的插入点 < 退出 > ：点取插入点后，剖面楼梯插入图中。

提 示

可以在对话框中先定踏步数，后改变总高，程序自动算出非整数的踏步高。

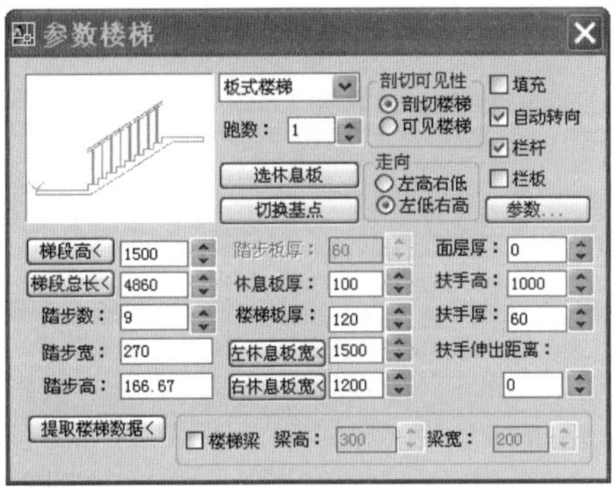

图 15-3

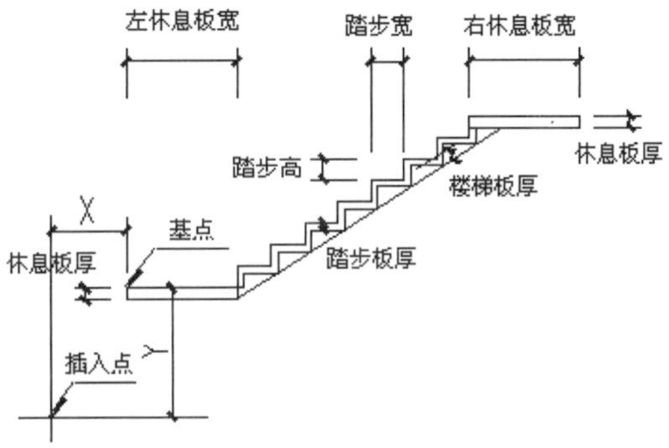

图 15-4

2. 参数栏杆

点取剖面→参数栏杆菜单命令后，对话框显示如图 15-5 所示。

在对话框中输入合适的参数，单击“确定”按钮，命令行提示：

请给出剖面楼梯栏杆的插入点 < 退出 > ：点取插入点后，插入剖面楼梯栏杆。

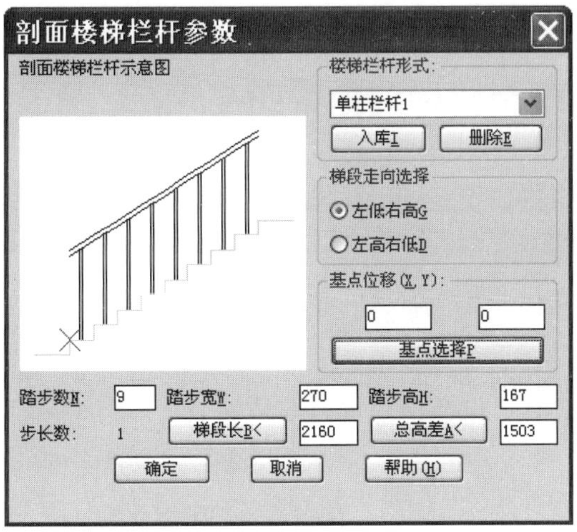

图 15-5

3. 楼梯栏杆

选择“剖面”菜单→“楼梯栏杆”命令后，命令行提示：

请输入楼梯扶手的高度 <1000>：键入新值或回车接受默认值；

是否打断遮挡线 <Y/N>？ <Yes> 键入 N 或者回车使用默认值。

回车后由系统处理可见梯段被剖面梯段的遮挡，自动截去部分栏杆扶手；命令行接着显示：

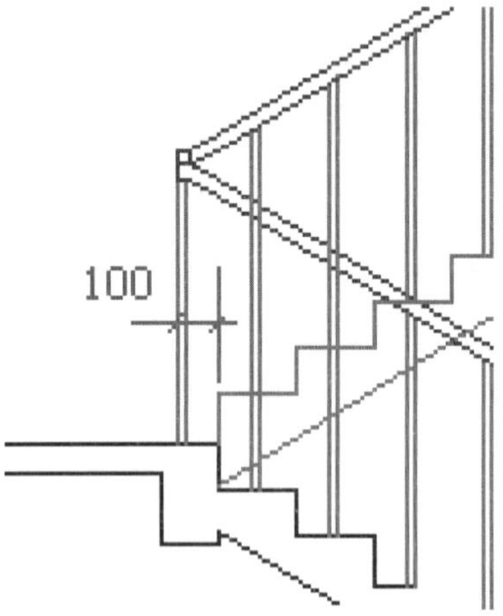

图 15-6

输入楼梯扶手的起始点 < 退出 >：捕捉扶手起点；

结束点 < 退出 >：捕捉扶手起点。

4. 扶手接头

选择“剖面”菜单→“扶手接头”命令后，命令行提示：

请输入扶手伸出距离 <0.00>：100

请选择是否增加栏杆 [增加栏杆（Y）/ 不增加栏杆（N）]<增加栏杆（Y）>：默认是在接头处增加栏杆（对栏板两者效果相同）；

请指定两点来确定需要连接的一对扶手！选择第一个角点 < 取消 >：给出第一点；

另一个角点 < 取消 >：给出第二点，开始处理第一对扶手（栏板），继续提示：

请指定两点来确定需要连接的一对扶手！选择第一个角点 < 取消 >：给出第一点；

另一个角点 < 取消 >：给出第二点，处理第二对扶手（栏板），继续提示角点，最后以回车退出命令；

楼梯扶手的接头效果是近段遮盖远段，如图 15-6 所示。

5. 剖面填充

该命令将剖面墙线与楼梯按指定的材料图例作图案填充，与 AutoCAD 的图案填充（Bhatch）使用条件不同，该命令不要求墙端封闭即可填充图案。

点取剖面→剖面填充菜单命令后，命令行提示：

请选取要填充的剖面墙线梁板楼梯 < 全选 >：选择要填充材料图例的成对墙线回车后显示对话框，从中选择填充图案与比例，单击“确定”后执行填充。

15.3 项目任务：绘制楼梯剖面详图

创建楼梯剖面详图文件，设定图纸比例 1 ：50，当前层高 3000mm。

1. 梯段的绘制

点取剖面→“参数楼梯”菜单命令，显示对话框如图 15-3 所示，完成梯段的绘制。

2. 栏杆的绘制

点取剖面→“参数栏杆”菜单命令后，对话框显示如图 15-4 所示，添加楼梯栏杆。

3. 扶手接头

选择“剖面”菜单→“扶手接头”，设定扶手伸出 150mm。

4. 剖面填充

选择“剖面”菜单→“剖面填充”，按比例填充楼梯剖面详图。

5. 标注尺寸符号文字

标注外墙窗墙尺寸，标注标高，标注图名，保存如图 15-7 所示楼梯剖面详图。

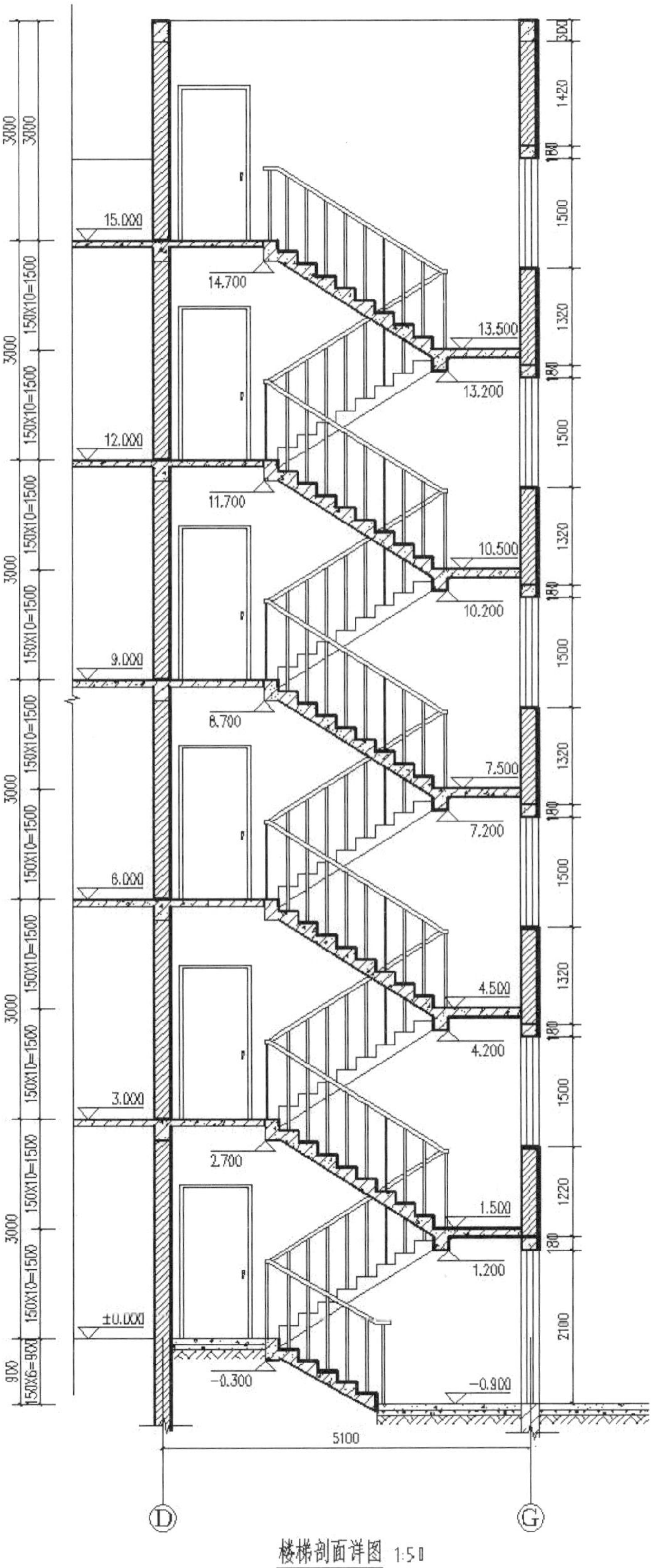

楼梯剖面详图 1:50

图 15-7

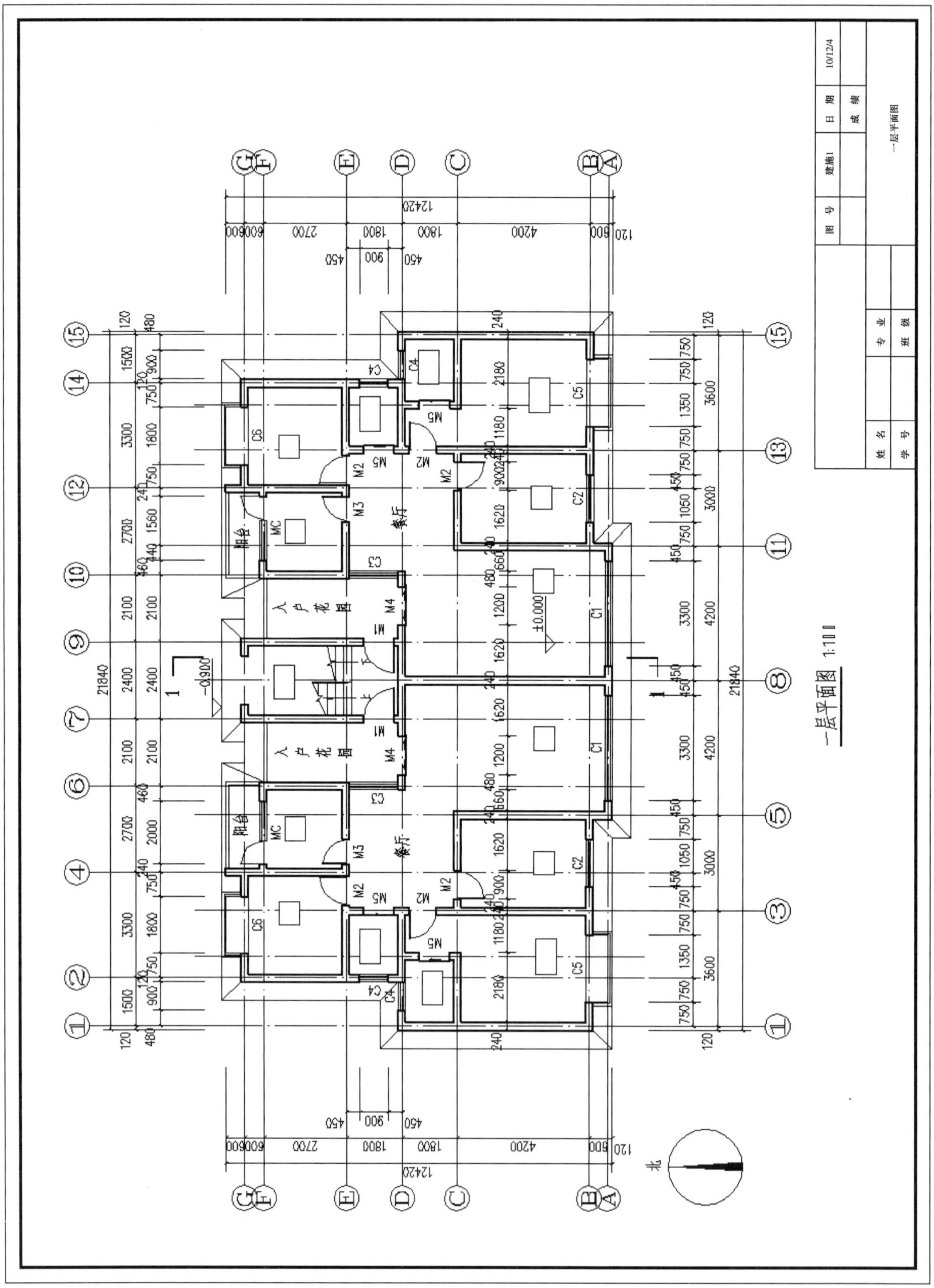
一层平面图 1:100
一层平面图
建施1
10/12/4
餐厅
入户花园
阳台
北

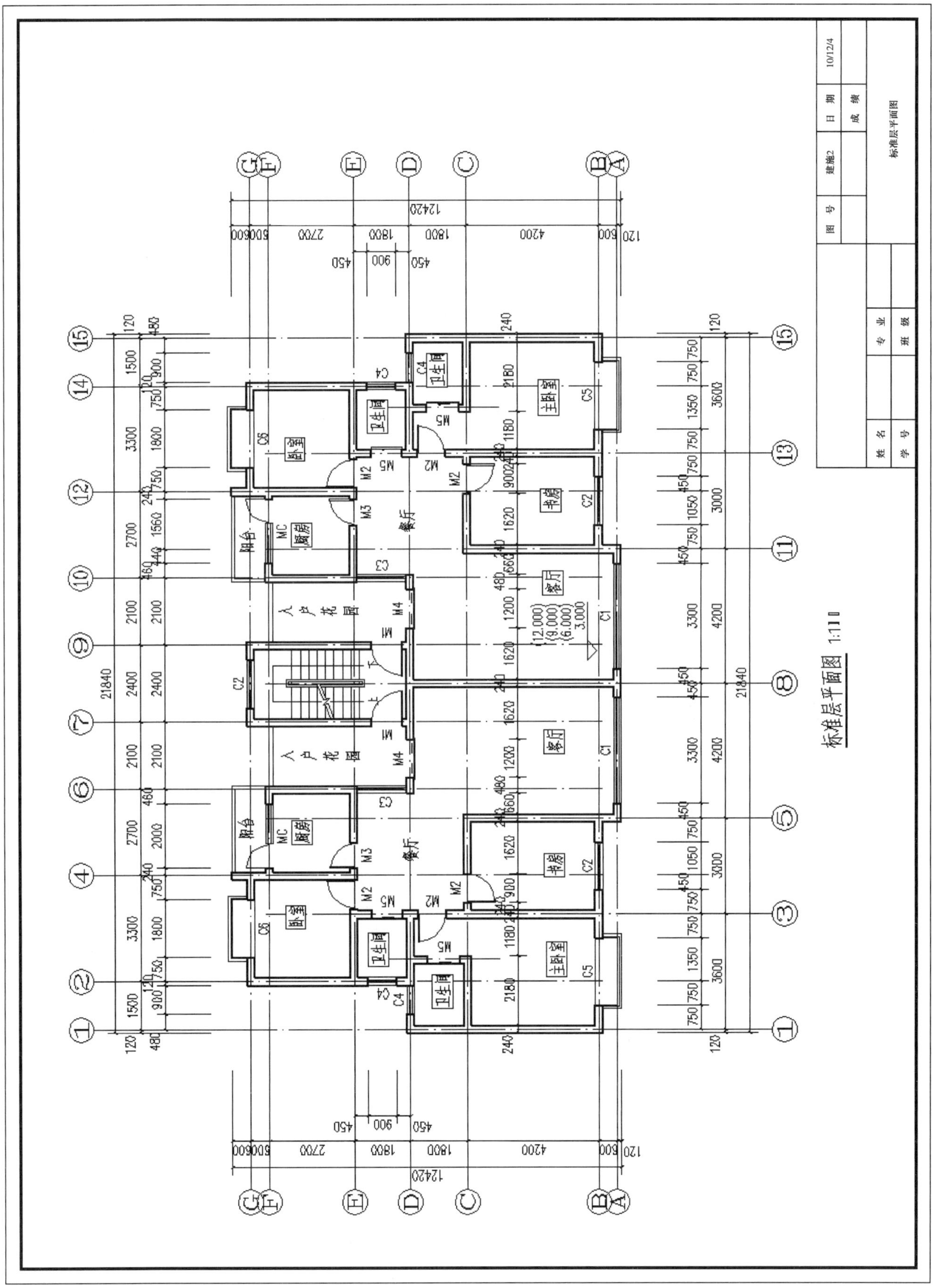
标准层平面图 1:100
图号 建施2
日期 10/12/4
成绩
标准层平面图
专业
班级
姓名
学号
卧室
厨房
阳台
餐厅
入户花园
客厅
书房
主卧室
卫生间

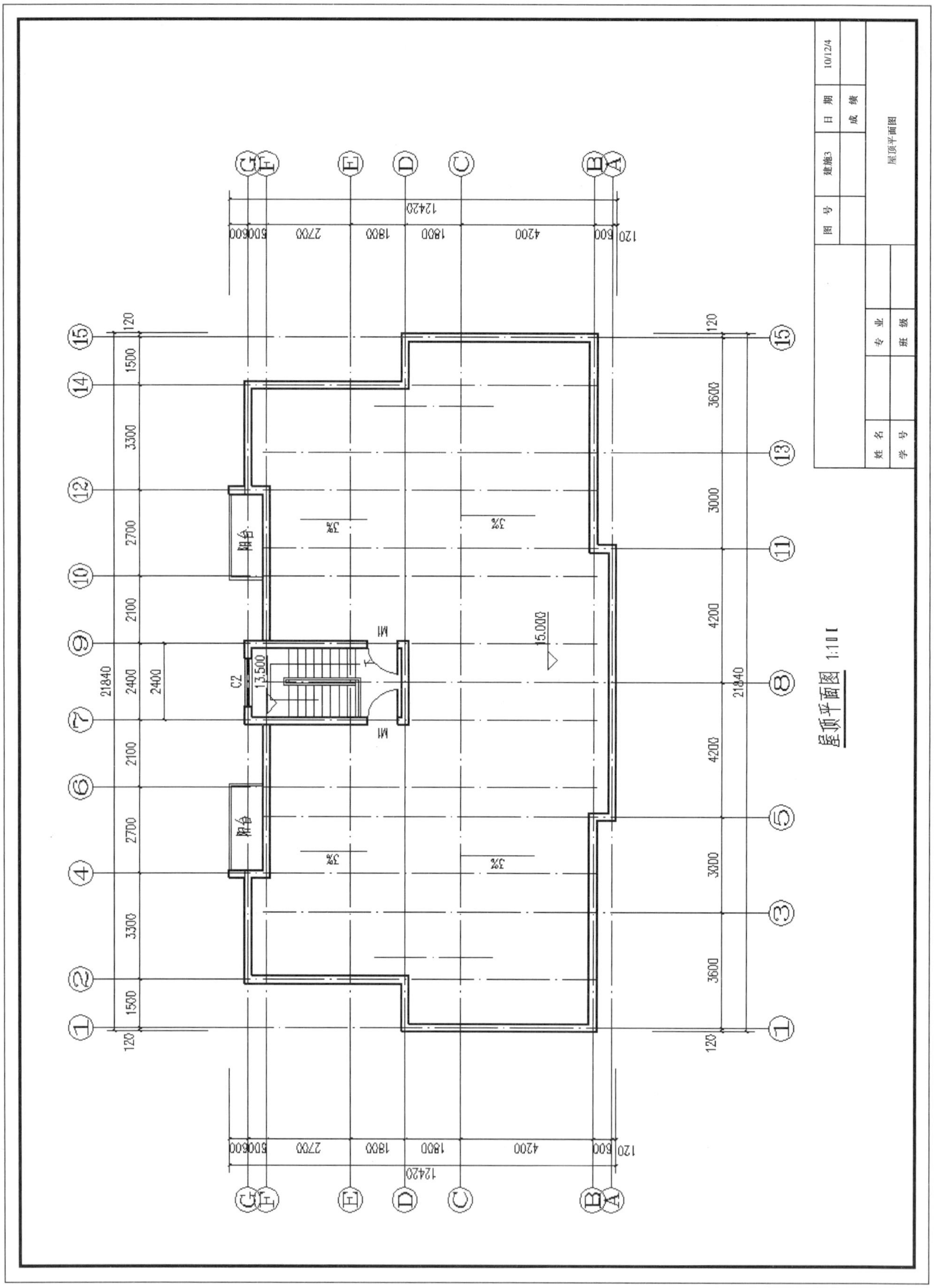
屋顶平面图 1:100
图号
建施3
日期
10/12/4
成绩
屋顶平面图
姓名
专业
学号
班级
阳台
15.000
13.500
3%
C2
M1
21840
12420

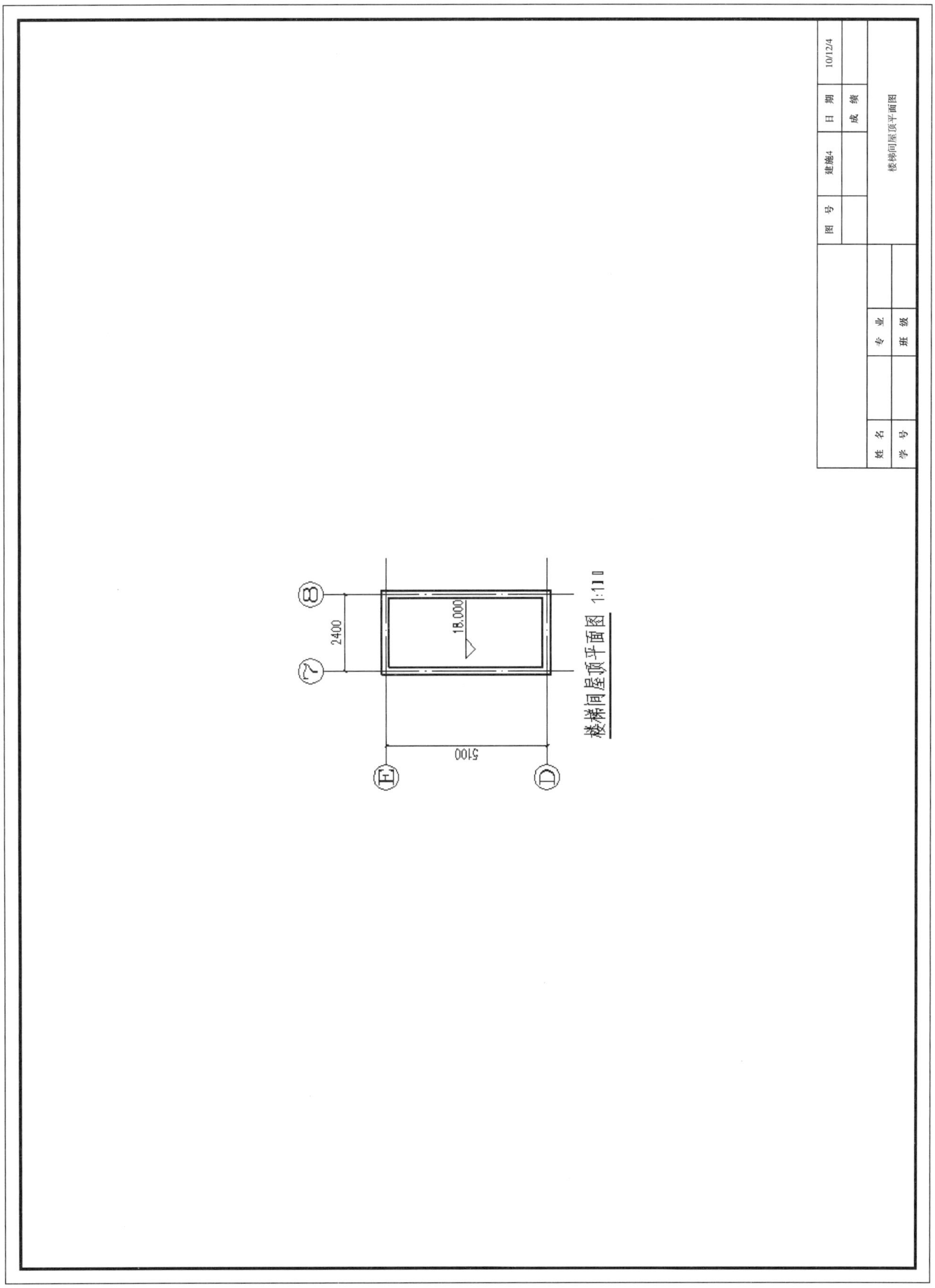
图号
建施4
日期
10/12/4
成绩
楼梯间屋顶平面图
姓名
学号
专业
班级
楼梯间屋顶平面图
18.000
2400
5100
7
8
E
D

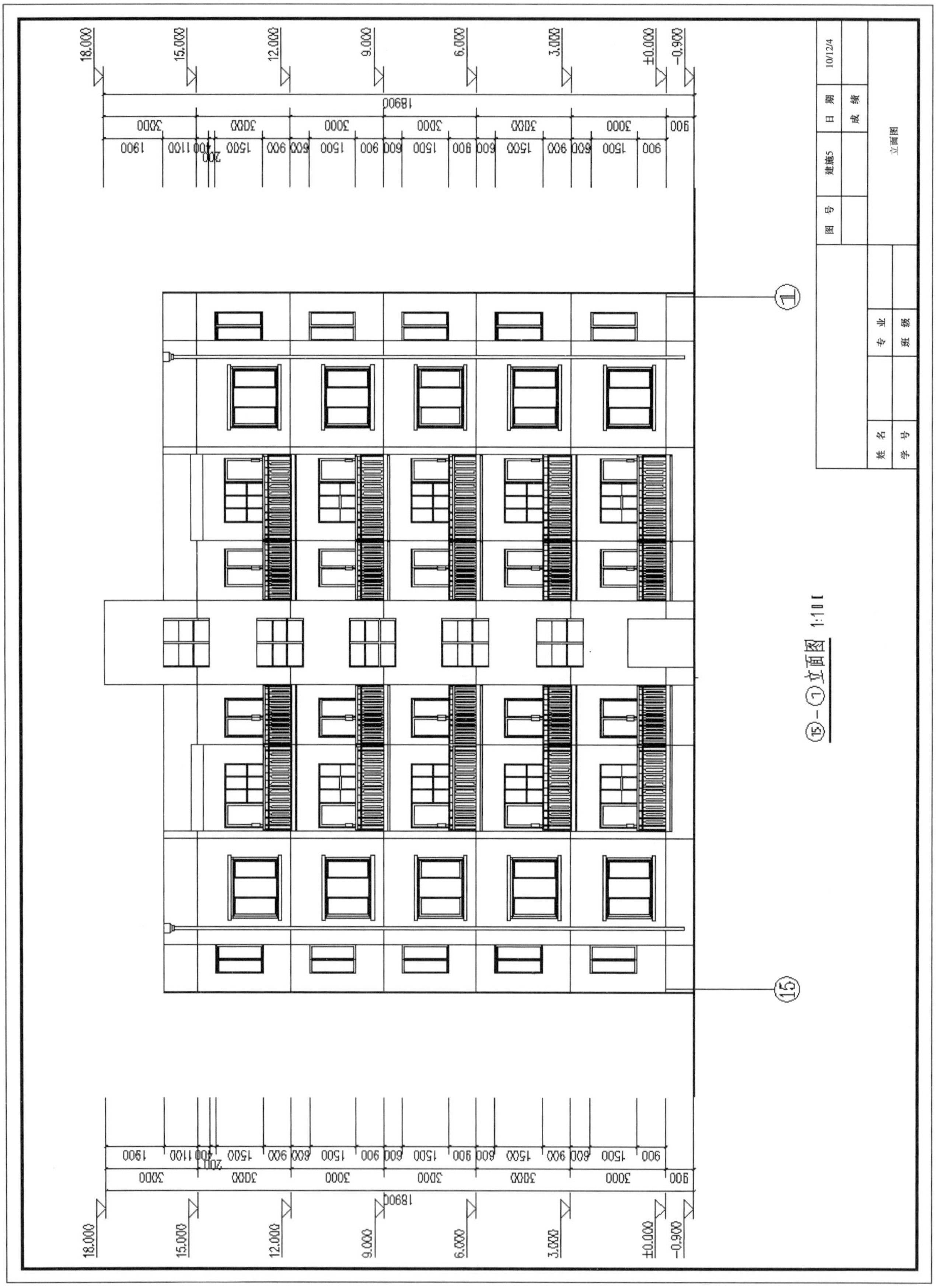

⑮-①立面图 1:100
图号
建施5
日期
10/12/4
成绩
立面图
姓名
学号
专业
班级

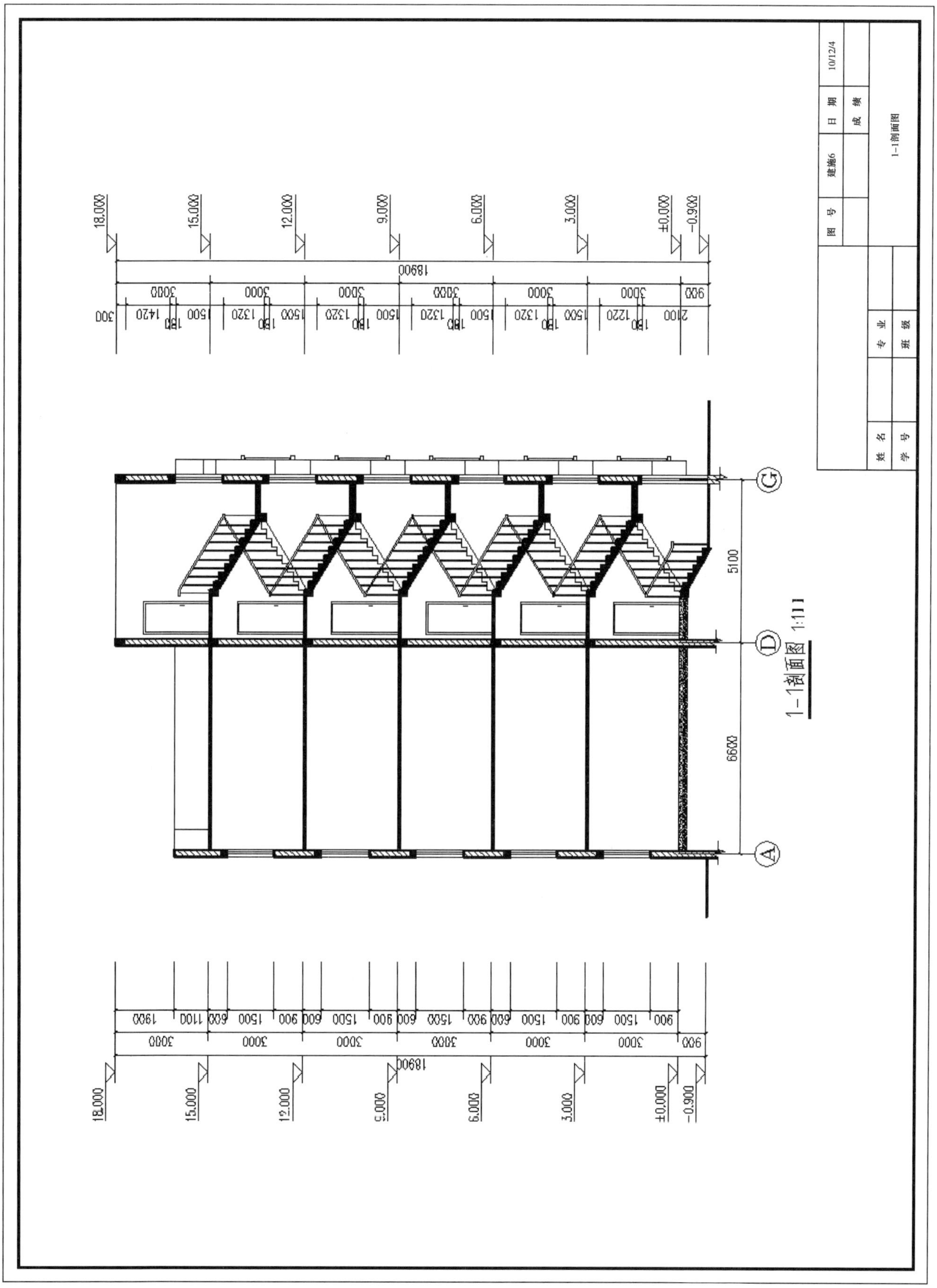
1-1剖面图 1:100
图号
建施6
日期
10/12/4
成绩
1-1剖面图
专业
班级
姓名
学号
A
D
G
6600
5100
18900
18.000
15.000
12.000
9.000
6.000
3.000
±0.000
-0.900

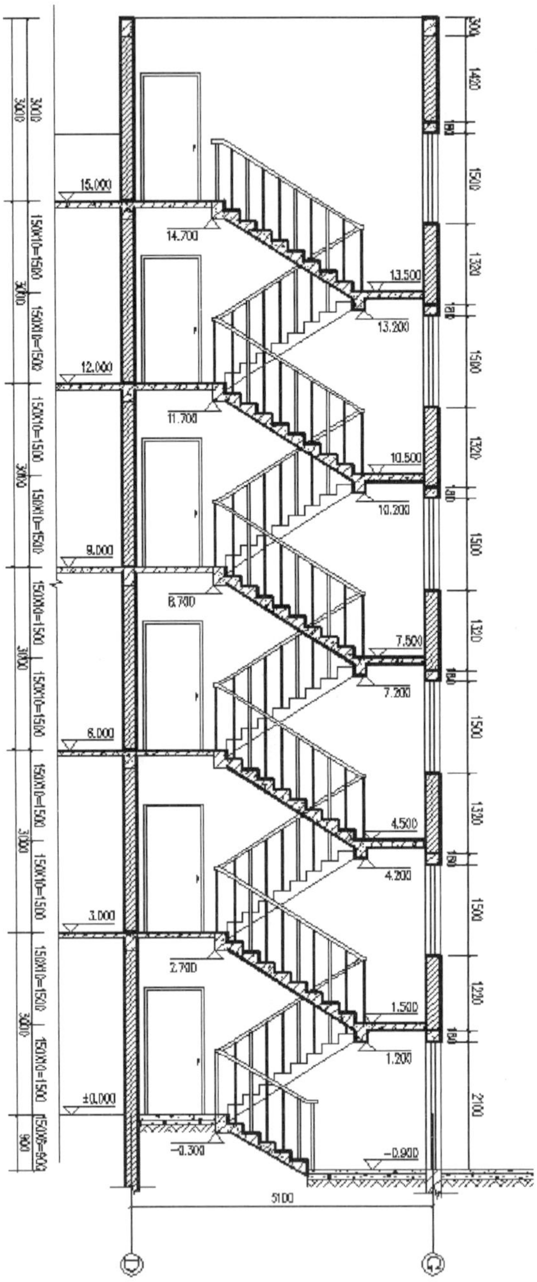

楼梯剖面详图 1:50

	图 号	建施7	日 期	10/12/4
			成 绩	

姓 名		专 业		楼梯剖面详图
学 号		班 级		